强关联电子体系的第一性原理计算

李如松　编著

西北工業大學出版社

西　安

【内容简介】 本书共分五章，具体讲述密度泛函理论，密度泛函理论+U 和杂化泛函方法，Gutzwiller 变分方法，动力学平均场理论，强关联电子体系第一性原理计算实例。本书重点论述近年来强关联电子体系第一性原理计算方面的最新进展，并列举一些典型算例，以满足当今教学和科研的实际需要。

本书可作为高等学校凝聚态物理、计算物理和材料科学等相关专业本科高年级学生、硕士研究生、教师和科研人员的教材或者参考书。

图书在版编目(CIP)数据

强关联电子体系的第一性原理计算/李如松编著. —西安：西北工业大学出版社，2019.3

ISBN 978-7-5612-6355-6

Ⅰ. ①强… Ⅱ. ①李… Ⅲ. ①凝聚态-物理学-研究 Ⅳ. ①O469

中国版本图书馆 CIP 数据核字(2019)第 017491 号

QIANGGUANLIAN DIANZI TIXI DE DIYIXING YUANLI JISUAN

强关联电子体系的第一性原理计算

责任编辑：张　潼　　**策划编辑**：张　晖

责任校对：孙　倩　　**装帧设计**：李　飞

出版发行：西北工业大学出版社

通信地址：西安市友谊西路 127 号　　邮编：710072

电　　话：(029)88491757，88493844

网　　址：www.nwpup.com

印 刷 者：北京虎彩文化传播有限公司

开　　本：710 mm×1 000 mm　　1/16

印　　张：12.5

字　　数：238 千字

版　　次：2019 年 3 月第 1 版　　2019 年 3 月第 1 次印刷

定　　价：68.00 元

前　言

目前，随着高温超导体、核燃料和 Mott 绝缘体等的广泛应用，强关联电子体系越来越受到物理学研究团队的关注，而电子结构是搭建微观尺度性质与宏观性质之间联系的一座桥梁。对于弱关联电子体系而言，基于单电子近似的传统密度泛函理论（DFT）能够解释和预测许多常见金属和化合物的基态性质和电子结构。然而，这些近似方法无法描述强关联电子体系（尤其是具有未填满 d 或者 f 电子壳层的过渡元素、镧系元素和锕系元素）的许多性质。近年来，多个研究团队提出了改进方法来研究强关联体系，比如 DFT＋U、Gutzwiller 变分方法、动力学平均场理论（DMFT）等。本书在详细推导各种理论方法的基础上，列举了一些锕系金属及其化合物的计算实例。

本书的读者应具备凝聚态物理、量子力学、密度泛函理论和原子核物理等方面的基础知识，感兴趣的读者也可以阅读相关参考文献。为了适应本科高年级和研究生教学需要，书中物理概念、物理图像和公式推导力求简明扼要。

本书的研究内容得到国家自然科学基金项目（51401237、11474358、51271198）、陕西省教育厅专项科研计划项目（352056281）和国防科技基金项目（2301003、[2014]689、2015ZZDJJ02、2014QNJJ018）的经费资助。此外，感谢何彬教授、许鹏副教授、侯素霞副教授、王金涛博士、牛莉博博士、谢拯博士和王飞博士的学术交流。

对本书中遗漏和不妥之处，恳请读者提出宝贵的意见，以便再版时加以更正。

李如松

2018 年 5 月于西安

目　录

第 1 章　第一性原理方法…… 1

1.1　Hartree-Fock 方法 …… 1

1.2　微扰理论方法 …… 3

1.3　基函数 …… 3

1.4　密度泛函理论 …… 4

1.5　标量相对论近似…… 12

1.6　APW 方法 …… 13

1.7　LAPW 方法 …… 16

1.8　APW＋lo 方法 …… 19

第 2 章　密度泛函理论＋U 和杂化泛函方法 …… 21

2.1　引言…… 21

2.2　基本公式…… 22

2.3　DFT＋U 方法 …… 24

2.4　杂化泛函方法…… 25

第 3 章　Gutzwiller 变分方法 …… 28

3.1　引言…… 28

3.2　Gutzwiller 变分方法 …… 29

3.3　动态平均场理论对 Gutzwiller 近似的计算…… 33

3.4　DFT 与 Gutzwiller 变分方法之间的耦合 …… 37

第 4 章　动力学平均场理论 …… 52

4.1　引言…… 52

4.2　多体体系的平均场方法…… 55

4.3　高维度中晶格 Fermi 子 …………………………………… 57
4.4　关联晶格 Fermi 子的动力学平均场理论 …………………… 60
4.5　Mott - Hubbard 金属-绝缘体转变 ……………………………… 63
4.6　材料中电子关联效应…………………………………………… 68
4.7　展望…………………………………………………………………… 73

第 5 章　强关联电子体系第一性原理计算实例 …………………… 74

5.1　引言…………………………………………………………………… 74
5.2　研究概述……………………………………………………………… 75
5.3　多电子原子谱计算…………………………………………………… 86
5.4　锕系金属的电子结构 ……………………………………………… 114
5.5　锕系化合物性质的第一性原理计算 ……………………………… 148

附录………………………………………………………………………… 158

附录 A　傅里叶变换、平面波、倒易晶格和布洛赫定理 ………… 158
附录 B　量子数和态密度……………………………………………… 162
附录 C　本征值问题…………………………………………………… 168
附录 D　薛定谔方程径向部分的解本征值问题……………………… 173
附录 E　均匀电子气…………………………………………………… 175
附录 F　泛函 ………………………………………………………………… 175

参考文献…………………………………………………………………… 177

第1章　第一性原理方法

在凝聚态物理中，固体一般被描述为正电荷原子核和负电荷电子构成的集合体。对于原子序数为 Z 的多电子体系，Hamiltonian 量可以表示为

$$\hat{H} = -\frac{\hbar^2}{2}\sum_i \frac{\nabla_{\boldsymbol{R}_i}^2}{M_i} - \frac{\hbar^2}{2}\sum_i \frac{\nabla_{\boldsymbol{r}_i}^2}{m_e} - \frac{1}{4\pi\varepsilon_0}\sum_{i,j}\frac{e^2 Z_i}{|\boldsymbol{R}_i - \boldsymbol{r}_j|} + \frac{1}{8\pi\varepsilon_0}\sum_{i\neq j}\frac{e^2}{|\boldsymbol{r}_i - \boldsymbol{r}_j|} + \frac{1}{8\pi\varepsilon_0}\sum_{i\neq j}\frac{e^2}{|\boldsymbol{R}_i - \boldsymbol{R}_j|} \tag{1.1}$$

其中，M_i 为原子核的原子质量；m_e 为电子质量。

式(1.1)第一项是原子核的动能算符，第二项是电子的动能算符，第三项是电子和原子核之间的 Coulomb 相互作用，最后两项分别是电子之间 Coulomb 相互作用，以及原子核之间 Coulomb 相互作用。求解式(1.1)是一项不可能完成的任务，因此必须采取近似处理才能获得合理的解。

1.1　Hartree - Fock 方法

Hartree - Fock(HF)近似是量子化学理论的基础，通常称为自洽场(SCF)近似或者分子轨道近似。该方法的理论基础是原子核和电子质量相差很大，在某一特定时刻，可以将原子核视为“冻结”在固定的位置，而假设电子处于瞬时的平衡状态。因此，只需要处理在原子核和其他电子产生的势场中运动的 NZ 个相互作用电子，即 HF 近似采用的是独立粒子近似，即假定每个电子都在原子核和其他电子的平均作用势场中作独立运动，其运动状态采用单电子波函数描述，这种单电子波函数称为分子轨道，采用平均势场中单电子 Schrödinger 方程的解。

HF 近似采用单行列式波函数。假设一个正交归一的自旋轨道集 $\{\chi_i(x)\}$，则 N 个电子体系的反对称波函数可用 Slater 行列式表示为

$$\Psi(x_1,x_2,\cdots,x_N) = (N!)^{-\frac{1}{2}}\begin{vmatrix} \chi_1(x_1) & \chi_2(x_1) & \cdots & \chi_M(x_1) \\ \chi_1(x_2) & \chi_2(x_2) & \cdots & \chi_M(x_2) \\ \vdots & \vdots & & \vdots \\ \chi_1(x_N) & \chi_2(x_N) & \cdots & \chi_M(x_N) \end{vmatrix} \tag{1.2}$$

式(1.2)波函数标记为

$$\Psi(x_1,x_2,\cdots,x_N)=|\chi_1\chi_2\cdots\chi_M\rangle \tag{1.3}$$

则多电子体系的 Hartree - Fock 能量 E^{HF} 应用变分原理可表示为

$$E^{HF}=\langle\Psi|\hat{H}_{ele}|\Psi\rangle \tag{1.4}$$

保持$\{\chi_i(x)\}$为正交归一,对$\{\chi_i(x)\}$的函数进行优化,使 E^{HF} 为极小值,从而得到一个优化的$\{\chi_i(x)\}$方程,此方程即为 HF 方程,其数学表达式为

$$\hat{f}(1)\chi_j(1)=\varepsilon_j\chi_j(1) \tag{1.5}$$

式中,$\hat{f}(1)$ 为 Fock 算符,其具体形式为

$$\hat{f}(1)=-\frac{1}{2}\nabla_1^2-\sum_{A=1}^{M}\frac{Z_A}{r_{1A}}+V_{(1)}^{HF}=\hat{h}(1)+V_{(1)}^{HF} \tag{1.6}$$

$\hat{h}(1)$ 为单电子 Hamilton算符,$V_{(1)}^{HF}$ 表示其他 $N-1$ 个电子引起某一电子受到的平均势能。

$$V_{(1)}^{HF}=\sum_{b=1}^{N}J_b(1)-K_b(1) \tag{1.7}$$

$$J_b(1)=\int dx_2|\chi_b(2)|^2\frac{1}{r_{12}} \tag{1.8}$$

$$K_b(1)\chi_a(1)=\int dx_2\chi_b^*\frac{1}{r_{12}}\chi_a(2)\chi_b(1) \tag{1.9}$$

求解 HF 方程得到一套优化的自旋轨道集$\{\chi_i\}$和各自旋轨道所对应的能量$\{\varepsilon_i\}$。由自旋轨道构成波函数 $\Psi(x_1,x_2,\cdots,x_N)$。若对应于轨道能量由低到高的 N 个自旋轨道分别为:$\chi_1,\chi_2,\cdots,\chi_M$,则:HF 的基态波函数 Ψ_0^{HF} 可写为

$$\Psi_0^{HF}=|\chi_1,\chi_2,\cdots,\chi_M\rangle \tag{1.10}$$

HF 基态能量 E_0^{HF} 的变分表达式为

$$E_0^{HF}=\langle\Psi_0^{HF}|\hat{H}_{ele}|\Psi_0^{HF}\rangle=\sum_i\langle i|\hat{h}_i|i\rangle+\frac{1}{2}\sum_{i,j}\langle i,j||i,j\rangle=$$

$$\sum_i\langle i|\hat{h}_i|i\rangle+\frac{1}{2}\sum_{i,j}\{[ii|jj]-[ij|ji]\} \tag{1.11}$$

式中,i,j 表示自旋轨道 χ_i 和 χ_j。

HF 近似没有考虑相反自旋的电子运动关联能。根据 Lowdin 对关联能的定义,关联能 E_{corr} 可表示为

$$E_{corr}=E_{excat}-E_{limit}^{HF} \tag{1.12}$$

式中,E_{excat} 为精确能量本征值;E_{limit}^{HF} 为 HF 能量极限期望值。

1.2　微扰理论方法

电子关联能与体系总能量相比是一个微扰项，通常其中只有双重激发组态占重要地位，因此也可用多体微扰理沦(MBPT)计算电子关联能。

将 Hamiltonian 算符表示为

$$\hat{H} = \hat{H}_0 + \hat{V} \tag{1.13}$$

式中，$\hat{H}_0$ 为无微扰的 Hamilton 算符；$\hat{V}$ 为微扰量。

薛定谔方程 $\hat{H}\Psi = E\Psi$ 可表示为

$$(E - \hat{H}_0) \mid \Psi\rangle = \hat{V} \mid \Psi\rangle \tag{1.14}$$

如果

$$\hat{H}_0 = \sum_i \hat{F}_i = \sum_i (\hat{h}_i + \hat{V}(i)) = \sum_i (\hat{h}(i) + [\hat{V}_{\mathrm{HF}}(i) - \hat{h}(i)]) \tag{1.15}$$

$$\hat{V} = \hat{H} - \hat{H}_0 = \sum_{i<j} \hat{g}_{ij} - \sum_i [\hat{V}_{\mathrm{HF}}(i) - \hat{h}(i)] \tag{1.16}$$

采用这种方法选取 $\hat{H}_0$，零能量 E_0 不是体系能量的 HF 期望值，而等于 HF 轨道能量之和，所以微扰能不等于电子关联能。为避免这个问题，采用如下定义：

$$\hat{H} = \hat{H}_0 - \left\langle \Phi_0 \middle| \sum_{i,j} \hat{g}_{ij} \middle| \Phi_0 \right\rangle \tag{1.17}$$

$$\hat{V}' = \hat{V} + \left\langle \Phi_0 \middle| \sum_{i,j} \hat{g}_{ij} \middle| \Phi_0 \right\rangle \tag{1.18}$$

$$\hat{H}_c = \hat{H} - \langle \Phi_0 | \hat{H} | \Phi_0 \rangle \tag{1.19}$$

因此

$$E_c = E - \langle \Phi_0 | \hat{H} | \Phi_0 \rangle \tag{1.20}$$

式中，E_c 表示体系电子关联能。

在密度泛函方法取得广泛应用之前，二阶微扰理论 MP2 方法无疑是考虑电子关联能的最合适方法，已经成功地应用于很多领域，一般都能得到比较精确的结果，是理论物理中非常有力的工具。

1.3　基　函　数

实际分子体系的能量计算需要处理价电子之间的双电子积分，这就意味着在分子体系的能量计算中，包含大量 Slater 原子轨道的两中心、三中心以及四中心的积分。因为这些积分通常要用 $1/r_{12}$ 的无穷级数展开，所以实际运算过程十分复杂。如果采用若干 Gauss 轨道函数(GTO)的线性组合来拟合 Slater 原子轨道函数(STO)，则可以简化难于处理的多中心积分问题。由于 Gauss 函数存在一个重要的乘积定理，该定理可将两个中心的 Gauss 函数乘积合并成一个中心的 Gauss 函数，且连续使用该定理可将多个中心的 Gauss 函数合并成一个中心的 Gauss 函数，则多中心积分转变为单中心积分，使问题大为简化。目前，通用的从头计算程序 Gaussian98、Gaussian03、Gaussian09 都是以 Gauss 型函数展开的 Slater 型函数来计算各种分子的量子化学积分。

计算过程中原子的每一个壳层都有一组具有共同指数的基函数，且 Gaussian98、Gaussian03、Gaussian09 支持角动量为 s、p、d、f、g、h 等系列壳层。一个 s 壳层含有一种 s 型基函数，p 壳层含有 p_x、p_y、p_z 三种基函数，而 sp 壳层则含有四种基函数，由一种 s 型基函数和三种 p 型基函数组合而成。通常情况下，Gaussian03 量子化学计算程序中设置了许多标准基函数，如 STO-3G、6-31G 和 6-311G 等，应用这些基函数可以使计算变得相对简单。

一般说来，为了能够提供较好的相关轨道，必须采用包括极化函数在内的扩展基组。如果要计算体系的总关联能，则对原子的内层轨道也要增加极化基函数，例如，对 k 层增加 Gauss 指数与 $1s$ 函数相近的极化函数，对 L 层要增加 Gauss 指数接近 $2s$ 函数的 d 极化函数等。如果计算激发态，还需要增加描述该激发态的极化函数或扩展函数，这对原子序数较大的原子极为重要。对上述基集合而言，较高角量子数的函数为极化函数，例如，对于氢原子体系为 $2p$ 函数，对第一周期元素为 $3d$ 函数。为了描述分子形成过程中的原子轨道变形，在计算中必须要考虑极化函数。对于元素周期表中第三周期以下的元素(主族及过渡金属元素)，随着 d 轨道的出现，其化学性质及结构特点都将发生变化，此时含有极化函数的 Gauss 基对于计算结果处理变得更加合理。

1.4 密度泛函理论

实际上，固体的大部分电子结构计算基于密度泛函理论(DFT)，该方法来源于 Hohenberg、Kohn 和 Sham 的工作，而且密度泛函理论目前是凝聚态物理和量子化学中解决多体量子力学问题的最普遍方法。本节首先论述密度泛函理论的物理解释，然后讨论正式的推导过程。密度泛函理论实现了将含有 N 个变量的系统映射为单一变量(即系统的密度)，因此与传统的从头算理论(比如 1.1 节中 Hartree - Fock 理论)相比,密度泛函理论明显减少了计算时间,但是基本上计算精度是可以接受的。从原理上讲,密度泛函理论是一种"准确"理论,适用于任何具有外部作用势的相互作用系统。在处理交换-关联效应时,采用泛函方法进行近似。通过包含局域、半局域和动力学等效应,DFT 获得了明显的进展,同时增加了计算的预测能力和精度。

1.4.1 Hohenberg - Kohn 定理

下面考虑含有 N 个电子的系统在与时间无关外部作用势下的行为。Hohenberg - Kohn 定理认为:在平凡条件下,外部作用势完全由电子密度 ρ 决定。与传统量子力学的基本区别是在密度泛函理论中,需要求解的是密度,而不是波函数。当然,密度由波函数进行定义:

$$\rho(\bar{x}_i)=N\int\Psi^*(\bar{x}_1,\bar{x}_2,\cdots\bar{x}_N)\Psi(\bar{x}_1,\bar{x}_2,\cdots\bar{x}_N)\mathrm{d}\bar{x}_1\mathrm{d}\bar{x}_2\mathrm{d}\bar{x}_3\cdots\mathrm{d}\bar{x}_N \tag{1.21}$$

其中,假设 Ψ 进行了归一化处理,$\bar{x}_i$ 包含了自旋和空间变量,式(1.21)积分在 $i=2,3,\cdots,N$ 中进行,包含了第一个粒子的自旋部分。一旦知道电子密度,就可以计算其他电子性质。比如,总电子数

$$N=\int\rho(\bar{r})\mathrm{d}\bar{r} \tag{1.22}$$

Kato 定理只适用于 Coulomb 作用势,从而得出:

$$Z_\beta=-\frac{1}{2\rho(\bar{r})}\left.\frac{\partial\rho(\bar{r})}{\partial r}\right|_{r=R_\beta} \tag{1.23}$$

其中,偏微分在原子核 β 上进行。从式(1.23)可知,密度定义了原子核的位置 R_β 和原子数 Z_β。一般情况下,Hohen berg - Kohn 定理中的 $v(\bar{r})$ 并不局限于 Coulom b 作用势。

下面证明 Hohen berg - Kohn 定理:假设除了 $v(\bar{r})$ 以外,相同密度产生另外的作用势 $v'(\bar{r})$,$v(\bar{r})\neq v'(\bar{r})+c$,其中 c 是常数。由于这两个作用势的出现,两个基态波函数 Ψ 和 Ψ' 对应于两个哈密顿量 H 和 H',基态能量分别是 E 和 E'。哈密顿量定义为

$$H=T+V_{ee}+\sum_i^N v(\bar{r}_i) \tag{1.24}$$

其中,T 和 V_{ee} 是动能和电子-电子排斥算符,有

$$T=-\frac{1}{2}\sum_i^N\nabla_i^2 \tag{1.25}$$

$$V_{ee}=\sum_{i<j}^{N}\frac{1}{r_{ij}} \tag{1.26}$$

式中全部采用原子单位：

$$e^2=\hbar=m_e=1$$

式中，e 是电子电荷；$\hbar$ 是普朗克常数；m_e 是电子质量。能量单位是哈特里，距离单位是玻尔。

由 Rayleigh－Ritz 变分原理可知：

$$E_0=\langle\Psi|H|\Psi\rangle<\langle\Psi'|H|\Psi'\rangle=\langle\Psi'|H|\Psi'\rangle+\langle\Psi'|H-H'|\Psi'\rangle=$$

$$E'_0+\int\rho(\bar{r})[v(\bar{r})-v'(\bar{r})]\mathrm{d}\bar{r} \tag{1.27}$$

相似地，对于具有平凡波函数 Ψ 的哈密顿量 H'，采用变分原理可以得到

$$E'_0=\langle\Psi'|H'|\Psi'\rangle<\langle\Psi|H'|\Psi\rangle=\langle\Psi|H|\Psi\rangle+\langle\Psi|H'-H|\Psi\rangle=$$

$$E'_0+\int\rho(\bar{r})[v(\bar{r})-v'(\bar{r})]\mathrm{d}\bar{r} \tag{1.28}$$

联立式(1.27)和式(1.28)：

$$E_0+E'_0<E'_0+E_0 \tag{1.29}$$

式(1.29)明显是矛盾的。因此一旦给定电子密度，就可以确定外部作用势，其他所有电子性质都是相同的，比如总能。

实际上，总能可以表示为

$$E_v(\rho)=T(\rho)+V_{ne}(\rho)+V_{ee}(\rho)=\int\rho(\bar{r})v(\bar{r})\mathrm{d}\bar{r}+F_{HK}[\rho] \tag{1.30}$$

其中

$$F_{HK}[\rho]=T(\rho)+V_{ee}[\rho] \tag{1.31}$$

V_{ee} 包括典型和非典型的贡献，比如 Coulomb 和交换相互作用，F_{HK} 是 Hohenberg－Kohn 泛函，由式(1.31)可知，F_{HK} 不依赖于外部作用势，普适泛函 $\rho(\bar{r})$ 同样如此。

Hohenberg－Kohn 第二定理表明，对于尝试密度 $\tilde{\rho}(\boldsymbol{r})$ 而言，

$$\tilde{\rho}(\boldsymbol{r})\geqslant 0 \quad \int\tilde{\rho}(\boldsymbol{r})\mathrm{d}\bar{r}=N \quad E_0\leqslant E_v[\tilde{\rho}] \tag{1.32}$$

其中 $E_v[\tilde{\rho}]$ 是式(1.10)中能量泛函，采用变分原理可以进行验证。对于任意的尝试密度 $\tilde{\rho}(\boldsymbol{r})$，根据 Hohenberg－Kohn 第一定理，它具有作用势 $v(\bar{r})$，哈密顿量 H 和波函数 $\tilde{\Psi}$，因此获得下式：

$$\langle\tilde{\Psi}|H|\tilde{\Psi}\rangle=\int\tilde{\rho}(\bar{r})v(\bar{r})\mathrm{d}\bar{r}+F_{HK}=E_v[\tilde{\rho}]\geqslant E_v[\rho] \tag{1.33}$$

总能相对于总电子数的变分保持固定

$$\delta\{E_{\mathrm{v}}[\rho]-\frac{\mu}{\int\rho(\bar{r})\mathrm{d}\bar{r}}-N\}=0 \tag{1.34}$$

因此获得 Euler－Lagrange 方程：

$$\mu=\frac{\delta E_{\mathrm{v}}[\rho]}{\delta\rho(\bar{r})}=v(\bar{r})+\frac{\delta F_{\mathrm{HK}}}{\delta\rho(\bar{r})} \tag{1.35}$$

其中 Lagrange 因子 μ 是化学势。如果已知泛函 F_{HK} 准确的形式，那么式(1.32) 就是基态电子密度方程。只定义 $\rho(\bar{r})$ 的泛函 F_{HK}，其中 $\rho(\bar{r})$ 对应于具有外部作用势 $v(\bar{r})$ 的哈密顿量的反对称性基态波函数。密度泛函理论可以在一个密度上进行定义，该密度满足的限制条件弱于 v 表征的限制条件，即 N 表征。如果密度可以由一些反对称性波函数获得，那么该密度是 N 表征的。基于 N 表征的密度，Levy 的限制搜索方法如下所述，其中取消了验证 Hohenberg－Kohn 定理时采用的简并度限制条件。

1.4.2　限制搜索方法

该方法首先由 Levy 和 Lieb 提出，普适函数 $F[\rho]$ 定义为动能和 Coulomb 排斥能的加和：

$$F[\rho]=\underset{\Psi\to\rho}{\mathrm{Min}}\langle\Psi|T+V_{\mathrm{ee}}|\Psi\rangle \tag{1.36}$$

$F[\rho]$ 搜索所有的波函数 Ψ，而 Ψ 产生固定的试验密度 ρ，ρ 不需要是 v 表征。

基态能量可以写成：

$$E_0=\underset{\Psi\to\rho}{\mathrm{Min}}\left\langle\Psi\left|T+V_{\mathrm{ee}}+\sum_i^N v(r_i)\right|\Psi\right\rangle=$$

$$\underset{\rho}{\mathrm{Min}}\{\underset{\Psi\to\rho}{\mathrm{Min}}\langle\Psi\left|T+V_{\mathrm{ee}}+\sum_i^N v(r_i)\right|\Psi\rangle\}= \tag{1.37}$$

$$\underset{\rho}{\mathrm{Min}}\left\{\left[\underset{\Psi\to\rho}{\mathrm{Min}}\langle\Psi|T+V_{\mathrm{ee}}|\Psi\rangle+\int v(\bar{r})\rho(\bar{r})\mathrm{d}\bar{r}\right]\right\} \tag{1.38}$$

采用式(1.36) 中 $F[\rho]$ 定义，可以将式(1.38) 表示为

$$E_0=\underset{\rho}{\mathrm{Min}}\left\{F[\rho]+\int v(\bar{r})\rho(\bar{r})\mathrm{d}\bar{r}\right\}=\underset{\rho}{\mathrm{Min}}E[\rho] \tag{1.39}$$

其中

$$E[\rho]=F[\rho]+\int v(\bar{r})\rho(\bar{r})\mathrm{d}\bar{r} \tag{1.40}$$

在泛函 $F[\rho]$ 的限制搜索公式中，ρ 不需要 v 的基态密度，只要求其由反对称波函数构建获得。然而，当 ρ 是 v 的函数时

$$F[\rho]=F_{\mathrm{HK}}[\rho] \tag{1.41}$$

泛函 $F[\rho]$ 是普适的，因为它不依赖于外部作用势 $v(\bar{r})$。采用这个限制搜索方法后，只需要选择一组对应于给定 ρ 的简并波函数，因此消除了原来 Hohenberg－Kohn 定理中简并问题。

1.4.3 Hohenberg－Kohn 方法

实际上，基态电子密度可以通过求解 Euler－Lagrange 方程确定：

$$\frac{\delta F(\rho)}{\delta\rho}+v(\bar{r})=\mu \tag{1.42}$$

其中，μ 是与下述限制条件相关的 Lagrange 因子：

$$\int\rho(\bar{r})\mathrm{d}\bar{r}=N$$

目前，式(1.42) 中泛函 $F[\rho]$ 的准确形式是未知的：

$$F[\rho]=T[\rho]+V_{\mathrm{ee}}[\rho] \tag{1.43}$$

从上述方程可知，最根本的问题是计算动能项。Kohn－Sham 对于这个问题提出了下述的间接方法：考虑非相互作用系统，其中电子在普通的局域作用势 v_{s} 中进行无关的运动，电子密度 $\rho(\bar{r})$ 与相互作用电子系统相同。只要确保由 $\rho(\bar{r})$ 构建的波函数是 N 表征，上述过程是可以实现的。哈密顿量

$$H_{\mathrm{s}}=\sum_i^N\left(-\frac{1}{2}\nabla_i^2\right)+\sum_i^N v_{\mathrm{s}}(\bar{r}_i) \tag{1.44}$$

在上述的哈密顿量中，存在一个非电子-电子排斥项。对于这个系统，可以将非相互作用波函数写成 Slater 行列式的形式：

$$\Psi_{\mathrm{s}}=\frac{1}{\sqrt{N!}}\det[\psi_1\psi_2\cdots\psi_N] \tag{1.45}$$

其中 ψ_i 是单电子哈密顿量 h_{s} 的 N 个最低本证态

$$h_{\mathrm{s}}\psi_i=\left[-\frac{1}{2}\nabla_i^2+v_{\mathrm{s}}(\bar{r}_i)\right]\psi_i=\varepsilon_i\psi_i \tag{1.46}$$

这个非相互作用系统的动能为

$$T_{\mathrm{s}}[\rho]=\left\langle\Psi_{\mathrm{s}}\left|\sum_{i=1}^N\left(-\frac{1}{2}\nabla_i^2\right)\right|\Psi_{\mathrm{s}}\right\rangle=\sum_i^N\left\langle\psi_i\left|-\frac{1}{2}\nabla_i^2\right|\psi_i\right\rangle \tag{1.47}$$

而非相互作用系统的密度

$$\rho(\bar{r})=\sum_i^N|\psi_i(\bar{x}_i)|^2 \tag{1.48}$$

等于相互作用系统的密度。

式(1.43) 中动能泛函 $T[\rho]$ 是未知的，所以简单地将非相互作用系统的动能泛函 $T_s[\rho]$ 代替 $T[\rho]$，两个泛函之间的差别 $T_c = T - T_s$，将其代入方程式(1.43)，可以获得：

$$F[\rho] = T_s[\rho] + V_{ee}[\rho] + T_c[\rho] \tag{1.49}$$

式(1.49) 中右边最后两项表示电子-电子相互作用，可以将其分别写为 Coulomb 项和交换-相关项：

$$V_{ee}[\rho] + T_c[\rho] = J[\rho] + E_{xc}[\rho] \tag{1.50}$$

因此式(1.49) 可以表示为

$$F[\rho] = T_s[\rho] + J[\rho] + E_{xc}[\rho] \tag{1.51}$$

采用上述的泛函，式(1.43) 中总能可以表示为

$$E[\rho] = T_s[\rho] + J[\rho] + E_{xc}[\rho] + \int \rho(\bar{r}) v(\bar{r}) \mathrm{d}\bar{r} \tag{1.52}$$

式(1.52) 的变分处理可以给出 Euler - Lagrange 方程：

$$\mu = \frac{\delta E[\rho]}{\delta\rho} = \frac{\delta}{\delta\rho}\int \rho(\bar{r}) v(\bar{r}) \mathrm{d}\bar{r} + \frac{\delta T_s[\rho]}{\delta\rho} + \frac{\delta J[\rho]}{\delta\rho} + \frac{\delta E_{xc}[\rho]}{\delta\rho} =$$

$$v(\bar{r}) + \frac{\delta T_s[\rho]}{\delta\rho} + \frac{\delta J[\rho]}{\delta\rho} + \frac{\delta E_{xc}[\rho]}{\delta\rho} = \tag{1.53}$$

$$v_{eff}(\bar{r}) + \frac{\delta T_s[\rho]}{\delta\rho} \tag{1.54}$$

其中 Kohn - Sham 有效势定义为

$$v_{eff} = v(\bar{r}) + \frac{\delta J[\rho]}{\delta\rho} + \frac{\delta E_{xc}[\rho]}{\delta\rho} = v(\bar{r}) + \int \frac{\rho(\bar{r}')}{|\bar{r} - \bar{r}'|}\mathrm{d}\bar{r}' + v_{xc}(\bar{r}) \tag{1.55}$$

交换-关联作用势定义为

$$v_{xc}(\bar{r}) = \frac{\delta E_{xc}(\rho)}{\delta\rho} \tag{1.56}$$

实际上，通过单电子轨道可以将式(1.52) 重新表示为

$$E(\rho) = \sum_i^N \int \psi_i^* \left(-\frac{1}{2}\nabla^2\right)\psi_i \mathrm{d}\bar{r} + J(\rho) + E_{xc}[\rho] + \int v(\bar{r})\rho(\bar{r})\mathrm{d}\bar{r} \tag{1.57}$$

与式(1.48) 一样，电子密度定义为

$$\rho(\bar{r}) = \sum_i^N |\psi_i|^2$$

因此在式(1.57) 中，通过 N 个轨道可以表示能量。

考虑到单电子轨道 ψ_i 以及这些轨道之间相互垂直的约束条件，式(1.57) 中能量变分获得

$$\int \psi_i^* \psi_j \mathrm{d}\bar{x} = \delta_{ij} \tag{1.58}$$

从而获得

$$\delta\left[E[\rho] - \sum_i^N \sum_j^N \varepsilon_{ij} \int \psi_i^*(\bar{x}) \psi_i(\bar{x}) \mathrm{d}\bar{x}\right] = 0 \tag{1.59}$$

式(1.59)中 ε_{ij} 是 Lagrange 因子。下面考虑式(1.57)中能量 $E[\rho]$ 的变分:

$$\delta E[\rho] = \left[\frac{\delta}{\delta\psi_i^*} \sum_i^N \int \psi_i^* \left(-\frac{1}{2}\nabla^2\right) \psi_i \mathrm{d}\bar{r} + \frac{\delta J}{\delta\psi_i^*} + \frac{\delta E_{\mathrm{xc}}}{\delta\psi_i^*} + \right.$$
$$\left. \frac{\delta}{\delta\psi_i^*} \int v(\bar{r}) \left(\sum_i^N |\psi_i|^2\right) \mathrm{d}\bar{r}\right] \delta\psi_i^* \tag{1.60}$$

采用泛函微分的链式法则,式(1.60)中右边第一项为

$$\frac{\delta}{\delta\psi_i^*} \sum_i^N \int \psi_i^* \left(-\frac{1}{2}\nabla^2\right) \psi_i \mathrm{d}\bar{r} = \frac{\partial\psi_i^*}{\partial\psi_i^*}\left(-\frac{1}{2}\nabla^2\right)\psi_i +$$
$$\psi_i^* \frac{\partial}{\partial\psi_i^*}\left[\left(-\frac{1}{2}\nabla^2\right)\psi_i\right] = -\frac{1}{2}\nabla^2\psi_i \tag{1.61}$$

其中第二项的微分为零。相似地,式(1.60)中能量变分的最后一项为

$$\frac{\delta}{\delta\psi_i^*} \int v(\bar{r}) \left(\sum_i^N |\psi_i|^2\right) \mathrm{d}\bar{r} = v(\bar{r})\psi_i \tag{1.62}$$

由式(1.59)可知,对于 $\delta\psi_i^*$ 的任意变分,采用式(1.59)和(1.60)可以得

$$h_{\mathrm{eff}}\psi_i = \left[-\frac{1}{2}\nabla^2 + \frac{\delta J[\rho]}{\delta\rho} + \frac{\delta E_{\mathrm{xc}}[\rho]}{\delta\rho} + v(\bar{r})\right]\psi_i = \sum_j^N \varepsilon_{ij}\psi_j \Rightarrow$$
$$h_{\mathrm{eff}}\psi_i = \left[-\frac{1}{2}\nabla^2 + v_{\mathrm{eff}}(\bar{r})\right]\psi_i = \sum_j^N \varepsilon_{ij}\psi_j \tag{1.63}$$

其中 $v_{\mathrm{eff}}(\bar{r})$ 由式(1.55)进行定义。在式(1.63)中,哈密顿量 h_{eff} 是厄密特算符,因此 ε_{ij} 是厄密特矩阵,可以通过单元变换进行对角化,从而获得 Kohn - Sham 方程:

$$\left[-\frac{1}{2}\nabla^2 + v_{\mathrm{eff}}(\bar{r})\right]\psi_i = \varepsilon_i\psi_i \tag{1.64}$$

式(1.64)是密度泛函理论的核心方程,这些方程常常通过自洽方法进行求解。

从原理上讲,Kohn - Sham 方程的解是精确的,但是从上述 Kohn - Sham 的讨论可知,目前无法获得交换-关联泛函的解析表达式。根据体系的不同,采用不同的近似方法来处理这个泛函,比如下面即将讨论的局域密度近似

(LDA) 和广义密度近似(GGA)。

1.4.4　广义梯度近似(GGA)

目前广泛使用的近似方法是局域密度近似(LDA),假设交换-关联泛函具有如下形式:

$$E_{XC}^{LDA}=\int\rho(\boldsymbol{r})\varepsilon_{xc}(\rho(\boldsymbol{r}))\,d\boldsymbol{r} \tag{1.65}$$

该近似只能应用于电子密度缓变的体系,比如离域电子,而对于其他体系(比如电子密度变化比较快或者局域电子),该近似是失效的。对于 LDA 改进的第一步是考虑电子密度的空间变化,即密度梯度 $\nabla\rho(\bar{r})$,即考虑了真实电子密度的非均一性,这种方法称为梯度展开近似(GEA),通过交换-关联泛函的 Taylor 级数展开可以实现这个过程:

$$E_{xc}^{GEA}[\rho_\alpha,\rho_\beta]=\int\rho(\bar{r})\varepsilon_{xc}(\rho_\alpha,\rho_\beta)\,d\bar{r}+\sum_{\sigma,\sigma'}\int C_{xc}^{\sigma,\sigma'}(\rho_\alpha,\rho_\beta)\frac{\nabla\rho_\sigma}{\rho_\sigma^{2/3}}\frac{\nabla\rho_\beta}{\rho_{\sigma'}^{2/3}}\,d\bar{r}+\cdots \tag{1.66}$$

上式中,系数 $C_{xc}^{\sigma,\sigma'}$ 正比于 $1/\rho^{4/3}$。然而,GEA 没有系统性地提高 LDA 近似。原因是在这个定义中,交换-关联相互作用没有物理意义。除此之外,$\nabla\rho$ 的较高阶修正非常难以进行计算。包含密度梯度的更成熟方法是由 Perdew 等提出的广义梯度近似(GGA),交换-关联泛函的定义为

$$E_{xc}^{GGA}[\rho_\alpha,\rho_\beta]=\int f(\rho_\alpha,\rho_\beta,\nabla\rho_\alpha,\rho_\beta)\,d\bar{r} \tag{1.67}$$

实际上,E_{xc}^{GGA} 可以分解为交换和相关两部分贡献:

$$E_{xc}^{GGA}=E_{x}^{GGA}+E_{c}^{GGA} \tag{1.68}$$

通常分别对这些泛函进行近似处理。

在过去数年里,多种密度及其梯度表示方法曾被提出。其中被最广泛采用的泛函方法包括:1986 年 Perdew 函数;不包含经验参数的 Perdew - Wang 1991 泛函(PW91),通过均匀电子气近似和准确的限制条件进行确定;Perdew,Bueke 和 Ernzerhof 对 PW91 进行了精细化处理,构建了 PBE 泛函。另一个常见的关联泛函是 Lee、Yang 和 Parr 提出的 LYP 泛函,这个关联泛函不基于均匀电子气,而是密度及其梯度的泛函。LYP 泛函包含一个经验参数,这个泛函常常与 Becke 交换泛函结合,称之为 BLYP。

必须强调的是 GGA 没有提供完整的非局域泛函。从纯数学角度考虑,$\rho(\bar{r})$ 及其梯度 $\nabla\rho(\bar{r})$ 只依赖于 $\bar{r}$,而与任意 $\rho(\bar{r}')$ 无关($\bar{r}'\neq\bar{r}$)。GGA 的优势是包含了密度的局域变分。同样地,原来形式的 GGA 没有同时产生能量和作

用势的渐进行为。在目前的泛函中，采用截断来产生令人满意的结果。然而，在凝聚态物理和量子化学的许多系统中，GGA 泛函并不是在所有方面都优于 LDA 泛函，除非是在长程弱束缚系统中，比如范德华相互作用。

1.5 标量相对论近似

对于元素周期表中的较重原子，对电子能级进行相对论效应修正是必要的。比如，如果没有对 Au 原子的能级计算进行相对论效应修正，那么颜色就像 Ag。如果考虑 Hg 原子核附近的单电子运动，电子的相对论质量修正几乎为 23%，电子速度几乎是光速的 53%。下面将简要介绍标量相对论近似。

四组分的 Dirac 方程可以写成：

$$i\hbar \frac{\partial \Psi(\bar{r},t)}{\partial t} = (c\boldsymbol{\alpha} \cdot \hat{p} + \boldsymbol{\beta} mc^2)\Psi(\bar{r},t) \tag{1.69}$$

其中，$\Psi(\bar{r},t)$ 是四组分波函数：

$$\Psi(\bar{r},t) = \Psi(\bar{r})\mathrm{e}^{-iWt} = \begin{pmatrix} \Psi_1(\bar{r}) \\ \Psi_2(\bar{r}) \\ \Psi_3(\bar{r}) \\ \Psi_4(\bar{r}) \end{pmatrix} \mathrm{e}^{-iWt} \tag{1.70}$$

$$W = \boldsymbol{\alpha} \cdot pc + \boldsymbol{\beta} mc^2 \tag{1.71}$$

其中，$\boldsymbol{\alpha}$ 和 $\boldsymbol{\beta}$ 是 4×4 矩阵，具有如下性质：

$$\boldsymbol{\alpha}^2 = \boldsymbol{\beta}^2 = 1, \{\boldsymbol{\alpha}, \boldsymbol{\beta}\} = 0 \text{ 和 } \{\alpha_i, \alpha_j\} = 0 \tag{1.72}$$

式中，$\{\cdots\}$ 表示反对易算符。

求解大系统的四组分 Dirac 方程是非常困难的，一种方法是采用 Breit-Pauli 哈密顿量，即 Dirac 方程处于 Hermitian 形式的极限情况，同时进行 $1/c^2$ 修正：

$$H_{\mathrm{BP}} = H_0 + H_{\mathrm{MV}} + H_{\mathrm{D}} + H_{\mathrm{SO}} \tag{1.73}$$

其中 H_0 是非相对论哈密顿量，H_{MV} 是质量-速度项：

$$H_{\mathrm{MV}} = -\frac{\alpha^2}{8}\sum_i p_i^4 \tag{1.74}$$

H_{D} 是 Darwin 项：

$$H_{\mathrm{D}} = \frac{\alpha^2}{8}(\nabla^2 V) \tag{1.75}$$

作用势可以表示为

$$V = -Z\sum_i \frac{1}{r_i} + \sum_{i<j} \frac{1}{r_{ij}} \tag{1.76}$$

式(1.76)是对能量的贡献，没有标准的参照物，其原因是电子不能被视为点粒子，但是可以在康普顿波长$(\hbar^3/mc)^3$量级的体积内进行扩散。

H_{SO}是自旋-轨道耦合项：

$$H_{SO} = \frac{\alpha^2}{2}\left[\sum_i \frac{Z}{\boldsymbol{r}_i^3}(\boldsymbol{L}_i \cdot \boldsymbol{S}_i) - \sum_{i\neq j} \frac{1}{\boldsymbol{r}_{ij}^3}(\boldsymbol{r}_{ij} \times \boldsymbol{P}_i) \cdot (\boldsymbol{S}_i + 2\boldsymbol{S}_j)\right] \tag{1.77}$$

其中，α是精细结构常数，在标量相对论近似中不包含该项。

1.6 APW 方法

目前，平面波基组展开方法除了赝势方法以外，还存在其他方法，比如缀加平面波方法(APW)。首先介绍 APW，然后论述线性缀加平面波(LAPW)和缀加平面波＋局域轨道(APW＋lo)。

引入 APW 基组的思想与赝势非常相似。在远离原子核的区域，电子几乎是“自由的”。采用平面波来描述自由电子。当靠近原子核时，电子的行为和自由原子中电子行为非常相似，通过类原子函数可以更加有效地进行描述。因此，空间可以分成两个区域：靠近每一个原子是半径为R_α的球形(称为S_α)。这种球形常常称为 muffin－tin 球，该球形所占据的空间是 muffin－tin 区域。球形外部的剩余空间称为间隙区域(称为I)。通过φ_k^n展开定义缀加平面波：

$$\varphi_{\boldsymbol{K}}^{k}(\boldsymbol{r},E) = \begin{cases} \dfrac{1}{\sqrt{V}} e^{i(\boldsymbol{k}+\boldsymbol{K})\cdot \boldsymbol{r}}, & \boldsymbol{r} \in I \\ \sum_{l,m} A_{lm}^{\alpha,\boldsymbol{k}+\boldsymbol{K}} u_l^\alpha(\boldsymbol{r}',E) Y_m^l(\hat{\boldsymbol{r}}'), & \boldsymbol{r} \in S_\alpha \end{cases} \tag{1.78}$$

平面波是具有零作用势的哈密顿量本征函数。

符号$\boldsymbol{k}$,$\boldsymbol{K}$和$\boldsymbol{r}$具有向量的意义，V是单元晶胞的体积。必须注意的是 APW 基组依赖于$\boldsymbol{k}$，平面波基组同样如此。相对于每一个球形的中心，球形内部位置可以表示为$\boldsymbol{r}' = \boldsymbol{r} - \boldsymbol{r}_\alpha$，如图 1.1 所示。

$\boldsymbol{r}'$的长度为r'，通过球形坐标、角度θ'和φ'定义了$\boldsymbol{r}'$的方向，标记为$\hat{r}'$。Y_m^l是球谐函数。$A_{lm}^{\alpha,\boldsymbol{k}+\boldsymbol{K}}$是未确定的参数，$E$同样如此。后者具有能量的维数。$u_l^\alpha$是自由原子$\alpha$的 Schrodinger 方程径向部分的解。对于真实的自由原子，当$r\to\infty$时，边界条件$u_l^\alpha(r,E)$消失。因为可以获得解u_l^α，所以这将限制能量E的数目。但是当不采用边界条件时，可以找到任何E的数值解。因此，u_l^α不具有任何物理意义，但是它们是基函数的一部分，而不是本征函数本身。因为接近于实际的本征函数，所以与晶体区域相似，同时与基函数一样非常高效。

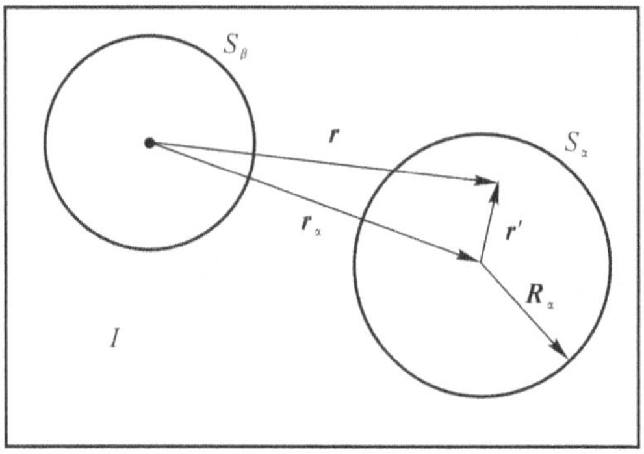

图 1.1　muffin-tin 区域和间隙区域中单位晶胞的划分(黑点表示坐标系的原点)

如果本征函数是不连续的，不能很好地定义其动能。因此，球形外部的平面波与超过球形的完整表面的球形内部函数相匹配(数值是匹配的，而不是斜率)。平面波是振荡的，同时具有唯一的方向，在超过球形的整个表面，如何与基于球谐函数的其他函数进行匹配呢？为了实现这个过程，采用 α 原子球形原点附近的球谐函数进行展开：

$$\frac{1}{\sqrt{V}}\mathrm{e}^{i(\boldsymbol{k}+\boldsymbol{K})\cdot\boldsymbol{r}}=\frac{4\pi}{\sqrt{V}}\mathrm{e}^{i(\boldsymbol{k}+\boldsymbol{K})\cdot\boldsymbol{r}_\alpha}\sum_{l,m}i^l j_l(|\boldsymbol{k}+\boldsymbol{K}|\,|\boldsymbol{r}|)\,Y_m^{l*}(\boldsymbol{k}+\boldsymbol{K})Y_m^l(\hat{r}') \tag{1.79}$$

式中，$j_l(x)$ 是 l 阶 Bessel 函数。球形边界上的 Bessel 函数等于式(1.78)中 lm 部分，从而获得：

$$A_{lm}^{\alpha,\boldsymbol{k}+\boldsymbol{K}}=\frac{4\pi i^l\mathrm{e}^{i(\boldsymbol{k}+\boldsymbol{K})\cdot\boldsymbol{r}_\alpha}}{\sqrt{V}u_l^\alpha(\boldsymbol{R}_\alpha,E)}j_l(|\boldsymbol{k}+\boldsymbol{K}|R_\alpha)Y_m^{l*}(\boldsymbol{k}+\boldsymbol{K}) \tag{1.80}$$

除了仍然未确定的 E 以外，这唯一地定义了 $A_{lm}^{\alpha,\boldsymbol{k}+\boldsymbol{K}}$。从原理上讲，式(1.79)中存在无限项。为了构建匹配关系，采用无限数目的 $A_{lm}^{\alpha,\boldsymbol{k}+\boldsymbol{K}}$。实际上，需要在一些 $l_{\max}$ 位置进行截断。那么什么是合理的选择呢？对于给定的 $l_{\max}$，$Y_m^{l_{\max}}(\theta,\varphi)$ 沿着 α 球的圆圈最多具有 $2l_{\max}$ 个节点(即对于任意固定的 φ，$\varphi=0\to2\pi$)，如图 1.2 所示。图 1.2(a)中不存在其他点，使得 $Y_{m=2}^{l=2}$ 等于零。在图 1.2(b)中，对于 $Y_{m=1}^{l=2}=0$ 的这些点位于 $\theta=\pi/2$ 的水平圆圈上(圆圈采用虚点表示)。在这两种情况下，沿着巨大圆圈的零数量几乎为 $2l$。其中：

$$Y_{m=2}^{l=2}=\frac{1}{4}\sqrt{\frac{15}{2\pi}}\sin^2\theta\mathrm{e}^{2i\varphi},\quad Y_{m=1}^{l=2}=\sqrt{\frac{15}{8\pi}}\sin\theta\cos\theta\mathrm{e}^{i\varphi}$$

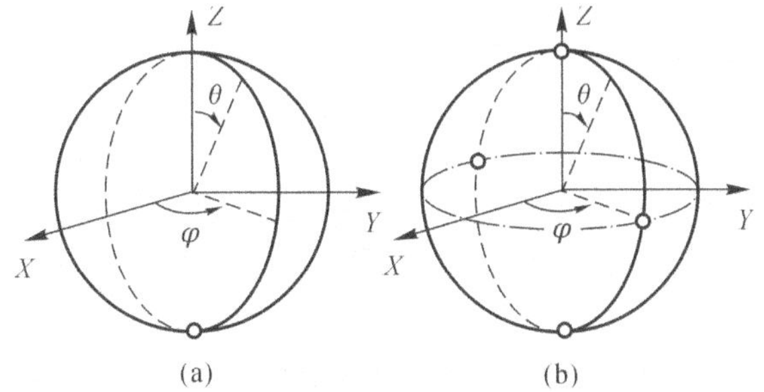

图 1.2　球谐函数的几何示意图

将其转换为单位长度的节点数，即为 $2l_{\max}/(2\pi R_{\alpha})=l_{\max}/(\pi R_{\alpha})$。如果一个平面波必须与此匹配，那么这个平面波至少具有相似数目的单位长度节点数。具有最短周期 $2\pi/K_{\max}$ 的平面波单位长度含有 $2/(2\pi/K_{\max})$ 个节点。如果单位长度的节点数相同，那么平面波的截断 $K_{\max}$ 和角函数的截断 $l_{\max}$ 具有相当的量级，因此 $R_{\alpha}K_{\max}=l_{\max}$。对于给定的 $K_{\max}$，这个条件能够确定最优的 $l_{\max}$。$l_{\max}$ 的有限值意味着对于每一个 APW 而言，球形边界上的匹配不是非常精确，但是足以正常运行。当 $l_{\max}$ 大于条件所需要的 $R_{\alpha}K_{\max}$ 是没有用处的，这将导致球形边界产生不稳定行为。因此，不同原子的 muffin - tin 半径不应该差别很大。

因此，式(1.78) 中单 APW$\varphi_{\boldsymbol{K}}^{k}(\boldsymbol{r},E)$ 的意义是穿过单位晶胞的振荡函数。当其在路径上遇到一个原子时，在该原子 muffin - tin 球内部，简单的振荡行为将转变为更加复杂的行为。然而，球内部和外部的函数值光滑匹配，必须注意的是每一个原子不同的 $\sum_{l=1}^{l_{\max}}2l_{\max}+1$ 系数 $A_{lm}^{\alpha,\boldsymbol{k}+\boldsymbol{K}}$(原子确定了 α 值，所考虑的 APW 方法确定了 $\boldsymbol{k}$ 和 $\boldsymbol{K}$，存在所有小于 $l_{\max}$ 的 l 以及相应的 m 值)。

为了确定本征函数展开系数 $c_{\boldsymbol{K}}^{n,\boldsymbol{k}}$，可以采用 APW 作为一个基组。为了采用 APW 准确地描述本征状态 $\psi_{\boldsymbol{k}}^{n}(\boldsymbol{r})$，必须将 E 设置为目标状态的本征值 $\varepsilon_{\boldsymbol{k}}^{n}$ 或者能带。因此，必须从一个猜测值 $\varepsilon_{\boldsymbol{k}}^{n}$ 开始，将其定义为 E，从而可以确定 APW，构建哈密尔顿矩阵元素和重叠矩阵。对于久期方程而言，猜测的 $\varepsilon_{\boldsymbol{k}}^{n}$ 应该是该方程的根。常常情形不是这样的，因此需要第二次猜测。对于这个新 E 值，必须重新确定 APW，所有矩阵元素同样如此，直到发现根 $\varepsilon_{\boldsymbol{k}}^{(n=1)}$。$\varepsilon_{\boldsymbol{k}}^{(n=2)}$ 同样采用这个流程，APW 方法的流程图如图 1.3 所示。

实际上，为了达到足够的精确，$K_{\max}\approx 3.5\text{au}^{-1}$，这小于平面波和赝势的典型值5.5。APW 的基组尺寸估计值大约为131，与平面波的270 相近。计算时间(主要由矩阵对角化过程决定)与基组尺寸的三次方成正比,这表明 APW 比赝势快 10 倍。然而,对于一个平面波基组,通过单对角化可以发现 P 本征值。但是对于 APW,每一个本征值需要一次对角化过程,这使得 APW 方法速度较慢,远低于赝势方法的速度。

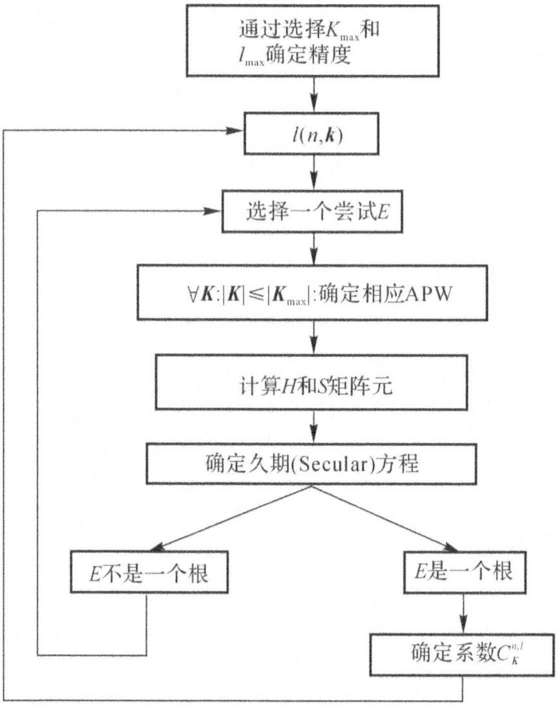

图 1.3　APW 方法的流程图

1.7　LAPW 方法

采用 APW 方法存在的问题是 $u_l^\alpha(r',E)$ 必须位于本征状态的(未知的)本征能量 $E=\varepsilon_{\boldsymbol{k}}^n$ 位置。如果能够由未知量来恢复 $u_l^\alpha(r',\varepsilon_{\boldsymbol{k}}^n)$ 将会非常有用,这正是线性缀加平面波方法所完成的工作。如果在一些能量 E_0 上计算了 u_l^α,那么可以进行 Taylor 展开:

$$u_l^\alpha(r',\varepsilon_{\boldsymbol{k}}^n)=u_l^\alpha(r',E_0)+(E_0-\varepsilon_{\boldsymbol{k}}^n)\underbrace{\left.\frac{\partial u_l^\alpha(r',E)}{E}\right|_{E=E_0}}_{\dot{u}_l^\alpha(r',E_0)}+O(E_0-\varepsilon_{\boldsymbol{k}}^n)^2 \tag{1.81}$$

对于给定的 E_0，将展开的前两项代入 APW 中，将会获得 LAPW。但是能量差别 $(E_0-\varepsilon_{\boldsymbol{k}}^n)$ 是未知的，所以必须引入未定的 $B_{lm}^{\alpha,\boldsymbol{k}+\boldsymbol{K}}$：

$$\phi_{\boldsymbol{K}}^{\boldsymbol{k}}(\boldsymbol{r})=\begin{cases}\dfrac{1}{\sqrt{V}}\mathrm{e}^{i(\boldsymbol{k}+\boldsymbol{K})\cdot\boldsymbol{r}}, & \boldsymbol{r}\in \mathrm{I}\\ \sum_{l,m}\left(A_{lm}^{\alpha,\boldsymbol{k}+\boldsymbol{K}}u_l^\alpha(\boldsymbol{r}',E_0)+B_{lm}^{\alpha,\boldsymbol{k}+\boldsymbol{K}}\dot{u}_l^\alpha Y_m^l(\boldsymbol{r}',E_0)\right)Y_m^l(\hat{\boldsymbol{r}}'), & \boldsymbol{r}\in S_\alpha\end{cases} \tag{1.82}$$

为了确定 $A_{lm}^{\alpha,\boldsymbol{k}+\boldsymbol{K}}$ 和 $B_{lm}^{\alpha,\boldsymbol{k}+\boldsymbol{K}}$，需要球形上函数值和斜率与平面波在球形边界上对应值相匹配。通过式(1.78)及其径向微分可以完成这个工作，从而获得 2×2 方程组，然后求解这两个系数。

式(1.82)仍然不是 LAPW 的最终定义公式。对于 α 原子而言，主要需要描述 p 特征$(l=1)$的本征状态 $\psi_{\boldsymbol{k}}^n$，这意味着在 LAPW 的展开式中，$A_{(l=1)m}^{\alpha;\boldsymbol{k}+\boldsymbol{K}}$ 是很大的，因此在靠近 p 能带中心的位置选择 E_0 具有优势。通过这种方式，式(1.81)中 $O(E_0-\varepsilon_{\boldsymbol{k}}^n)$ 仍然很小，并且允许在线性项后进行截断。对于每一个重要的 l(s、p、d 和 f 状态，即最高 $l=3$)和每一个原子都是成立的。因此，不应该选择一个普适的 E_0，而是最高 $l=3$ 的 $E_{1,l}^\alpha$ 组。对于较高的 l，将会保持在固定值。因此，LAPW 定义如下：

$$\phi_{\boldsymbol{K}}^{\boldsymbol{k}}(\boldsymbol{r})=\begin{cases}\dfrac{1}{\sqrt{V}}\mathrm{e}^{i(\boldsymbol{k}+\boldsymbol{K})\cdot\boldsymbol{r}}, & \boldsymbol{r}\in \mathrm{I}\\ \sum_{l,m}\left(A_{lm}^{\alpha,\boldsymbol{k}+\boldsymbol{K}}u_l^\alpha(\boldsymbol{r}',E_{1,l}^\alpha)+B_{lm}^{\alpha,\boldsymbol{k}+\boldsymbol{K}}\dot{u}_l^\alpha(\boldsymbol{r}',E_{1,l}^\alpha)\right)Y_m^l(\hat{\boldsymbol{r}}'), & \boldsymbol{r}\in S_\alpha\end{cases} \tag{1.83}$$

对于固定的 $E_{1,l}^\alpha$，可以计算基函数。对于 $\boldsymbol{k}$ 而言，采用与平面波相同的处理过程，一次对角化过程将会产生不同的能带能量。

平面波基组的精度由 $K_{\max}$ 决定。对于 APW 或 LAPW 基组而言，应该采用相同的标准。然而，判断这个精度的好坏是最小 muffin - tin 半径和 $K_{\max}$ 的乘积 $R_\alpha^{\min}K_{\max}$。具体原因如下：如果最小 muffin - tin 半径增加，平面波靠近原子核的最近点远离原子核，波函数部分不再需要采用平面波进行描述，而是表现为最陡的行为，比最接近于原子核的间隙区域要陡得多。只需要少量的平面波来描述剩下的较光滑波函数部分，$K_{\max}$ 将会减少。为了获得相当的精度，一个好的选择方案是乘积 $R_\alpha^{\min}K_{\max}$ 保持恒定。减少 $K_{\max}$ 意味着减少矩阵的尺寸，因为矩阵对角化过程非常耗时，所以较大的 $R_\alpha^{\min}$ 将会明显减少计算时间。另一方面，$R_\alpha^{\min}K_{\max}$ 不能过大，这是因为在远离原子核的区域，球谐函数不适合描述波函数。

与平面波基组相比，LAPW 基组要小得多。根据精度要求，所需的 $K_{\max}$ 变为 $K_{\max}=(7.5\leftrightarrow 9.0)/R_{\alpha}^{\min}\approx 4au^{-1}$，因此基组尺寸 $P\approx 195$，而平面波的基组尺寸为 $P\approx 270$。计算时间(主要由矩阵对角化过程决定)正比于基组尺寸的三次方，因此 LAPW 的速度大约比平面波快 2～3 倍。然而，存在其他一些因素可能会降低 LAPW 的速度，所以其最终速度与平面波相当。

目前还不清楚何种电子状态可以采用 LAPW 方法进行计算。那么可以计算 bcc－Fe 中 Fe 的 1s 轨道吗？回答是否定的。因为这个电子紧紧束缚于原子核，其行为几乎与自由 Fe 原子相似，这种状态称为芯状态。芯状态的标准是不直接参与其他原子的化学成键行为。因此，必须完全包含在 muffin－tin 球内。muffin－tin 球外部的状态称为共价状态。共价状态参与化学成键，这些状态可以采用 LAPW 进行处理。芯状态的处理方法与自由原子相同，但是受到共价状态作用势的影响。

当采用这种定义方法时，常常会发生以下情况，即具有相同 l 和不同主量子数 n 的状态都是共价状态。比如，由于杂化效应，bcc－Fe 中 Fe 的共价状态(在 Fermi 下方大约 0.2Ry 处)中具有不可忽略的 4p 特征，而 Fermi 能级下方 4.3Ry 的 3p 特征同样没有完全限制在芯中。这些低共价状态称为半芯状态。因此如何选择 $E_{1,(l=1)}^{\mathrm{Fe}}$ 不是很清楚：靠近 3p 状态，靠近 4p 状态，还是中间值，这些选择都不是最优的。通过在 LAPW 基组中增加另一种基函数可以解决这个困难，这种方法称为局域轨道(LO)。局域轨道的定义为

$$\phi_{\alpha,\mathrm{LO}}^{lm}(\boldsymbol{r})=\begin{cases}0, & \boldsymbol{r}\notin S_{\alpha}\\ \left(A_{lm}^{\alpha,\mathrm{LO}}u_{l}^{\alpha}(\boldsymbol{r}',E_{1,l}^{\alpha})+B_{lm}^{\alpha,\mathrm{LO}}\dot{u}_{l}^{\alpha}(\boldsymbol{r}',E_{1,l}^{\alpha})+C_{lm}^{\alpha,\mathrm{LO}}u_{l}^{\alpha}(\boldsymbol{r}',E_{2,l}^{\alpha})\right)Y_{m}^{l}(\hat{\boldsymbol{r}}') & \boldsymbol{r}\in S_{\alpha}\end{cases} \tag{1.84}$$

对于特定的 l,m 和原子 α，可以定义其相应的局域轨道。在间隙区域以及其他原子的 muffin－tin 球内部，局域轨道为零，因此称之为局域轨道。在原子 α 的 muffin－tin 球内，$u_{l}^{\alpha}(\boldsymbol{r}',E_{1,l}^{\alpha})$ 和 $\dot{u}_{l}^{\alpha}(\boldsymbol{r}',E_{1,l}^{\alpha})$ 与 LAPW 基组相同，线性能量值 $E_{1,l}^{\alpha}$ 适用于两种共价状态的最高值(比如 4p 轨道)。较低的共价状态更加像类自由原子，在能量 $E_{2,l}^{\alpha}$ 位置出现尖峰，相同能量位置单一径向函数 $u_{l}^{\alpha}(\boldsymbol{r}',E_{2,l}^{\alpha})$ 足以描述这种状态。局域轨道与间隙区域中的平面波不相关，它们不依赖于 $\boldsymbol{k}$ 或者 $\boldsymbol{K}$。通过归一化 LO，可以获得三个系数 $A_{lm}^{\alpha,\mathrm{LO}}$，$B_{lm}^{\alpha,\mathrm{LO}}$ 和 $C_{lm}^{\alpha,\mathrm{LO}}$，在 muffin－tin 边界上为零，斜率也为零(即没有超出 muffin－tin 球)。

增加局域轨道将会增加了 LAPW 基组尺寸。如果每一个原子增加 p 和 d 状态，那么在单位晶胞中每个原子的基组增加 $3+5=8$ 个函数。与典型 LAPW 基组尺寸(数百个函数)相比，这个数量相当小，稍微增加的计算机时

间是局域轨道方法能够承受的，因此经常采用这种方法：

(1) 两个原子的线性能量是等价的。

(2) 单位晶胞中含有更多的原子，必须增加更多的局域轨道。与此形成对比的是，LAPW 的数目并不依赖于单位晶胞中的原子数，但是固定的 $R_\alpha^{\min}K_{\max}$ 和晶胞对称性依赖于单位晶胞的体积，与单位晶胞中原子数无关（更多的原子意味着需要更多的系数 $A_{lm}^{\alpha,\boldsymbol{k}+\boldsymbol{K}}$ 和 $B_{lm}^{\alpha,\boldsymbol{k}+\boldsymbol{K}}$）。

1.8　APW＋lo 方法

1.8.1　纯 APW＋lo 基组

采用 APW 方法的问题是基组依赖于能量的大小。在 LAPW＋LO 方法中能够消除这种能量依赖关系，代价是需要采用较大的基组尺寸。在下述的 APW＋lo 方法中，基组与能量无关，仍然具有与 APW 方法相同的尺寸。从某种意义上说，APW＋lo 结合了 APW 和 LAPW＋LO 方法的优点。

APW ＋ lo 基组包含两种函数。第一种是具有固定能量 $E_{1,l}^\alpha$ 的 APW 函数：

$$\phi_{\boldsymbol{K}}^{\boldsymbol{k}}(\boldsymbol{r})=\begin{cases}\dfrac{1}{\sqrt{V}}\mathrm{e}^{i(\boldsymbol{k}+\boldsymbol{K})\cdot\boldsymbol{r}}, & \boldsymbol{r}\in \mathrm{I}\\ \sum_{l,m}A_{lm}^{\alpha,\boldsymbol{k}+\boldsymbol{K}}u_l^\alpha(\boldsymbol{r}',E_{1,l}^\alpha)Y_m^l(\hat{\boldsymbol{r}}'), & \boldsymbol{r}\in S_\alpha\end{cases}\tag{1.85}$$

当能量固定时，这种基组不能很好地描述本征函数，因此该基组缀加了第二种类型的函数。这些函数是局域轨道，但是与 LAPW 方法一致。因此，将其简写为“lo”，而不是“LO”，其定义是：

$$\phi_{\alpha,\mathrm{lo}}^{lm}(\boldsymbol{r})=\begin{cases}0, & \boldsymbol{r}\notin S_\alpha\\ \left(A_{lm}^{\alpha,\mathrm{lo}}u_l^\alpha(\boldsymbol{r}',E_{1,l}^\alpha)+B_{lm}^{\alpha,\mathrm{lo}}\dot{u}_l^\alpha(\boldsymbol{r}',E_{1,l}^\alpha)\right)Y_m^l(\hat{\boldsymbol{r}}'), & \boldsymbol{r}\in S_\alpha\end{cases}\tag{1.86}$$

能量 $E_{1,l}^\alpha$ 与对应 APW 相同（虽然并不严格要求相同）。通过归一化过程以及局域轨道在 muffin－tin 边界为零（斜率不为零）的条件可以确定两个系数 $A_{lm}^{\alpha,lo}$ 和 $B_{lm}^{\alpha,lo}$。因此，APW 和局域轨道在球形边界上是连续的，但是其一阶微分是不连续的。

对于准确的结果，APW＋lo基组尺寸与 APW 方法相当（$K_{\max}\sim 3.5\mathrm{au}^{-1}$，$P\sim 130$），这个尺寸小于 LAPW ＋ LO 方法（$K_{\max}\sim 4.0\mathrm{au}^{-1}$，$P\sim 200$）。然

而，由一次对角化过程就可以获得 P 本征值，这与 LAPW + LO 方法相同。

1.8.2 LAPW/APW + lo 基组的混合

LAPW 方法需要的 $K_{\max}$ 高于 APW + lo 方法的原因如下：

(1) 共价 d 和 f 状态；

(2) 当原子的 muffin - tin 球形远小于单位晶胞中其他球形时，这些原子中的状态。

采用 APW + lo 方法处理这些状态具有优势，其他所有状态仍然采用 LAPW 方法，这是为什么呢？对于一个状态而言，采用 APW + lo 方法意味着每一个原子的基组需要增加 $2l+1$ 个局域轨道，这使得对于相同的 $R_\alpha^{\min}K_{\max}$ 而言，APW + lo 基组明显大于 LAPW 基组。这个过程产生了混合 LAPW/APW + lo 基组：对于所有的原子 α 和 l 值，采用式(1.82)。但是对于一个或多个原子 α_0 ($r \in S_{\alpha_0}$) 和一个或多个 l_0，采用式(1.85)。由式(1.86)获得的相应 $\varphi_{\alpha_0}^{l_0 m}$ 增加到基组中。这样一种混合基组是全势线性缀加平面波程序的默认方法。

1.8.3 采用局域轨道的 APW+lo 方法(APW+lo+LO)

采用 APW+lo 基组后，将会产生与上述相同的半芯状态问题。采用相同的方式可以解决，即通过增加局域轨道(LO)。APW + lo 方法中局域轨道的定义为

$$\phi_{\alpha,\mathrm{LO}}^{lm}(\boldsymbol{r})=\begin{cases}0, & \boldsymbol{r}\notin S_\alpha\\ \left(A_{lm}^{\alpha,\mathrm{LO}}u_l^\alpha(\boldsymbol{r}',E_{1,l}^\alpha)+C_{lm}^{\alpha,\mathrm{LO}}u_l^\alpha(\boldsymbol{r}',E_{2,l}^\alpha)\right)Y_m^l(\hat{\boldsymbol{r}}'), & \boldsymbol{r}\in S_\alpha\end{cases} \tag{1.87}$$

与 LAPW 方法中 LO 形成明显对比的是，这里不存在 u_l^α 的微分。通过 LO 归一化过程，以及球形边界上系数为零(但是斜率不为零)的条件可以确定两个系数 $A_{lm}^{\alpha,\mathrm{LO}}$ 和 $C_{lm}^{\alpha,\mathrm{LO}}$。

第2章　密度泛函理论+U 和杂化泛函方法

2.1 引　　言

固态物理的许多电子性质可以采用纯电子哈密顿量进行准确描述：

$$\hat{H}=\sum_{\sigma}\int \mathrm{d}^3 r\hat{\Psi}^{+}(r,\sigma)\left[-\frac{\hbar^2}{2m_e}\Delta+V_{ion}(r)\right]\hat{\Psi}(r,\sigma)+\frac{1}{2}\sum_{\sigma\sigma'}\int \mathrm{d}^3 r\mathrm{d}^3 r'\hat{\Psi}^{+}(r,\sigma)\hat{\Psi}^{+}(r',\sigma')V_{ee}(r-r')\hat{\Psi}(r',\sigma')\hat{\Psi}(r,\sigma) \tag{2.1}$$

其中晶体晶格只通过离子作用势进入，这个方法的适用性可以通过 Born - Oppenheimer 近似的有效性进行验证。其中 $\hat{\Psi}^{+}(r,\sigma)$ 和 $\hat{\Psi}(r,\sigma)$ 是场算符，将在位置 r 处产生和湮灭自旋为 σ 的电子，Δ 是 Laplace 算符，m_e 是电子质量，e 是电子电荷，有

$$V_{\text{ion}}(r)=-e^2\sum_{i}\frac{Z_i}{|r-R_i|},\quad V_{\text{ee}}(r-r')=\frac{e^2}{2}\sum_{r\neq r'}\frac{1}{|r-r'|} \tag{2.2}$$

分别表示给定位置 R_i 处，电荷为 eZ_i 的所有离子 i 所产生的单粒子作用势，以及电子-电子相互作用。

对于多电子体系，虽然很容易写出从头算哈密顿量，但是不可能进行求解。这是由于电子-电子相互作用将每一个电子与其他所有电子关联起来，所以需要近似大量的近似来处理哈密顿量，或者采用非常简化的模型哈密顿量对其进行替换。目前，固体电子性质的研究主要采用两种方法，即密度泛函理论(DFT)和多体方法。众所周知，DFT 及其局域密度近似(LDA)已经成功地应用于许多真实材料的电子结构计算。然而，对于强关联材料(即 d 和 f 电子系统，其中 Coulomb 相互作用与带宽数值相当)，DFT 的精度和可靠性受到严重的影响。因为存在系统理论技术手段精确地考虑多电子问题，所以模型 Hamiltonian 方法更加普遍和强大，这些多体技术能够描述各种物理现象

的定性趋势。实际上，通过在 Hamiltonian 量中添加局域电子的在位 Coulomb 相互作用 U、交换-关联作用势采用杂化泛函方法、采用最近提出的 Gutzwiller 变分密度泛函理论（由中国科学院物理研究所戴希等提出，详见第 3 章）或者动力学平均场理论（DMFT，LDA＋DMFT 方法首先由 Anisimov 等提出，将 DFT/LDA 描述从头算 Hamiltonian 量弱关联部分（即 s 和 p 轨道中的电子，以及 d 和 f 电子的长程相互作用）的优势，与 DMFT 描述由 d 或 f 电子的局域 Coulomb 相互作用所致强关联性的优势有机地结合起来，详见第四章）。

2.2 基本公式

Hohenberg 和 Kohn 提出的 DFT 基本定理认为，基态能量是电子密度的泛函，其中假设处于基态电子密度时的能量是其最小值。随后，Levy 证明了这个定理，通过给定电子数 N 的完全多体波函数 $\varphi(r_1\sigma_1,\cdots,r_N\sigma_N)$ 的能量期望最小值（最大下限）构建了泛函，从而获得电子密度 $\rho(r)$：

$$E[\rho]=\inf\{\langle\varphi|\hat{H}|\varphi\rangle \Big| \langle\varphi\Big|\sum_{i=1}^{N}\delta(r-r_i)\varphi\Big|=\rho(r)\} \tag{2.3}$$

然而，因为式(2.3)实际上需要 Hamiltonian 量的估计值，所以这种构建方法没有实用价值。只有特定贡献量可以直接通过电子密度进行表示，比如 Hartree 能量：

$$E_{\text{Hartree}}[\rho]=\frac{1}{2}\int d^3r'd^3rV_{ee}(r-r')\rho(r')\rho(r)$$

以及离子作用势能

$$E_{\text{ion}}[\rho]=\int d^3rV_{\text{ion}}(r)\rho(r)$$

从而获得：

$$E[\rho]=E_{\text{kin}}[\rho]+E_{\text{ion}}[\rho]+E_{\text{Hartree}}[\rho]+E_{\text{XC}}[\rho] \tag{2.4}$$

其中，$E_{\text{kin}}[\rho]$ 表示动能，$E_{\text{XC}}[\rho]$ 表示包含电子-电子相互作用能（除了 Hartree 项）的未知交换和相关项。因此，多体问题转变为求解 $E_{\text{XC}}[\rho]$。由于 $E_{\text{kin}}[\rho]$ 不能通过电子密度显式地表示，需要采用一定的技巧进行确定，这个过程不是通过最小化 $E[\rho]$，而是通过与 ρ 相关的单粒子波函数 φ_i 实现最小化：

$$\rho(r)=\sum_{i=1}^{N}|\varphi_i(r)|^2 \tag{2.5}$$

为了确保 φ_i 的归一化，引入了 Lagrange 参数 ε_i，因此

$$\delta\{E[\rho]+\varepsilon_i[1-\int d^3r\mid\varphi_i(r)\mid^2]\}/\delta\varphi_i(r)=0$$

从而获得 Kohn - Shan 方程：

$$\left[-\frac{\hbar^2}{2m_e}\Delta+V_{ion}(r)+\int d^3r'\rho(r')V_{ee}(r-r')+\frac{\delta E_{XC}[\rho]}{\delta\rho(r)}\right]\varphi_i(r)=\varepsilon_i\varphi_i(r) \tag{2.6}$$

这些方程与单粒子 Schrödinger 方程具有相同的形式，后面的项通过单粒子波函数计算动能。如果 φ_i 是方程式(2.6) 的自洽自旋简并解，那么式(2.5) 具有最低能量 ε_i，基态密度位置动能由下式给出：

$$E_{kin}[\rho_{min}]=-\sum_{i=1}^{N}\langle\varphi_i\mid\hbar^2\Delta/(2m_e)\mid\varphi_i\rangle$$

然而，需要注意的是式(2.6) 中单粒子作用势

$$V_{ion}(r)+\int d^3r'\rho(r')V_{ee}(r-r')+\frac{\delta E_{XC}[\rho]}{\delta\rho(r)} \tag{2.7}$$

只是一个附加作用势，它是在最小化 $E[\rho]$ 过程中人为引入的。因此，从这个角度来看，波函数 φ_i 和 Lagrange 参数 ε_i 没有物理意义。

因为多体问题的困难转化为未知泛函 $E_{XC}[\rho]$，目前仍然没有采用任何近似方法。对于这个项，LDA 通过只依赖于局域密度的一个函数对泛函 $E_{XC}[\rho]$ 进行近似：

$$E_{XC}[\rho]\rightarrow\int d^3rE_{XC}^{LDA}(\rho(r)) \tag{2.8}$$

其中，E_{XC}^{LDA} 常常由 Hartree - Fock 解或通过 $V_{ion}(r)=$常数的数值模拟过程进行计算。

从原理上讲，DFT/LDA 只允许计算静态性质，比如基态能量及其微分。然而，LDA 的一个主要应用领域是计算能带结构。Lagrange 参数 ε_i 可以解释为系统的单粒子能。因为真实的基态不是简单的单粒子波函数，它是超越 DFT 方法的进一步近似。实际上，这个近似对应于 Hamiltonian 量的替换：

$$\hat{H}_{LDA}=\sum_{\sigma}\int d^3r\hat{\Psi}^{+}(r,\sigma)[-\frac{\eta^2}{2m_e}\Delta+V_{ion}(r)+\int d^3r'\rho(r')V_{ee}(r-r')+\frac{\delta E_{XC}^{LDA}[\rho]}{\delta\rho(r)}]\hat{\Psi}(r,\sigma) \tag{2.9}$$

对于实际的计算，需要采用基组 Φ_{ilm}(比如线性 muffin - tin 轨道- LMTO 基组，i 表示晶格位置，l 和 m 表示轨道指数) 对场算符进行展开。在这个基组中

$$\hat{\Psi}^{+}(r,\sigma)=\sum_{ilm}\hat{c}_{ilm}^{\sigma+}\Phi_{ilm}(r) \tag{2.10}$$

因此，Hamiltonian 量变成：

$$\hat{H}_{\mathrm{LDA}}=\sum_{ilm,jl'm',\sigma}(\delta_{ilm,jl'm'}\varepsilon_{ilm}\hat{n}^{\sigma}_{ilm}+t_{ilm,jl'm'}\hat{c}^{\sigma+}_{ilm}\hat{c}^{\sigma+}_{jl'm'}) \tag{2.11}$$

其中 $\hat{n}^{\sigma}_{ilm}=\hat{c}^{\sigma+}_{ilm}\hat{c}^{\sigma}_{ilm}$，对于 $ilm\neq jl'm'$

$$t_{ilm,jl'm'}=\left\langle\Phi_{ilm}\left|-\frac{\hbar^2\Delta}{2m_{\mathrm{e}}}+V_{\mathrm{ion}}(r)+\int\rho(r')V_{\mathrm{ee}}(r-r')+\frac{\delta E^{\mathrm{LDA}}_{\mathrm{XC}}[\rho]}{\delta\rho(r)}\right|\Phi_{jl'm'}\right\rangle \tag{2.12}$$

上式为零，ε_{ilm} 表示对应的对角线部分。

对于静态性质，LDA 的能带结构计算同样非常成功（但是只适用于弱关联材料）。实际上，单粒子 Hamiltonian $\hat{H}_{\mathrm{LDA}}$ 的自洽解和式（2.5）只能近似地处理电子关联效应。因此，当 LDA 应用于关联材料时是不可信的，甚至是完全错误的。比如，该近似方法将反铁磁绝缘体 La_2CuO_4 预测为非磁金属。

2.3 DFT+U 方法

关联材料中最重要的是相同晶格位置上 d 和 f 电子之间的局域 Coulomb 相互作用，因为这些定域轨道之间明显的重叠行为将会导致强烈的关联性，所以这些位置上的贡献是最大的。为了对这些贡献进行修正，可以采用定域电子（假设 $i=i_d,l=l_d$）之间的局域 Coulomb 相互作用 $U^{\sigma\sigma'}_{mm'}$ 对 LDA Hamiltonian 量进行修正：

$$\hat{H}_{\mathrm{LDA+correl}}=\hat{H}_{\mathrm{LDA}}+\frac{1}{2}\sum_{i=i_d,l=l_d,m\sigma m'\sigma}U^{\sigma\sigma'}_{mm'}\hat{n}_{ilm\sigma}\hat{n}_{ilm'\sigma'}-\hat{H}^{\mathrm{U}}_{\mathrm{LDA}} \tag{2.13}$$

其中′表示不同的指数，为了避免已经包含在 $\hat{H}_{\mathrm{LDA}}$ 中局域 Coulomb 相互作用的双计数，需要减去 $\hat{H}^{\mathrm{U}}_{\mathrm{LDA}}$ 项。因为模型 Hamiltonian 方法和 LDA 存在直接的联系，所以不能通过 U 和 ρ 严格地表示 $\hat{H}^{\mathrm{U}}_{\mathrm{LDA}}$。考虑到 LDA 能够很好地计算单个原子的总能，所以通过原子极限下相互作用能可以很好地近似表示对应于 $\hat{H}^{\mathrm{U}}_{\mathrm{LDA}}$ 的平均能 $E^{\mathrm{U}}_{\mathrm{LDA}}$。对于与轨道和自旋无关的 $U^{\sigma\sigma'}_{mm'}=U$

$$E^{U}_{\mathrm{LDA}}=\frac{1}{2}Un_{\mathrm{d}}(n_{\mathrm{d}}-1) \tag{2.14}$$

其中

$$n_{\mathrm{d}}=\sum_m n_{il_{\mathrm{d}}m}=\sum_m\langle\hat{n}_{il=l_{\mathrm{d}}m}\rangle$$

是相互作用电子总数。因为通过总能相对于相应状态占据数的微分可以获得单电子 LDA 能量，非相互作用状态的单电子能量为

$$\varepsilon^0_{il_d m} = \frac{\mathrm{d}}{\mathrm{d}n_{il_d m}}(E_{\mathrm{LDA}} - E^U_{\mathrm{LDA}}) = \varepsilon_{il_d m} - U\left(n_d - \frac{1}{2}\right) \tag{2.15}$$

式中，E_{LDA} 是由 $\hat{H}_{\mathrm{LDA}}$ 计算获得的总能。因此，描述非相互作用系统的新 Hamiltonian 量可以表示为

$$H^0_{\mathrm{LDA}} = \sum_{ilm,jl'm',\sigma} (\delta_{ilm,jl'm'}\varepsilon^0_{ilm}\hat{n}^\sigma_{ilm} + t_{ilm,jl'm'}\hat{c}^{\sigma+}_{ilm}\hat{c}^\sigma_{jl'm'}) \tag{2.16}$$

式中，$\varepsilon^0_{ilm} = \varepsilon_{ilm}$ 对应于非相互作用轨道。目前仍不清楚如何系统地减去 $\hat{H}^U_{\mathrm{LDA}}$，需要注意的是减去 Hartree 能量没有明显影响强关联顺磁金属在 Mott-Hubbard 金属-绝缘体转变附近的总体行为。

下面将在倒易空间中进行操作，其中矩阵元素 $\hat{H}^0_{\mathrm{LDA}}$ 为

$$(\hat{H}^0_{\mathrm{LDA}}(k))_{qlm,q'l'm'} = (H_{\mathrm{LDA}}(k))_{qlm,q'l'm'} - \delta_{qlm,q'l'm'}\delta_{ql,q_d l_d}U\left(n_d - \frac{1}{2}\right) \tag{2.17}$$

其中，q 是单元晶胞中原子指数，$(H_{\mathrm{LDA}}(k))_{qlm,q'l'm'}$ 是 k 空间中矩阵元素，q_d 表示单位晶胞中具有相互作用轨道的原子。采用局域 Coulomb 相互作用进行补充的非相互作用部分 $\hat{H}^0_{\mathrm{LDA}}$ 表示从头算 Hamiltonian 量：

$$\hat{H}^0_{\mathrm{LDA+correl}} = H^0_{\mathrm{LDA}} + \sum_{i=i_d,l=l_d,m\sigma m'\sigma} U^{\sigma\sigma'}_{mm'}\hat{n}_{ilm\sigma}\hat{n}_{ilm'\sigma'} \tag{2.18}$$

为了采用哈密顿量，仍然需要确定 Coulomb 相互作用 U。为了解决这个问题，可以计算不同相互作用电子数 n_d 时 LDA 基态能（约束 LDA 方法，cLDA），采用式(2.14)及其相对于 n_d 的二次微分可以获得 U。然而，必须注意的是，因为总的 LDA 谱对基组的选择不敏感，所以 U 的计算结果强烈依赖于相互作用轨道的形状。因此，虽然采用了合适的基组（比如线性缀加 muffin-tin 轨道，LMTO），但 U 值仍然存在不确定度。

2.4　杂化泛函方法

杂化泛函方法起源于量子化学研究领域，常见的杂化泛函有 Becke 三参数杂化泛函，以及与 P86 和 LYP 形成的两种方法，分别称为 B3P86 和 B3LYP。1988 年 Becke 给出了基于局域交换泛函形式：

$$E^X_{\mathrm{Becke88}} = E^X_{\mathrm{LDA}} - \gamma\int\frac{\rho^{4/3}X^2}{(1+6\gamma\sinh^{-1}X)}\mathrm{d}^3\boldsymbol{r} \tag{2.19}$$

$$E^X_{\mathrm{LDA}} = -\frac{3}{2}\left(\frac{3}{4\pi}\right)^{1/3}\int\rho^{4/3}\mathrm{d}^3\boldsymbol{r} \tag{2.20}$$

其中，ρ 是 r 的函数，$X = \rho^{-4/3}|\nabla\rho|$，$\gamma$ 是交换能参数（Becke 数值为

0.004 2Hartree a.u.)。1991 年,Perdew 和 Wang 提出了一种关联泛函 PW91。杂化泛函方法就是将包含一系列修正的相关泛函结合在一起而形成的一种泛函方法,比如常见的 B3LYP 就是将包含梯度修正的 Becke 交换泛函和包含梯度修正的 Lee、Yang 和 Parr 关联泛函耦合在一起,局域关联泛函采用 Vosko、Wilk 和 Nusair(NWN) 局域自旋密度处理,得到 Becke 三参数的泛函形式:

$$E_{\mathrm{B3LYP}}^{XC} = E_{\mathrm{LDA}}^{X} + c_0 (E_{\mathrm{HF}}^{X} - E_{\mathrm{LDA}}^{X}) + c_X \Delta E_{\mathrm{B88}}^{X} + E_{\mathrm{VWN3}}^{C} + c_C (E_{\mathrm{LYP}}^{C} - E_{\mathrm{VWN3}}^{C}) \tag{2.21}$$

此外,在全势全电子计算程序,比如 WIEN2K 软件中,为了处理关联电子,引入了原位精确交换和杂化泛函,以及非屏蔽和屏蔽杂化泛函。这些泛函方法只是在原子球内部才能实现精确的交换/杂化方法,因此适用于局域电子,但是无法改善 sp 半导体的带隙。常见的泛函方法包括:

(1)LDA - Hartree - Fock

$$E_{\mathrm{XC}}^{\mathrm{LDA\text{-}HF}}[\rho] = E_{\mathrm{XC}}^{\mathrm{LDA}}[\rho] + E_{\mathrm{X}}^{\mathrm{HF}}[\Psi_{\mathrm{corr}}] - E_{\mathrm{XC}}^{\mathrm{LDA}}[\rho_{\mathrm{corr}}]$$

(2)LDA - Fock - α

$$E_{\mathrm{XC}}^{\mathrm{LDA\text{-}Fock\text{-}}\alpha}[\rho] = E_{\mathrm{XC}}^{\mathrm{LDA}}[\rho] + \alpha (E_{\mathrm{X}}^{\mathrm{HF}}[\Psi_{\mathrm{corr}}] - E_{\mathrm{X}}^{\mathrm{LDA}}[\rho_{\mathrm{corr}}])$$

(3)PBE - Fock - α

$$E_{\mathrm{XC}}^{\mathrm{PBE\text{-}Fock\text{-}}\alpha}[\rho] = E_{\mathrm{XC}}^{\mathrm{PBE}}[\rho] + \alpha (E_{\mathrm{X}}^{\mathrm{HF}}[\Psi_{\mathrm{corr}}] - E_{\mathrm{X}}^{\mathrm{PBE}}[\rho_{\mathrm{corr}}])$$

常用的 PBE0 杂化泛函对应于 $\alpha = 0.25$。

(4)PBEsol - Fock - α

$$E_{\mathrm{XC}}^{\mathrm{PBEsol\text{-}Fock\text{-}}\alpha}[\rho] = E_{\mathrm{XC}}^{\mathrm{PBEsol}}[\rho] + \alpha (E_{\mathrm{X}}^{\mathrm{HF}}[\Psi_{\mathrm{corr}}] - E_{\mathrm{X}}^{\mathrm{PBEsol}}[\rho_{\mathrm{corr}}])$$

(5)WC - Fock - α

$$E_{\mathrm{XC}}^{\mathrm{WC\text{-}Fock\text{-}}\alpha}[\rho] = E_{\mathrm{XC}}^{\mathrm{WC}}[\rho] + \alpha (E_{\mathrm{X}}^{\mathrm{HF}}[\Psi_{\mathrm{corr}}] - E_{\mathrm{X}}^{\mathrm{WC}}[\rho_{\mathrm{corr}}])$$

(6)TPSS - H - Fock - α

$$E_{\mathrm{XC}}^{\mathrm{TPSS\text{-}Hartree\text{-}Fock\text{-}}\alpha}[\rho] = E_{\mathrm{XC}}^{\mathrm{TPSS}}[\rho] + \alpha (E_{\mathrm{X}}^{\mathrm{HF}}[\Psi_{\mathrm{corr}}] - E_{\mathrm{X}}^{\mathrm{TPSS}}[\rho_{\mathrm{corr}}])$$

与 PBE0 相似,但是使用 meta - GGA TPSS。

(6)B3PW91

$$E_{\mathrm{XC}}^{\mathrm{B3PW91}}[\rho] = E_{\mathrm{XC}}^{\mathrm{LDA}}[\rho] + 0.2 (E_{\mathrm{X}}^{\mathrm{HF}}[\Psi_{\mathrm{corr}}] - E_{\mathrm{X}}^{\mathrm{LDA}}[\rho_{\mathrm{corr}}]) + 0.72 (E_{\mathrm{X}}^{\mathrm{B88}}[\rho] - E_{\mathrm{X}}^{\mathrm{LDA}}[\rho]) + 0.81 (E_{\mathrm{C}}^{\mathrm{PW91}}[\rho] - E_{\mathrm{C}}^{\mathrm{LDA}}[\rho])$$

如上所述,原位精确交换/杂化泛函只能应用于局域电子(比如 $3d$ 或者 $4f$ 电子等典型情况)。在 WIEN2K 软件中,杂化泛函可以应用于所有电子,然而这将计算消耗增加 1 ~ 2 个数量级。对于半导体和绝缘体的电子性质,杂化泛函精度通常高于半局域泛函,同时能够给出强关联体系(比如 NiO) 的精确结果。在杂化泛函中，通过 Hartree - Fock（HF）交换作用替代部分半局域（SL）交换：

$$E_{XC}^{hybrid} = E_{XC}^{SL} + \alpha(E_{X}^{HF} - E_{X}^{SL})$$

当只考虑 E_X^{HF} 和 E_X^{SL} 的短程部分时，同样可以构建杂化泛函，这将获得所谓的“屏蔽”杂化泛函。在 WIEN2K 可获的半局域泛函 E_{XC}^{SL} 中，只有少量可以应用于 E_{XC}^{hybrid}（非屏蔽和屏蔽模式）。常见的杂化泛函包括 PBE0 泛函、PBEsol、BPW91、BLYP 以及 B3PW91 和 B3LYP（包含 VWN5）非屏蔽杂化泛函。

第3章 Gutzwiller变分方法

3.1 引　　言

密度泛函理论(DFT)非常成功地应用于固体物理和材料科学。在局域密度近似(LDA)或者广义梯度近似(GGA)下,基于该理论的第一性原理计算方法获得了很好的发展,并且能够解释和预测大量材料(比如简单金属和能带绝缘体)的基态性质和电子结构。然而,当LDA和GGA应用于强关联电子体系时该方法是完全失效的。这些材料(比如铜酸盐,水锰矿,Fe磷族化合物,Pu以及重Fermi体系)包含未填满 d 或者 f 壳层。在过去20年里,为了改善这种情况,进行了大量的研究工作,提出了许多新方法(比如LDA+U、自相互作用修正SIC+LDA和杂化泛函)定量研究强关联材料。这些方法在许多方面是相当成功的,然而尚缺少一种计算高效的方法能够俘获关联效应的关键特征。

关联电子体系中一个主要特征是虽然这些窄 $3d$ 或者 $4f$ 能带中电子处于离域状态,但是仍然表现出一些原子特征,这将导致Hubbard能带的出现,同时增加有效质量。在弱关联电子体系中,电子状态在真实空间中处于离域状态,表现出几乎自由的电子行为,离域特征可以确保LDA和GGA中关联能的电子密度形式,从而可以很好地描述能带结果。然而,如果电子表现出强烈的原子轨道局域特征,那么需要在真实空间中描述电子状态。强烈在位关联效应的存在需要合适地处理原子构型,这个效应与轨道相关,在确定物理性质中起着重要的作用。原来提出的LDA+U和LDA+DMFT方法实际上是一种补充方法,即添加LDA和GGA中不存在的轨道相关特征,这些方法包含了在位关联效应的相似Hamiltonian量,但是以不同方式进行处理。

在LDA+U方法中,通过静态Hartree平均场方式处理在位相互作用,该方法适合于具有长程有序的强关联体系,比如反铁磁(AFM)有序绝缘体,但是无法描述中等关联金属体系。在DMFT方法中,通过自洽方式获得在空间中完全局域的自能,这使得LDA+DMFT方法是目前最精确和可靠的方法。然而,自能与频率相关的特征使其非常耗时,很难获得全电荷密度自洽性，这对于精确的总能计算非常重要。

对于强关联体系的处理，Gutzwiller 变分方法(GVA)对于许多重要现象(即 Mott 转变，铁磁性和超导性)的基态研究是相当有效和准确的。Gutzwiller 首先引入该方法研究具有 Hubbard 模型描述的部分填充 d 能带的体系中离域铁磁性。在这个方法中，提出了一个多体尝试波函数，根据变分参数降低不合适的原子构型权重。通过这种波函数可以同时描述离域和原子特征。因此，通过 GVA 可以统一地描述从弱关联到强关联体系，从而可以准确地描述关联体系的本质。对于不同的模型 Hamiltonian 量，提出各种技术手段表示这个方法。

本章将阐述 GVA 与 DFT 之间的结合方式，关联电子体系的实际计算采用了 LDA＋Gutzwiller(随后简称为 LDA＋G)方法。为了理解这些公式，依据 DFT 中 Kohn－Sham(KS)公式的思想，构建了广义 Gutzwiller 密度泛函理论(GDFT)。GDFT 本身是严格的，然而不知道其交换-关联泛函形式。通过在 GDFT 中引入交换-关联能的特定近似条件，可以获得 LDA＋G 方法，这与 KS 公式中交换-关联项近似条件获得 LDA 或者 LDA＋U 方法非常相似。为了显示这个方法的有效性和优势，将阐述 GVA 在基态性质计算方面准确性与 DMFT 相当，但是计算消耗要低得多。此外，该方法是完全变分的，可以确保许多重要的物理量(比如作用力或者线性响应)实际上可以由变分原理获得，同时该方法是完全电荷密度自洽的，这对于总能计算相当关键。而且，LDA＋G 方法很容易在既有程序中执行，尤其是在可以获得 LDA＋U 方法的程序中。

3.2　Gutzwiller 变分方法

关联电子模型体系基态研究从 GVA 开始。在一般情况下，考虑具有一组局域轨道的模型体系，比如 d 或者 f 电子，这些电子可以通过多能带 Hubbard 模型进行描述。Hamiltonian 量为

$$H = H_0 + H_{\text{int}} = \sum_{i,j;\sigma,\sigma'} t_{i,j}^{\sigma,\sigma'} C_{i\sigma}^{+} C_{j\sigma'} + \sum_i H_i \tag{3.1}$$

$$H_i = \sum_{\sigma,\sigma'\ (\sigma\neq\sigma')} U_i^{\sigma,\sigma'} \hat{n}_{i\sigma} \hat{n}_{i\sigma'} \tag{3.2}$$

其中 σ 表示位置 i 上局域轨道基组 $\{\phi_\sigma\}$ 的自旋-轨道指数，$\sigma=1, \cdots, 2N$(N 是轨道数，比如 d 电子的 $N=5$)。第一个部分是由 LDA 计算推导的紧束缚 Hamiltonian 量，第二项是局域原子在位相互作用(为了简化起见，只考虑密

度-密度关联效应)。

首先检验在原子极限条件下的 Hamiltonian 量,即对于单位置,只考虑 H_i 项。存在 $2N$ 个不同的自旋轨道,每一个自旋轨道是空的或者占据的,因此总共存在 2^{2N} 个多轨道构型 $|\Gamma\rangle$。因为在位相互作用是密度-密度类型,所以在所有 $|\Gamma\rangle$ 构型构成的空间中,H_i 是对角的:

$$E_{i\Gamma}=\langle\Gamma|H_i|\Gamma\rangle=\sum_{\sigma,\sigma'\in\Gamma}U_i^{\sigma,\sigma'} \tag{3.3}$$

式中,$E_{i\Gamma}$ 是第 i 个位置上 $|\Gamma\rangle$ 构型的相互作用能。对于广义的相互作用,原子部分应该是对角的,本征向量是 $|\Gamma\rangle$ 的线性组合。当然,这些可能构型的权重应该不是相同的,电子趋向于占据具有相对较低能量的构型。为了实现这个目的,构建投影至位置 i 上指定 $|\Gamma\rangle$ 构型的投影算符:

$$\hat{m}_{i\Gamma}=|i,\Gamma\rangle\langle i,\Gamma| \tag{3.4}$$

因为所有构型$\{|\Gamma\rangle\}$ 形成一个局域完备的基组集,所以归一化条件为

$$\sum_{\Gamma}\hat{m}_{i\Gamma}=1 \tag{3.5}$$

在式(3.1)中,如果不存在相互作用,那么由 Hartree 不相关波函数(HWF)$|\Psi_0\rangle$(单粒子波函数的单行列式)可以精确地给出基态。然而,在添加相互作用项后,HWF 不再是一个很好的近似。从物理角度考虑,为了更好地描述基态,应该降低这些不利构型的权重,这是 Gutzwiller 波函数(GWF)的主要思想。通过作用在不相关 HWF 上多粒子投影算符构建 GWF $|\Psi_G\rangle$:

$$|\Psi_G\rangle=\hat{P}|\Psi_0\rangle$$

$$\hat{P}=\prod_i\hat{P}_i=\prod_i\sum_{\Gamma}\lambda_{i\Gamma}\hat{m}_{i\Gamma} \tag{3.6}$$

投影算符 $\hat{P}$ 的作用势是通过变分参数 $\lambda_{i\Gamma}$($0\leqslant\lambda_{i\Gamma}\leqslant 1$)调整每一个构型的权重。如果所有 $\lambda_{i\Gamma}=1$,那么 GWF 转变为非相互作用 HWF。另一方面,如果 $\lambda_{i\Gamma}=0$,完全删除位置 i 上构型。因此可以一致地描述非关联波函数的离域行为以及原子构型的局域行为,同时与 HWF 相比,GWF 将更合理地给出关联体系的物理情景。

由于其多体惰性,所以 GWF 的估计是一项困难的工作。目前对这个问题进行大量的研究,最著名的是 Gutzwiller 提出的 Gutzwiller 近似和 GWF。在这个近似中,忽略位置间关联效应。之前对一维和无穷维度极限条件下单能带 GWF 进行了精度的计算,研究结果表明 Gutzwiller 近似在后一种情况下是精度的。Bunemann 等采用 Gutzwiller 近似扩展至多能带关联体系。同时,对于单能带和多能带情况,Gutzwiller 近似等价于基于平均场水平的从属

(slave) Boson 理论。

GWF 中 Hamiltonian 量式(3.1) 中期望值为

$$\langle H\rangle_G=\frac{\langle \Psi_G \mid H \mid \Psi_G\rangle}{\langle \Psi_G \mid \Psi_G\rangle}=\frac{\langle \Psi_0 \mid \hat{P}H\hat{P} \mid \Psi_0\rangle}{\langle \Psi_0 \mid \hat{P}^2 \mid \Psi_0\rangle} \tag{3.7}$$

在无穷维度极限条件下，采用 Gutzwiller 近似可以获得

$$\langle H\rangle_G=\sum_{i\neq j;\sigma,\sigma'} t_{i,j}^{\sigma;\sigma'} z_{i\sigma} z_{j\sigma'} \langle C_{i\sigma}^{+} C_{j\sigma'}\rangle_0+\sum_{i\sigma}\varepsilon_{i\sigma} n_{i\sigma}^0+\sum_{i\Gamma} E_{i\Gamma} m_{i\Gamma} \tag{3.8}$$

其中 $m_{i\Gamma}$ 是构型 Γ 的权重：

$$m_{i\Gamma}=\langle \Psi_G \mid \hat{m}_{i\Gamma} \mid \Psi_G\rangle \tag{3.9}$$

$$z_{i\sigma}=\sum_{\Gamma_i,\Gamma'_i}\frac{\sqrt{m\Gamma_i m\Gamma'_i}\,D_{\Gamma'_i\Gamma_i}^{\sigma}}{\sqrt{n_{i\sigma}^0(1-n_{i\sigma}^0)}} \tag{3.10}$$

其中

$$D_{\Gamma'\Gamma}^{\sigma}=\langle \Gamma' \mid C_{i\sigma}^{+} \mid \Gamma\rangle,\quad 0\leqslant z_{i\sigma}\leqslant 1$$

为了合适地解释上述的 Gutzwiller 结果，更好的方法是将其与 Hartree - Fock 方案进行比较。为了实现这个目的，采用 HWF $\mid \Psi_0\rangle$ 给出 Hamiltonian 量的 Hartree - Fock 期望值：

$$\langle H\rangle_0=\sum_{i\neq j;\sigma,\sigma'} t_{i,j}^{\sigma;\sigma'} \langle C_{i\sigma}^{+} C_{j\sigma'}\rangle_0+\sum_{i;\sigma}(\varepsilon_{i\sigma}+\Delta\varepsilon_{i\sigma})n_{i\sigma}^0+C \tag{3.11}$$

其中，C 是常数，正比于相互作用强度 U；$\Delta\varepsilon_{i\sigma}$ 是对相互作用项的静态平均场处理引入在位能量(能级漂移) 的修正。

将式(3.8) 与式(3.11) 进行比较，Gutzwiller 和 Hartree 方法之间的主要差别是：

(1) 前者存在轨道相关因子 $z_{i\sigma}$，这与跳跃项(描述动能的重整化) 相关，而 Hartree 方法中动能不是重整化的。

(2)Gutzwiller 方法中相互作用能不是简单地通过相互作用强度 U 进行标定，但是与构型权重相关。而在 Hartree 方法中，在进行平均场处理后，相互作用项的存在只是简单地对正比于 U 的在位能修正产生贡献。

在 GWF 条件下，通过式(3.8) 相对于构型权重 $m_{i\Gamma}$(实际上是变分参数) 进行最小化处理可以获得总能。因为这个方法中存在更多的变分参数，所以获得的基态总能优于 HWF。换句话说，由于降低了相互作用能，消耗了动能，所以采用 GWF 进一步减少基态总能。通过相对于变分参数的能量最小化过程，可以获得获取和消耗两者之间的平衡。

为了便于讨论，将对公式进行推广。作用在 GWF 上的任意算符 $\hat{A}$ 可以映射至作用于 HWF(而不是 GWF) 上相应的 Gutzwiller 有效算符 $\hat{A}^G$，只需要

其期望值保持恒定：

$$\langle \Psi_G \mid \hat{A} \mid \Psi_G \rangle = \langle \Psi_0 \mid \hat{P}^+ \hat{A}\hat{P} \mid \Psi_0 \rangle = \langle \Psi_0 \mid \hat{A}^G \mid \Psi_0 \rangle \tag{3.12}$$

其中

$$A^G = \hat{P}^+ A\hat{P} \tag{3.13}$$

如果算符 $\hat{A}$ 是单粒子算符，那么与式(3.8)中动能计算的上述过程相似，其 Gutzwiller 有效算符(在 Gutzwiller 近似条件下)可以表示为

$$\hat{A}_0^G = \sum_{ij;\sigma\sigma'} A_{ij}^{\sigma\sigma'} z_{i\sigma} z_{j\sigma'} C_{i\sigma}^+ C_{j\sigma'} + \sum_{i,\sigma} (1 - z_{i\sigma}^2) C_{i\sigma}^+ C_{i\sigma} A_{ii}^{\sigma\sigma} \tag{3.14}$$

其中，$z_{i\sigma}$ 是轨道相关重整化因子，通过投影算符 $\hat{P}$ 表示的构型权重进行确定。必须强调的是，对角项和跳跃项应该分别进行处理。

按照上述的广义定义，定义作用在 HWF 上的 Gutzwiller 有效 Hamiltonian 量 H^G：

$$H^G = H_0^G + H_{\text{int}}^G \tag{3.15}$$

因此下式是成立的：

$$\langle \Psi_0 \mid H^G \mid \Psi_0 \rangle = \langle \Psi_G \mid H \mid \Psi_G \rangle = E_G \tag{3.16}$$

根据式(3.14)可以表示动态部分 H^G，对于上述的密度-密度类型相互作用，相互作用部分为

$$H_{\text{int}}^G = \sum_{i\Gamma} E_{i\Gamma} \hat{m}_{i\Gamma} \tag{3.17}$$

下面讨论通过能量最小化过程求解 Gutzwiller 问题。实际上，通过分解为两步的每一个循环迭代地完成最小化流程。第一步是固定 Gutzwiller 变分参数 m_Γ，找到最优的 HWF。因为在给定 m_Γ(非相互作用)条件下，H^G 是已知的，所以通过 H^G 的对角化，并填充最高为 Fermi 能级的相应能带，可以很容易完成这个步骤。在第二个步骤中，固定 HWF，相对于所有 Gutzwiller 变分参数 m_Γ 对能量进行最优化处理：

$$\frac{\partial E_G}{\partial m_{i\Gamma}} = \sum_{j,j\neq i} \left[\sum_{\sigma\sigma'} t_{i,j}^{\sigma,\sigma'} \frac{\partial z_{i,\sigma}}{\partial m_{i\Gamma}} z_{j,\sigma'} \langle C_{i\sigma}^+ C_{j\sigma'} \rangle_0 + \sum_{\sigma\sigma'} t_{j,i}^{\sigma,\sigma'} z_{j,\sigma'} \frac{\partial z_{i,\sigma'}}{\partial m_{i\Gamma}} \langle C_{j\sigma}^+ C_{i\sigma'} \rangle_0 \right] + E_{i\Gamma} = 0 \tag{3.18}$$

在第二步计算中，对于具有晶体周期性的晶格模型，通常采用其他约束条件：①$z_{i\sigma}$ 和占据数 $n_{i\sigma}$ 不具有位置相关性，即 $z_{i\sigma} = z_{j\sigma}$，$n_{i\sigma} = n_{j\sigma}$；② 每一个轨道上电荷应该保持与 HWF 结果相同

$$\sum_{\Gamma} \langle \Gamma \mid C_{i\sigma}^+ C_{i\sigma} \mid \Gamma \rangle m_{i\Gamma} = n_{i\sigma} = n_{i\sigma}^0 = \langle \hat{n} \rangle_0 \tag{3.19}$$

当获得所有 $m_{i\Gamma}$ 时，返回第一步，重新构建新的有效 Gutzwiller Hamiltonian

量。通过这个回归方法，可以自洽地获得所有参数 $m_{i\Gamma}$ 和 $|\Psi_0\rangle$。

在典型情况下，对于多能带体系，需要同时求解大量非线性方程，所以变分的第二步（即 $m_{i\Gamma}$ 的优化）不是很容易实现。幸运的是，按照之前描述的步骤，能够将非线性方程转化为线性方程组，从而可以采用所谓的“绝热解搜索”流程。这些技术手段将极大地降低计算消耗，同时稳定计算过程。

3.3　动态平均场理论对 Gutzwiller 近似的计算

下面将 GVA 和动态平均场理论 DMFT 计算获得的单能带和两能带 Hubbard 模型结果进行比较。通过动能、相互作用能和准粒子谱之间的比较，Gutzwiller 近似 GA 是否能够俘获关联电子的重要“不相干运动”？这个问题被视为 GA 的最大缺点，从而限制其广泛应用于强关联材料的第一性原理计算。如下所述，GA 通过其多构型特性可以俘获基态中“不相干”运动的效应，因此动能和相互作用结果与 DMFT 基态结果非常一致。激发态的结果不是非常好，这是因为 GA 中变分参数只是由基态（而不是激发态）能量的优化获得。因此，与激发态相比，GA 更适合于基态性质的描述。在 GA 框架下，很难构建对应于上方和下方 Hubbard 能带的高能激发态，这也是 GA 获得的 Green 函数只具有准粒子部分，而不存在 Hubbard 能带的原因。只有高能激发态存在这个问题，而基态和低能准粒子状态不存在这个问题。

下面的推导过程从多能带 Hubbard 模型开始，为了简化起见，只保留轨道内跳跃行为

$$t_{i,j}^{\sigma,\sigma'} = t_{i,j}\delta_{\sigma,\sigma'} \tag{3.20}$$

忽略在位能 $\varepsilon_{i\sigma}$。为了描述准粒子状态，一个重要的物理量是 Z 因子。实际上，文献中存在两种不同的 Z 定义方法。第一个是准粒子有效带宽的重整化因子，第二个是 Fermi 面附近电子 Green 函数中相干部分的权重。如下所述，在 GA 中，由上述两种定义获得的 Z 因子是相互匹配的，而在 DMFT 中，两种是相当不同的。在下面的比较中，在 DMFT 方法中，Z 计算公式为

$$Z = \left(1 - \frac{\partial R\sum^{R}}{\partial\omega}\bigg|_{\omega=0}\right)^{-1} \tag{3.21}$$

这是准粒子权重。而在 GA 计算中，$Z = z^2$。

在 Gutzwillller 近似条件下，准粒子状态和准空穴状态可以表示为

$$|\Phi_{k\sigma}^{p/h}\rangle = \begin{cases} \hat{P}C_{k\sigma}^{+}\,|\Psi_0\rangle, & \varepsilon_{k\sigma} > \mu_F \\ \hat{P}C_{k\sigma}\,|\Psi_0\rangle, & \varepsilon_{k\sigma} < \mu_F \end{cases} \tag{3.22}$$

通过上述的尝试波函数，准粒子(准空穴)激发态能量可以表示

$$\pm E_{k\sigma}^{p/h}=\frac{\langle \Phi_{k\sigma}^{p/h}\mid H\mid \Phi_{k\sigma}^{p/h}\rangle}{\langle \Phi_{k\sigma}^{p/h}\mid \Phi_{k\sigma}^{p/h}\rangle}-E_{\mathrm{G}} \tag{3.23}$$

通过 GA 可以估计上述的方程，从而可以获得 Green 函数的简单表达式：

$$G_{k\sigma}^{\mathrm{coh}}(i\omega)=\frac{\gamma_{k\sigma}^{2}}{i\omega-z_{k\sigma}^{2}(\varepsilon_{k\sigma}-\mu_{F})} \tag{3.24}$$

其中

$$\gamma_{k\sigma}^{2}=\begin{cases}|\langle \Phi_{k\sigma}^{p}\mid C_{k\sigma}^{+}\mid \Psi_{\mathrm{G}}\rangle|^{2} & \varepsilon_{k\sigma}>\mu_{F}\\ |\langle \Phi_{k\sigma}^{h}\mid C_{k\sigma}\mid \Psi_{\mathrm{G}}\rangle|^{2} & \varepsilon_{k\sigma}<\mu_{F}\end{cases} \tag{3.25}$$

是相干部分谱的权重，在 GA 条件下，同样等于 z_{ω}^{2}。因此，在 GA 条件下，准粒子权重与动能的重整化因子一致，通过变分方法可以描述动力学行为。GA 和 DMFT 计算获得的动能，相互作用能和 Z 因子之间的比较如图 3.1 ～ 3.4 所示。在 GA 中，能带重整化因子和准粒子权重重合。DMFT 计算获得的 Z 因子表示准粒子权重。双占据是$\langle n_{\uparrow} n_{\downarrow}\rangle$。

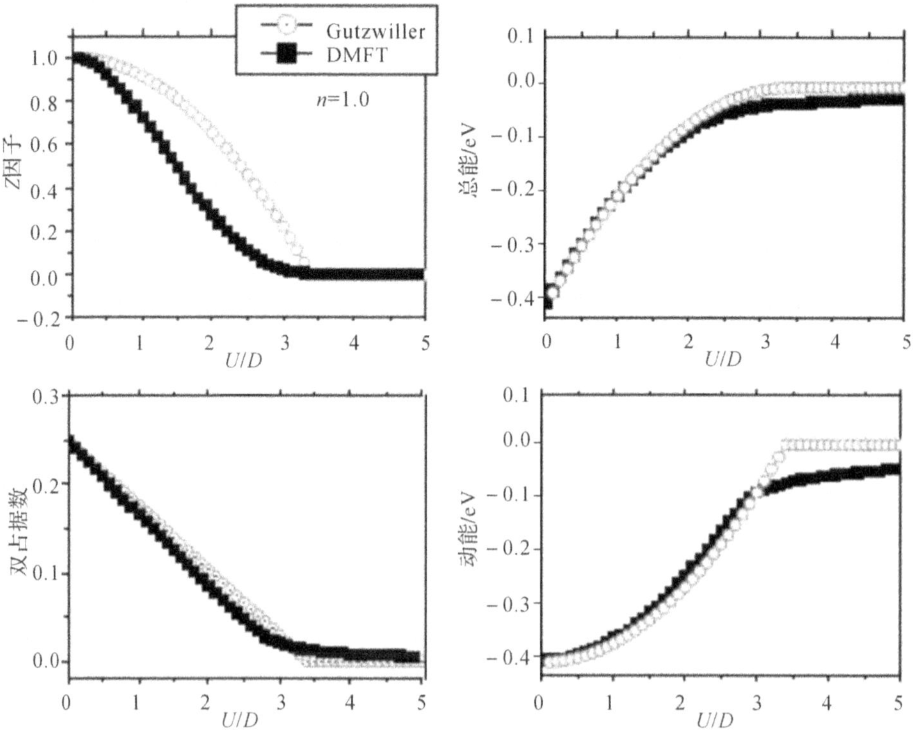

图 3.1　具有半填充单能带 Hubbard 模型 Z 因子、总能、双占据和动能之间的比较

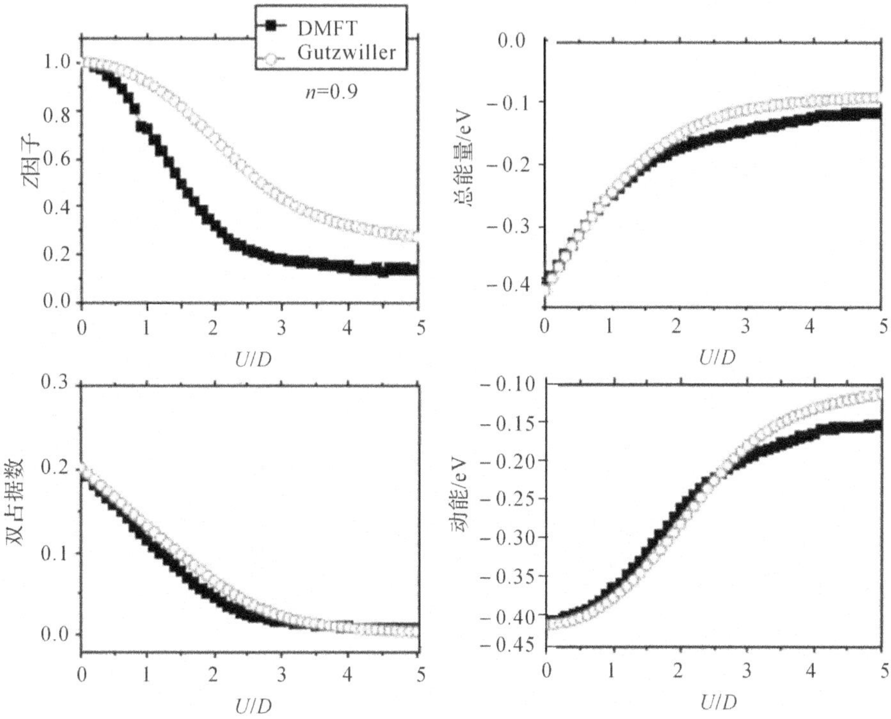

图 3.2　占据数 $n=0.9$ 时单能带 Hubbard 模型的 Z 因子、总能、双占据和动能之间的比较

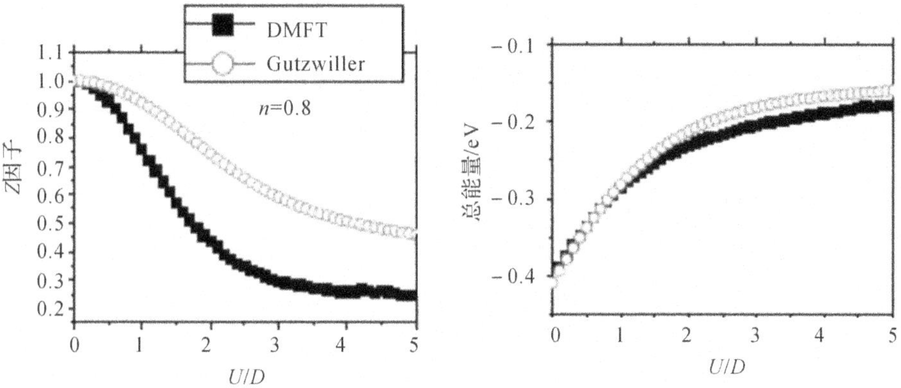

图 3.3　占据数 $n=0.8$ 时单能带 Hubbard 模型的 Z 因子、总能、双占据和动能之间的比较

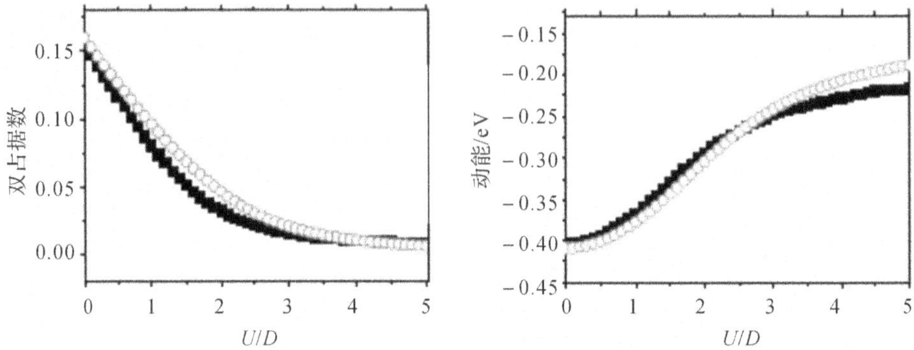

续图 3.3　占据数 $n=0.8$ 时单能带 Hubbard 模型的 Z 因子、总能、双占据和动能之间的比较

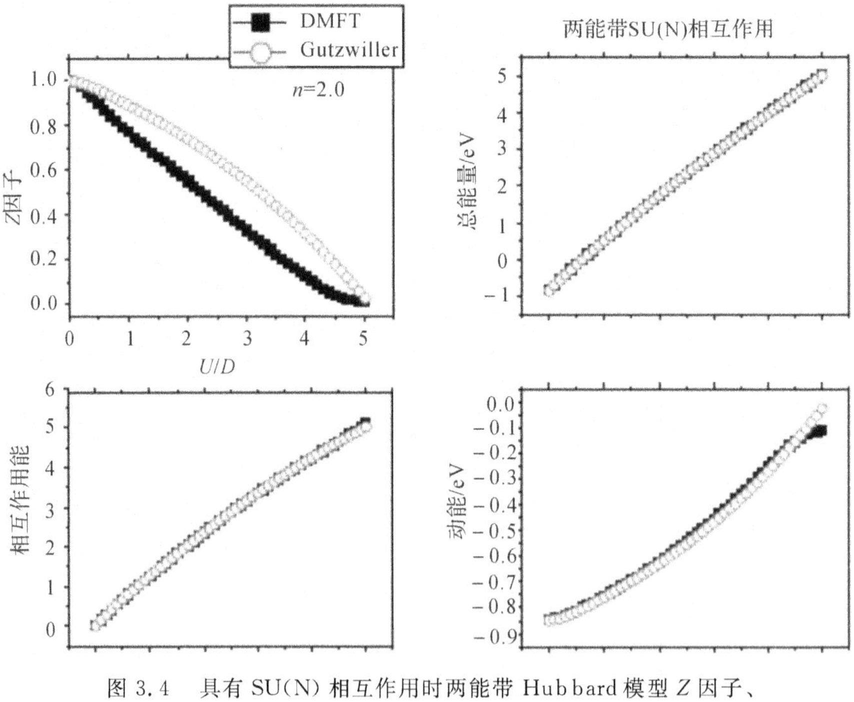

图 3.4　具有 SU(N) 相互作用时两能带 Hubbard 模型 Z 因子、总能、相互作用能和动能之间的比较

非相互作用态密度可以表示

$$\rho(E)=\frac{2}{\pi D}\sqrt{D^2-\varepsilon^2} \tag{3.26}$$

这对应于具有无穷连通度的 Bethe 晶格。通过 Lanczos 方法(给出精确的结果)求解 DMFT 中 Anderson 杂质模型。如图 3.1～图 3.4 所示,对于几乎全部关联强度和能带填充,GVA 相当好地描述了基态能量。虽然作为一种变分方法,GVA 主要目标是总能,无法确保动能和相互作用能的准确性,但是仍然可以观察到动能和相互作用是相当一致的。随着能带简并度的增加,GA 和 DMFT 结果之间是一致的,如图 3.4 中两能带情况所示。

对于半填充 $n=1.0$,高 U 时存在 Mott 绝缘体转变,GA 的引入将进一步忽略空间关联性,低估动能的绝对值,如图 3.1 所示。在 Mott 相中,GA 给出消失的双占据状态,而空间涨落导致 DMFT 结果始终显示出有效的双占据状态。高 U 时的缺点可以归咎于 Gutzwiller 投影算符的初始波函数是非关联 Fermi 液态 $|\Psi_0\rangle$。这个事实同样部分地解释了 GA 的缺点,即无法描述高能激发态。对于所有相互作用强度和能带填充,GA 获得的 Z 因子高于 DMFT 结果,该方法获得低能相干部分具有更高的权重。然而,最近研究发现通过考虑激发态(即电子的不相干运动)的贡献可以合适地对 Z 因子高估结果进行修正。

总之,对于关联体系,GA 具有相当好的能量分辨率,尤其是基态总能,但是通过 GA 结果推导与高能激发相关的各种性质时,必须十分小心。

3.4　DFT 与 Gutzwiller 变分方法之间的耦合

下面将讨论如何将 DFT 与 GVA 进行耦合。讨论分成三个部分。第一部分详细推导 LDA+G 公式。第二部分首次引入广义 Gutzwiller 密度泛函理论 GDFT,然后由 GDFT 推导 LDA+G 公式。最后,第三部分讨论在位相互作用和双计数项。

3.4.1　LDA+Gutzwiler 公式

如上所述,LDA 近似低估强烈的在位关联效应。对于这些强关联材料,这种低估行为可能导致定性错误。解决这个问题的一个常见过程是需要超越 LDA 水平,更显式地处理相互作用,这与 LDA+U 或者 LDA+DMFT 方案相似。有效 Hamiltonian 量通常表示为

$$H = H_{\mathrm{LDA}} + H_{\mathrm{int}} - H_{\mathrm{dc}} \tag{3.27}$$

其中 H_{LDA} 是由标准 LDA 计算过程获得的 LDA 部分 Hamiltonian 量,H_{int} 是在位相互作用项,H_{dc} 表示已经包含在 LDA 中,与轨道无关的平均相互作用

能的双计数项。

LDA+U 和 LDA+DMFT 方法从上述的 Hamiltonian 量开始，然而以不同方式进行处理。在 LDA+U 方案中，采用类 Hartree 平均场近似求解上述的 Hamiltonian 量〔描述轨道相关物理过程（LDA 中不存在）〕，但是仍然没有包含动态关联效应。而在 LDA+DMFT 方法中，通过求解有效量子杂质模型（由原始晶格模型映射）估计纯局域自能。通过频率相关自能，LDA+DMFT 不仅考虑了基态性质，而且考虑了平衡附近的动态响应。因为自能与频率相关，所以 LDA+DMFT 计算非常耗时。在许多应用中，实际上只关心基态性质，因此需要提出一种关联材料的新计算方法，其计算效率与 LDA+U 方法相当，同时能够描述基态和动态关联效应。

如前所述，求解该问题的一种替代方法是采用 Gutzwiller 波函数，而不是单行列式 Hartree 波函数。这个方法的计算消耗远低于 DMFT，能够描述 Gutzwiller 波函数的多构型特性所致动态关联效应，并且基态性质的计算精度与 DMFT 相当。更重要的是，这个方法是完全变分的，可以很容易与 DFT 耦合，如下所述。

下面通过 GVA 求解 Hamiltonian 量式（3.27）。为了实现这个目的，需要详细讨论 Hamiltonian 量。因为讨论的问题与轨道相关，所以应该通过完备轨道基组表示有效 Hamiltonian 量，比如 Wannier 函数或者原子轨道。通过 $|i\alpha\rangle$ 可以表示这些轨道，其中 i 是位置指数，α 是自旋-轨道指数，$C_{i\alpha}^{+}$ 是相应的产生算符。

按照 LDA+U 或者 LDA+DMFT 方法的基本思想，有效 Hamiltonian 量式（3.27）中 H_{LDA} 项视为单粒子算符，通过完备轨道组表示为

$$H_{\text{LDA}} = \sum_{ij,\alpha\alpha'} t_{ij\alpha\alpha'} C_{i\alpha}^{+} C_{j\alpha'}$$

$$t_{ij\alpha\alpha'} = \langle i\alpha \mid H_{\text{LDA}} \mid j\alpha' \rangle \tag{3.28}$$

假设相同位置上所有轨道是关联的，相互作用项可以表示为

$$H_{\text{int}} = \sum_{i\alpha\alpha'(\alpha\neq\alpha')} U_i^{\alpha,\alpha'} \hat{n}_{i\alpha} \hat{n}_{i\alpha'} \tag{3.29}$$

其中

$$\hat{n}_{i\alpha} = C_{i\alpha}^{+} C_{i\alpha}$$

有效 Hamiltonian 量式（3.27）形式与 Hamiltonian 量式（3.1）相同，双计数项只对恒定均匀移动具有贡献，与轨道无关，这是大多数超越 LDA 方法普遍采用的方案，然后获得局域轨道相关相互作用项，最后通过一些多体技术求解相互作用问题。因此，可以将上述流程称为 LDA+G 方法。

然而，具有完全电荷自洽性，同时不具有紧束缚拟合的完备 LDA+G 方法，需要考虑两个重要的因素：①由非强关联能带（通过 LDA 可以很好地进行处理）和强关联能带（需要 Gutzwiller 步骤）构成的真实材料，需要分离两组能带；②考虑完全电荷密度自洽性。

首先将完备轨道基组分解成局域和扩展轨道，只有局域轨道添加相互作用，比如过渡金属或者稀土化合物中 d 或者 f 轨道。通过 $\{|i\sigma\rangle = C_{i\sigma}^{+}|0\rangle\}$ 和 $\{|i\sigma\rangle = C_{i\sigma}^{+}|0\rangle\}$ 分别表示局域和扩展轨道，轨道基组的完备性要求：

$$\sum_{i\sigma}|i\sigma\rangle\langle i\sigma| + \sum_{i\delta}|i\delta\rangle\langle i\delta| = 1 \tag{3.30}$$

通过这个基组可以将 H_{LDA} 表示为

$$\begin{aligned} H_{\mathrm{LDA}} = & \Big(\sum_{i\sigma}|i\sigma\rangle\langle i\sigma| + \sum_{i\delta}|i\delta\rangle\langle i\delta|\Big) H_{\mathrm{LDA}} \cdot \\ & \Big(\sum_{j\sigma'}|j\sigma'\rangle\langle j\sigma'| + \sum_{j\delta'}|j\delta'\rangle\langle j\delta'|\Big) \end{aligned} \tag{3.31}$$

如上所述，由具有合适投影的 HWF $|\Psi_0\rangle$ 构建 GWF $|\Psi_G\rangle$。作用在 GWF 的任何算符可以映射至作用在 HWF 的 Gutzwiller 有效算符。因为 H_{LDA} 只是由单粒子算符构成，所以按照式(3.14)的定义，其相应的 Gutzwiller 有效 Hamiltonian 量可以表示为

$$\begin{aligned} H_{\mathrm{LDA}}^{G} = & \Big(\sum_{i\sigma} z_{i,\sigma}|i\sigma\rangle\langle i\sigma| + \sum_{i\delta}|i\delta\rangle\langle i\delta|\Big) H_{\mathrm{LDA}} \cdot \\ & \Big(\sum_{j\sigma'} z_{j,\sigma'}|j\sigma'\rangle\langle j\sigma'| + \sum_{j\sigma'}|j\sigma'\rangle\langle j\sigma'|\Big) + \\ & \sum_{i\sigma}(1 - z_{i\sigma}^{2})|i\sigma\rangle\langle i\sigma|H_{\mathrm{LDA}}|i\sigma\rangle\langle i\sigma| \end{aligned} \tag{3.32}$$

为了推导这个 Gutzwiller 有效 Hamiltonian 量，对于非相互作用轨道，相应的重整化因子 $z_{i\sigma}$ 等于 1。采用完备性条件可以进一步对这个公式进行简化：

$$\begin{aligned} H_{\mathrm{LDA}}^{G} = & \Big(\sum_{i\sigma} z_{i\sigma}|i\sigma\rangle\langle i\sigma| + 1 - \sum_{i\delta}|i\delta\rangle\langle i\delta|\Big) H_{\mathrm{LDA}} \cdot \\ & \Big(\sum_{j\sigma'} z_{j\sigma'}|j\sigma'\rangle\langle j\sigma'| + 1 - \sum_{j\sigma'}|j\sigma'\rangle\langle j\sigma'|\Big) + \\ & \sum_{i\sigma}(1 - z_{i\sigma}^{2})|i\sigma\rangle\langle i\sigma|H_{\mathrm{LDA}}|i\sigma\rangle\langle i\sigma| \end{aligned} \tag{3.33}$$

相互作用能表示为

$$\langle\Psi_G|H_{\mathrm{int}}|\Psi_G\rangle = \sum_{i\Gamma} E_{i\Gamma} m_{i\Gamma} \tag{3.34}$$

对于真实的计算过程，实际上不需要在开始阶段定义完备基组，式(3.34)只出现在局域轨道 $\langle i\sigma|$ 中，只需要定义局域轨道的相互作用项。随后的步骤

与 LDA $+U$ 方法非常相似，即定义局域轨道，同时添加这些轨道中相互作用。除了 LDA $+U$ 方案以外，通过 $z_{i\sigma}$ 因子(如下所述的变分方法，需要采用构型权重和构型能进行确定）对每一个局域轨道的低能进行重整化。

在固体晶体的真实计算中，在倒易空间中进行计算更加方便，尤其是平面波方法。因为 Gutzwiller 近似保持了平移对称性，所以可以直接变换为倒易空间。首先定义局域轨道 $|i\sigma\rangle$ 的 Bloch 状态：

$$|k\sigma\rangle = \frac{1}{N}\sum_i \mathrm{e}^{ikR_i} |i\sigma\rangle \tag{3.35}$$

在 k 空间中，Gutzwiler 有效 Hamiltonian 量 H_{LDA}^G 可以表示为

$$\begin{aligned} H_{\mathrm{LDA}}^G = & \left(\sum_{k\sigma} z_{i\sigma} |k\sigma\rangle\langle k\sigma| + 1 - \sum_{k\delta} |k\delta\rangle\langle k\delta|\right) H_{\mathrm{LDA}} \cdot \\ & \left(\sum_{k'\sigma'} z_{\sigma}' |k'\sigma'\rangle\langle k'\sigma'| + 1 - \sum_{k'\sigma'} |k'\sigma'\rangle\langle k'\sigma'|\right) + \\ & \sum_{kk'\sigma} (1 - z_{i\sigma}^2) |k\sigma\rangle\langle k'\sigma| H_{\mathrm{LDA}} |k'\sigma\rangle\langle k\sigma| \end{aligned} \tag{3.36}$$

定义投影至局域轨道 Bloch 状态的投影算符：

$$\hat{P} = \sum\nolimits_{k\sigma} \hat{P}_{k\sigma} = \sum\nolimits_{k\sigma} |k\sigma\rangle\langle k\sigma|$$

通过 $1-\hat{P}$ 考虑剩余离域轨道的投影。为了方便起见，定义另一个投影算符：

$$\hat{Q} = \sum\nolimits_{k\sigma} z_{\sigma} |k\sigma\rangle\langle k\sigma|$$

$$\begin{aligned} H_{\mathrm{LDA}}^G = & (1-\hat{P}+\hat{Q}) H_{\mathrm{LDA}} (1-\hat{P}+\hat{Q}) + \\ & \sum_{kk'\sigma} (1 - z_{\sigma}^2) |k\sigma\rangle\langle k'\sigma| H_{\mathrm{LDA}} |k'\sigma\rangle\langle k\sigma| \end{aligned} \tag{3.37}$$

通过 Hamiltonian 量的期望值获得总能：

$$\begin{aligned} E(\rho) = & \langle \Psi_0 | H_{\mathrm{LDA}}^G | \Psi_0 \rangle + \sum_{\Gamma} E_{\Gamma} m_{\Gamma} - E_{\mathrm{dc}} = \\ & |\langle \Psi_0 | (1-\hat{P}+\hat{Q}) H_{\mathrm{LDA}} (1-\hat{P}+\hat{Q}) | \Psi_0 \rangle + \\ & \sum_{\sigma} (1 - z_{\sigma}^2) n_{\sigma} \varepsilon_{\mathrm{LDA}}^{\sigma} + \sum_{\Gamma} E_{\Gamma} m_{\Gamma} - E_{\mathrm{dc}} \end{aligned} \tag{3.38}$$

其中

$$\varepsilon_{\mathrm{LDA}}^{\sigma} = \sum\nolimits_k \langle k\sigma | H_{\mathrm{LDA}} | k\sigma \rangle$$

$$n_{\sigma} = \sum\nolimits_k \langle \Psi_0 | k\sigma \rangle\langle k\sigma | \Psi_0 \rangle$$

式中，E_{dc} 是双计数能。

剩下的工作是将总能泛函相对于变分参数(非关联波函数 $|\Psi_0\rangle$ 和原子构型权重 m_{Γ}) 进行最小化处理。与普遍的 Kohn - Sham 方程非常相似，通过

单粒子波函数 $|\psi_{nk}\rangle$ 的简单 Slater 行列式可以表示周期性晶格中非关联波函数 $|\Psi_0\rangle$。由式(3.29)分别相对于 $|\psi_{nk}\rangle$ 和 m_Γ 的最小化过程可以获得两个变分方程组。需要注意的是，轨道占据数 $n_\sigma=\sum_{nk}\langle\psi_{nk}|\hat{P}_{k\sigma}|\psi_{nk}\rangle$ 同样依赖于 $|\psi_{nk}\rangle$：

$$\frac{\partial E(\rho)}{\partial f_{nk}\langle\psi_{nk}|}=\left[H_{\mathrm{LDA}}^{G}+\frac{\partial E(\rho)}{\partial z_\sigma}\frac{\partial z_\sigma}{\partial n_\sigma}\hat{P}_{k\sigma}-H_{\mathrm{dc}}\right]|\psi_{nk}\rangle=\varepsilon_{nk}|\psi_{nk}\rangle \tag{3.39}$$

$$\frac{\partial E(\rho)}{\partial m_\Gamma}=\sum_\sigma\frac{\partial E(\rho)}{\partial z_\sigma}\frac{\partial z_\sigma}{\partial m_\Gamma}+E_\Gamma=0 \tag{3.40}$$

其中

$$\frac{\partial E(\rho)}{\partial z_\sigma}=\frac{2}{z_\sigma}\left(\frac{1}{2}\sum_{nk}f_{nk}\langle\psi_{nk}|\hat{P}_{k\sigma}H_{\mathrm{LDA}}^{G}+H_{\mathrm{LDA}}^{G}\hat{P}_{k\sigma}|\psi_{nk}\rangle-n_\sigma\varepsilon_{\mathrm{LDA}}^{\sigma}\right) \tag{3.41}$$

当获得这个方程时，采用下述的关系：

$$z_\sigma\frac{\partial(1-\hat{P}+\hat{Q})}{\partial z_\sigma}=z_\sigma|k\sigma\rangle\langle k\sigma|=(1-\hat{P}+\hat{Q})|k\sigma\rangle\langle k\sigma|=(1-\hat{P}+\hat{Q})\hat{P}_{k\sigma} \tag{3.42}$$

这些方程存在多个约束条件。波函数应该是正交和归一化的，总构型权重必须为 1，对于纯密度关联效应，GVA 中局域密度不会改变：

$$\begin{aligned}&\langle\psi_{nk}|\psi_{n'k'}=\delta_{n,n'}\delta_{k,k'}\\&\sum_\Gamma m_\Gamma=1\\&\sum_\Gamma\langle\Gamma|C_\sigma^{+}C_\sigma|\Gamma\rangle m_\Gamma=\langle\hat{n}_\sigma\rangle_G=\langle\hat{n}_\sigma\rangle_0\end{aligned} \tag{3.43}$$

通过上述步骤可以求解固定 LDA 的 Hamiltonian 量 H_{LDA}。

下面问题是如何获得电荷密度的自洽性。这个步骤非常关键，其原因如下：如上所述，在真实计算中应该包含所有电子(离域和局域)。然而，在 LDA 水平上可以处理离域轨道，通过 LDA+G 步骤处理局域状态。局域状态的改变将会影响所有其他离域状态的电荷分布，尤其是在离域和局域轨道之间可能发生电荷转移过程，这当然是一个重要的物理过程。如果没有合适地进行处理，那么可能获得不同的结论，多种 LDA+DMFT 方案给出不同的结果。

只要构建电荷密度，通过电子密度确定 LDA Hamiltonian 量，那么很容易获得电荷密度自洽性。在 LDA+G 方案中，由 Gutzwiller 波函数可以构建电子密度：

$$\rho = \langle \Psi_G \mid \hat{\rho} \mid \Psi_G \rangle = \langle \Psi_0 \mid \hat{\rho}^G \mid \Psi_0 \rangle \tag{3.44}$$

因为 $\hat{\rho}$ 同样是单粒子算符，所以通过式(3.14) 可以获得：

$$\hat{\rho}^G = \left(\sum_{i\sigma} z_{i\sigma} \mid i\sigma\rangle\langle i\sigma \mid + 1 - \sum_{i\sigma} \mid i\sigma\rangle\langle i\sigma \mid\right) \mid r\rangle\langle r \mid \left(\sum_{j\sigma'} z_{j\sigma'} \mid j\sigma'\rangle\langle j\sigma' \mid + 1 - \sum_{j\sigma'} \mid j\sigma'\rangle\langle j\sigma' \mid\right) + \sum_{i\sigma}(1 - z_{i\sigma}^2) \mid i\sigma\rangle\langle i\sigma \mid \mid r\rangle\langle r \mid \mid i\sigma\rangle\langle i\sigma \mid \tag{3.45}$$

或者在动量空间中，通过下式简单地表示为

$$\hat{\rho}^G = (1 - \hat{P} + \hat{Q}) \mid r\rangle\langle r \mid (1 - \hat{P} + \hat{Q}) + \sum_{kk'\sigma}(1 - z_\sigma^2) \mid k\sigma\rangle\langle k'\sigma \mid \mid r\rangle\langle r \mid \mid k'\sigma\rangle\langle k\sigma \mid \tag{3.46}$$

式(3.10)、式(3.39)、式(3.40)和式(3.46)提供了自洽方案，称之为 LDA+Gutzwiller 方法。除了通过包含轨道项的相应有效 Gutzwiller Hamiltonian 量替代 Hamiltonian 量以外，式(3.39)与 LDA 或者 GGA 中 KS 方程相似。GVA 中引入了式(3.40)(用于确定构型权重)和式(3.10)(用于确定因子 z_σ)。

LDA+G 方法的自洽循环示意图如图 3.5 所示。这个方案中两个主要步骤是：①对于固定因子 z_σ，求解类 Kohn - Sham 方程获得非相关波函数 Ψ_0。②对于固定 Ψ_0，计算构型权重 m_Γ，然后获得因子 z_σ。当电子密度和重整化因子是自洽时，迭代循环结束。因为实际求解过程只需要计算在一些局域轨道上的投影，所以这个方案很容易在所有类型的既有从头算程序中执行，而与波函数采用的基组类型无关。因为 LDA+U 方法中定义的局域轨道同样可以用于 LDA+G 公式，所以如果在计算程序可获 LDA+U 方法，那么更容易执行 LDA+G 方法。

在获得电荷密度的自洽性后，就可以计算基态性质，比如稳定晶体结构、磁性结构以及弹性性质，这与标准 LDA 流程非常相似。除此之外，同样可以通过 LDA+G 方法获得态密度。因为 LDA+G 方法获得的能带分散 E_{nk} 对应于准粒子激发，所以可以由 LDA+G 能带结构获得两种态密度：第一种是准粒子 DOS，可以表示为

$$\rho QP(\omega) = \sum_{nk} \delta(\omega - E_{nk}) \tag{3.47}$$

从实验角度考虑，低温比热的电子部分直接由准粒子 DOS 确定，因此对于关联材料，可以通过 LDA+G 方法进行估计。另一种 DOS 是积分电子谱函数，在 LDA+U 方法称为电子 DOS。采用 Gutzwiller 近似获得的 z_σ，在电子谱函数中 E_{nk} 位置准粒子峰权重可以表示为

$$Z_{nk}=\langle kn \mid \hat{Q}^2 \mid nk\rangle+\langle kn \mid 1-\hat{P} \mid nk\rangle \tag{3.48}$$

通过所有 k 的加和可以获得电子 DOS：

如上所述，LDA+G 方法只能描述相干部分（准粒子峰），而不包含不相干部分（Hubbard 能带）。LDA+G 方法中电子 DOS 对应于光电子发射谱的低能部分，主要由准粒子动力学确定。

$$\rho_{el}(\omega)=\sum_{nk}Z_{nk}\delta(\omega-E_{nk}) \tag{3.49}$$

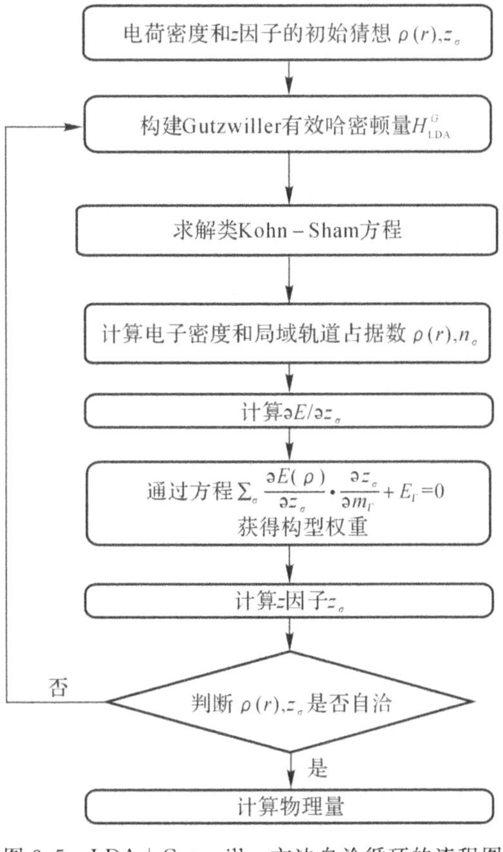

图 3.5　LDA+Gutzwiller 方法自洽循环的流程图

最后讨论 LDA+G 方法和 LDA 或者 LDA+U 方法之间的关系。首先，在非关联体系中，LDA+G 方法恢复为 DFT－LDA 方法。从多能带 Hubbard 模型（在位相互作用变为零）可以看出，GWF 恢复为 HWF。在 LDA+G 方法中，这意味着添加的在位相互作用能和双计数项是零，所有局域轨道变成离域状态，相应的重整化参数 $Z_\sigma=1$，计算公式重新恢复为 DFT - LDA。

当应用于长程序的强关联绝缘体时（LDA 是失效的，LDA+U 可以进行描述），LDA+Gutzwiller 方法同样包含了 LDA+U 方法。实际上这很容易理解：在具有长程序和整数占据的强关联绝缘体（比如半填充 Hubbard 模型中反铁磁相）中，AFM 磁序使得单位晶胞变成两倍，极大地降低原子构型之间的局域涨落，z 因子增加至接近于 1。同样地，在 $z=1$ 极限条件下，GWF 恢复为 HWF，当 z 因子接近于 1 时，LDA+G 能量泛函等价于 LDA+U 能量泛函。

3.4.2 Gutzwiller 密度泛函理论的推导

在 3.4.1 节中通过物理情景（而不是严格方式）获得 LDA+G 方法，本节将严格推导 LDA+G 方法。首先引入严格精确的 Gutzwiller 密度泛函理论 GDFT，这与密度泛函理论 DFT 引入 Kohn - Sham（KS）公式相似。在 KS 公式中，只要知道交换-关联能的泛函 E_{XC}^{KS}，就可以求解基态问题，这对于 GDFT 获得严格形式的 E_{XC}^{G} 同样是成立的。当然，精确的 E_{XC}^{G} 是未知的，在真实计算中需要采用特定类型的近似条件。在 KS 公式中，如果 E_{XC}^{KS}（$\approx E_{XC}^{LDA}$）采用 LDA，那么就可以获得 LDA - KS 类型的公式。此外，如果 E_{XC}^{KS}（$\approx E_{XC}^{LDA+U}$）采用 LDA+U 近似，那么就可以获得 LDA+U 方法。实际上，LDA+G 方法可以视为"GDFT 公式中 LDA+U 近似"，LDA+U 近似用于交换-关联项。下面讨论中首先构建 GDFT，然后由 GDFT 推导 LDA+G 公式。

1. DFT 和 Kohn - Sham

首先回顾 DFT 的基础知识。Hohenberg - Kohn（HF）定理表明，相互作用电子体系的总能可以通过电子密度 $\rho(r)$ 定义为普适函数。基态能量是泛函的全局最小值，使得泛函达到最小化的电子密度是精确的基态电子密度。这些方程可以表示为

$$\left.\begin{aligned} &E[\rho]=\langle\Psi\mid H\mid\Psi\rangle=T[\rho]+E_{\text{int}}[\rho] \\ &\rho=\langle\Psi\mid\hat{\rho}\mid\Psi\rangle \end{aligned}\right\} \tag{3.50}$$

其中 $|\Psi\rangle$ 是基态多体波函数；T 是动能；E_{int} 是相互作用能。为了简化起见，公式中没有包含外部作用势产生的能量。这个定理是精确的，但是因为这个泛函的形式是未知的，所以无法直接使用。通过众所周知的 Kohn - Sham 公式可以将这个问题转换为等价 Kohn-Sham（KS）问题，这是固体物理第一性原理电子结构计算的理论基础。在这个公式中，引入一个参考体系，其精确 Hamiltonian 量仍然是未知的，但是其基态波函数可以精确地表示为 HWF $|\Psi_0\rangle$。

因为其波函数为 $|\Psi_0\rangle$，所以该参考体系实际上是非相互作用体系。只要参考体系的电荷密度 ρ^0 与真实的基态电荷密度匹配(即 $\rho^0=\rho$)，那么由 Hohen berg - Kohn DFT 可知，通过参考体系可以重现真实体系的总能：

$$\left.\begin{aligned} E[\rho]=E^{\mathrm{KS}}[\rho^0]=T^{\mathrm{KS}}[\rho^0]+E_H^{\mathrm{KS}}[\rho^0]+E_{\mathrm{XC}}^{\mathrm{KS}}[\rho^0]= \\ \langle\Psi_0\mid\hat{T}\mid\Psi_0\rangle+E_H^{\mathrm{KS}}[\rho^0]+E_{\mathrm{XC}}^{\mathrm{KS}}[\rho^0] \\ \rho=\rho^0=\langle\Psi_0\mid\hat{\rho}\mid\Psi_0\rangle \end{aligned}\right\} \tag{3.51}$$

参考体系的 KS 动能 T^{KS} 和 Hartree 能量 E_H^{KS} 与真实的动能 T 和相互作用能 E_{int} 是不同的，但是其泛函形式是已知的。KS 的思想是简单地对总能表达式进行重新组织，比如显式地处理已知部分，将未知部分移入第三项，即所谓的交换-关联能 $E_{\mathrm{XC}}^{\mathrm{KS}}$，因此从这个角度来说，KS 公式对于基态总能仍然是精确的。KS 公式的精髓是，只要已知 $E_{\mathrm{XC}}^{\mathrm{KS}}$ 的泛函形式，那么这个问题就是可解的。按照上述的定义方法，交换-关联能可以表示为

$$E_{\mathrm{XC}}^{\mathrm{KS}}=\Delta T^{\mathrm{KS}}+\Delta E_{\mathrm{int}}^{\mathrm{KS}}=(T-T^{\mathrm{KS}})+(E_{\mathrm{int}}-E_H^{\mathrm{KS}}) \tag{3.52}$$

从物理学角度考虑，式(3.52)包含两个贡献：① 对动能的修正 ΔT^{KS}；② 对相互作用能的修正 $\Delta E_{\mathrm{int}}^{\mathrm{KS}}$。

到目前为止，KS 公式都是精确的，然而在真实计算中，需要对 $E_{\mathrm{XC}}^{\mathrm{KS}}$ 进行特定的近似处理，如下所述。一旦知道交换-关联项 $E_{\mathrm{XC}}^{\mathrm{KS}}$ 的近似形式，那么就可以获得参考体系的各种性质。实际上，如果 KS 公式中交换-关联作用势采用 LDA $+U$ 近似，那么参考体系不再是非相互作用体系，$|\Psi_0\rangle$ 只是一个近似波函数。

2. Gutzwiller 密度泛函理论 GDFT

下面根据 KS 公式构建精确的 Gutzwiller 密度泛函理论 GDFT。从 KS 公式可以看出，实际上不需要将非相互作用体系视为参考体系，重要的是参考体系波函数的精确形式，比如 KS 中 $|\Psi_0\rangle$。这个方案的主要优势是在参考体系中，通过相当简单的形式计算动态算符。在 Kohn - Sham 公式中，只要具有与真实体系相同的电子密度，任何体系都可以视为参考体系。从理论角度考虑，可以构建精确 Gutzwiller 密度泛函理论 GDFT，这与 KS 相似。

为了替代原来具有复杂相互作用的多体体系，选择辅助参考体系，其精确 Hamiltonian 量仍然是未知的，但是其基态波函数可以表示为 Gutzwiller 波函数 $|\Psi_G\rangle$(而不是 HWF $|\Psi_0\rangle$)。需要注意的是，参考体系是否包含相互作用实际上无关紧要，可以采用 Gutzwiller 波函数描述相互作用和非相互作用体系。参考体系的特性与交换-关联作用势的选择相关，如下所述。

按照 KS 公式，假设原始相互作用体系的基态密度等于参考体系 $\rho^G=\rho$。

这种表示方法不是严格验证的，因此这个步骤仍然是一个假设。考虑到在非相互作用极限条件下，Ψ_G 自动恢复为 Ψ_0，这对于在许多应用中都是有效的 KS 假设具有相同的思想。

参考体系的动能可以表示为

$$T^G = \langle \Psi_G \mid \hat{T} \mid \Psi_G \rangle \tag{3.53}$$

所有未知部分移入交换-关联能 E_{XC}^G。总能和电荷密度可以表示为

$$\left.\begin{aligned} E[\rho] = E^G[\rho^G] = T^G[\rho^G] + E_H^G[\rho^G] + E_{XC}^G[\rho^G] = \\ \langle \Psi_G \mid \hat{T} \mid \Psi_G \rangle + E_H^G[\rho^G] + E_{XC}^G[\rho^G] \\ \rho = \rho^G = \langle \Psi_G \mid \hat{\rho} \mid \Psi_G \rangle \end{aligned}\right\} \tag{3.54}$$

与 KS 相似，上述的 GDFT 公式仍然是精确的。如果已知精确的交换-关联能 E_{XC}^G，那么同样获得与 KS 相同的结论，将会获得真实体系的精确基态能。从物理角度考虑，在交换-关联能中包含两项：① 对动能的修正 ΔT^G；② 对相互作用能的修正 ΔE_{int}^G，可以表示为

$$E_{XC}^G = \Delta T^G + \Delta E_{int}^G = (T - T^G) + (E_{int} - E_H^G) \tag{3.55}$$

如上所述，在非相互作用极限条件下，Ψ_G 自动恢复为 Ψ_0，因此目前的 GDFT 可以视为 KS 公式的广义表达式。

3. E_{XC} 的近似

为了进行实际的计算，未知交换-关联部分需要引入特定的近似。从 KS 公式中 LDA 和 LDA＋U 近似开始，通过在 GDFT 中引入 LDA＋U 近似，就可以获得 LDA＋G 方法。

1)LDA/GGA。最普遍和广泛接受的近似是 LDA 近似，交换-关联能可以近似表示为

$$E_{XC}^{KS} \approx E_{XC}^{LDA} = \Delta T^{LDA} + \Delta E_{int}^{LDA} \tag{3.56}$$

需要强调的是，LDA 是由均匀电子气参数化获得的，只包含交换-关联作用势的局域部分，即忽略了交换-关联作用势的非局域部分。因此，LDA 适用于简单金属(比如 Na，K，其中宽 s 能带穿过 Fermi 能级)，而对于强关联体系(比如过渡金属氧化物)是失效的。

2) 强关联体系的 LDA＋U 方法。为了解决 LDA 在强关联体系中遇到的问题，引入了 LDA＋U 方法，其中交换-关联能近似为

$$\begin{aligned} E_{XC}^{KS} \approx E_{XC}^{LDA+U} = \Delta T^{LDA} + \Delta E_{int}^{LDA+U} = \Delta T^{LDA} + \Delta E_{int}^{LDA} + \langle H_{int} \rangle_0 - E_{dc} = \\ E_{XC}^{LDA} + \langle H_{int} \rangle_0 - E_{dc} \end{aligned} \tag{3.57}$$

LDA＋U 方法的思想是 LDA 无法很好地处理相互作用能，需要对强关联体系进行修正。因此，通过 LDA＋U 相应部分

$$\Delta E_{\text{int}}^{\text{LDA}+U}=\Delta E_{\text{int}}^{\text{LDA}}+\langle H_{\text{int}}\rangle_0-E_{\text{dc}}$$

替代 LDA 中相互作用修正。

为了理解 LDA + U 公式，需要注意如下问题：因为交换-关联作用势对相互作用能 H_{int} 进行修正，所以参考体系不再是非相互作用体系。因此，$|\Psi_0\rangle$ 不再是参考体系的严格本征态，而是一种近似；需要定义局域轨道和相互作用强度 U，通过这种方式引入轨道相关作用势。LDA 类型 E_{xc}^{LDA} 只依赖于密度，而与轨道无关。

对于许多具有 AFM 长程序基态的绝缘体系，LDA + U 方法是相当成功的，然而其质量仍然是不够的，需要进一步改进。LDA+U 方法的两个主要缺点是：通过粗略的 Hartree 方案处理添加的相互作用项 H_{int}，在典型情况下将会高估相互作用能。实际上，一旦参考体系变成相互作用体系，Ψ_0 不再是严格的波函数。由于采用 Ψ_0 作为近似波函数，只是对相互作用进一步修正(超越 LDA)，即$\langle H_{\text{int}}\rangle_0$ 是相互作用能的进一步修正，但是动能部分 ΔT 仍然与 LDA 中(ΔT^{LDA}) 相同。相互作用项的存在应该同样对动能进行重整化处理，由 LDA + G 公式可以改善这些缺点，如下所述。

4. 由 GDFT 推导 LDA + G 方法

GDFT 自身同样是精确的，然而在实际计算中，E_{XC}^{G} 需要进行特定的近似。因为交换-关联能是电荷密度的泛函，所以最简单的方式仍然是采用局域密度近似，忽略作用势的非局域部分，即

$$E_{\text{XC}}^{G}\sim E_{\text{XC}}^{\text{LDA}}$$

对于 Hartree 能，它只依赖于电荷密度，KS - DFT 和 GDFT 是相同的，即

$$E_H^G=E_H^{\text{KS}}$$

因此，在 E_{XC}^{G} 中采用 LDA 后，GDFT 中作用势恢复为 LDA - KS形式。在这个极限条件下，已知参考体系是非相互作用体系，波函数 Ψ_G 应该恢复为 Ψ_0。如果 E_{XC}^{G} 采用 LDA，那么所有上述的 GDFT 公式将恢复为 LDA - KS。如果 GDFT 中 E_{XC}^{G} 采用 LDA + U 类型的近似，那么将会极大地改善计算结果。

如上所述，为了克服 LDA 在强关联体系应用的问题，LDA + U 近似的思想是在交换-关联作用势中添加相互作用项 H_{int}，从而超越 LDA 更好地处理电子-电子相互作用。参考体系不再是非相互作用的，但是仍然采用 Ψ_0 对 LDA + U KS 公式中参考体系的波函数进行近似。在 GDFT 中同样采用交换-关联项的相同近似条件，即为了更好地描述局域轨道电子(超越 LDA 中均匀电子气)，在交换-关联作用势中添加相互作用项 H_{int}。同样地，参考体系是相互作用体系，GDFT 的区别是参考体系的波函数可以表示为 Ψ_G，而不是

Ψ_0。当然，对于相互作用体系，GWF Ψ_G 远优于 HWF Ψ_0，因此该公式优于 LDA $+U$ 方法。

因此，在 GDFT 中采用相似的 LDA $+U$ 近似，交换-关联能和相应的总能可以表示为

$$
\begin{aligned}
&E[\rho]=T^G[\rho]+E_H[\rho]+E_{\mathrm{XC}}^G[\rho]=\langle\Psi_G \mid \hat{T} \mid \Psi_G\rangle+E_H[\rho]+E_{\mathrm{XC}}^G[\rho] \\
&E_{\mathrm{XC}}^G \approx E_{\mathrm{XC}}^{\mathrm{LDA}+G}=\Delta T^{\mathrm{LDA}}+\Delta E_{\mathrm{int}}^{\mathrm{LDA}+G}=\Delta T^{\mathrm{LDA}}+\Delta E_{\mathrm{int}}^{\mathrm{LDA}}+\langle H_{\mathrm{int}}\rangle_G-E_{\mathrm{dc}}= \\
&\qquad E_{\mathrm{XC}}^{\mathrm{LDA}}+\langle H_{\mathrm{int}}\rangle_G-E_{\mathrm{dc}}
\end{aligned}
\tag{3.58}
$$

式(3.58)与 LDA $+U$ KS 方案存在以下两个不同之处：① 通过 Gutzwiller 波函数更加精确地处理相互作用项，即采用$\langle H_{\mathrm{int}}\rangle_G$替代$\langle H_{\mathrm{int}}\rangle_0$。② 虽然在交换-关联泛函中仍然采用 ΔT^{LDA}，但是通过 T^G 替代 T^{KS}，实际上将会改善动能项。众所周知，ΔT^{LDA} 的缺点是只保持局域部分，忽略非局域部分。为了进行改进，应该添加非局域修正。然而，从上述的 GDFT 公式可以看出，通过$\langle\Psi_G \mid \hat{T} \mid \Psi_G\rangle$替代$\langle\Psi_0 \mid \hat{T} \mid \Psi_0\rangle$包含了动能的非局域修正。因此，在交换-关联部分，不再需要对动能进行非局域修正，而只需要考虑局域部分，这是 ΔT^{LDA} 适用于 E_{XC}^G 的原因。在静态极限条件下，在 E_{XC}^G 中采用 ΔT^{LDA} 同样可以确保 LDA $+G$ 公式恢复为 LDA $+U$ 解，其中 z 因子接近于 1，$|\Psi_G\rangle$ 接近于 $|\Psi_0\rangle$。

研究发现，通过更加严格的基础知识可以获得上节讨论的原始 LDA $+G$ 公式，即"精确 GDFT 公式中交换-关联作用势的 LDA $+U$ 类型近似"。采用式(3.58)，将恢复 GWF 条件下 Hamiltonian 量式(3.27)。总能和交换-关联能可以表示为

$$
\left.
\begin{aligned}
&E[\rho]=\langle\Psi_G \mid \hat{T} \mid \Psi_G\rangle+E_H[\rho]+\int V_{\mathrm{ext}}\rho\,\mathrm{d}^3 r+E_{\mathrm{XC}}^G[\rho] \\
&E_{\mathrm{XC}}^G \approx E_{\mathrm{XC}}^{\mathrm{LDA}+G}=E_{\mathrm{XC}}^{\mathrm{LDA}}+\langle\Psi_G \mid H_{\mathrm{int}} \mid \Psi_G\rangle-E_{\mathrm{dc}}
\end{aligned}
\right\}
\tag{3.59}
$$

其中电子密度为

$$
\rho(r)=\langle\Psi_G \mid r\rangle\langle r \mid \Psi_G\rangle=\langle\Psi_0 \mid \hat{\rho}^G \mid \Psi_0\rangle \tag{3.60}
$$

动能算符为

$$
T=\sum_i -\frac{1}{2}\nabla_i^2 \tag{3.61}
$$

其中 i 是电子标识。电子的 Hartree 相互作用能为

$$
E_H=\frac{1}{2}\int \mathrm{d}^3 r\mathrm{d}^3 r' \frac{\rho(r)\rho(r')}{|r-r'|} \tag{3.62}
$$

在构型空间中，如果 Hamiltonian 量的相互作用部分是对角的(如果只考虑密度-密度相互作用，那么这是成立的)，那么根据式(3.2)、式(3.3) 和式(3.8)，交换-关联能中相互作用项为

$$\langle \Psi_G \mid H_{\text{int}} \mid \Psi_G \rangle = \langle \Psi_G \mid \sum_i H_i \mid \Psi_G \rangle = \sum_{i\Gamma} E_{i\Gamma} m_{i\Gamma} \tag{3.63}$$

为了方便起见，将外部作用势、Hartree 能和交换-关联能(LDA 部分) 结合在一起，表示为电荷密度的泛函形式：

$$E_{\text{eHxc}}[\rho] = E_H[\rho] + \int V_{\text{ext}} \rho \mathrm{d}^3 r + E_{\text{XC}}^{\text{LDA}}[\rho] \tag{3.64}$$

有效作用势定义为

$$V_{\text{eHxc}} = \frac{\delta E_{\text{eHxc}}[\rho]}{\delta \rho} \tag{3.65}$$

这与 LDA - KS 公式完全相同。因此，总能为

$$E[\rho, m_{i\Gamma}] = \langle \Psi_G \mid T \mid \Psi_G \rangle + E_{\text{eHxc}}[\rho] + \sum_{i\Gamma} E_{i\Gamma} m_{i\Gamma} - E_{\text{dc}} =$$

$$\langle \Psi_0 \mid T^G \mid \Psi_0 \rangle + E_{\text{eHxc}}[\rho] + \sum_{i\Gamma} E_{i\Gamma} m_{i\Gamma} - E_{\text{dc}} \tag{3.66}$$

总能是非关联波函数 $\mid \Psi_0 \rangle$ 和构型权重 $m_{i\Gamma}$ 的泛函，与式(3.38) 具有相同的形式，两者都可以通过上述方法进行变分优化。

总之，按照 Kohn - Sham 公式的思想，在密度泛函理论中结合 Gutzwiller 方法，就可以完成推导过程。通过一些合理的近似条件，验证了这个方案给出的结果与上节讨论的结果相同，提供了这个新 LDA + G 方法的可靠基础。

3.4.3　相互作用和双计数项

与所有类型 LDA+U 或者 LDA+DMFT 方案相似，在 LDA+G 方法中，仍然需要定义相互作用和双计数项，因此同样是一种半经验从头算方法。然而，可以采用 LDA+U 或者 LDA+DMFT 方法中相同的定义方法。从物理学角度考虑，只考虑局域轨道的强烈在位相互作用。在原子极限条件下，通过 Slater 积分(或者称为 Slater - Condon 参数 F^0, F^2, …) 可以显式地表示相互作用强度。实际上，采用 Kanamori 参数(U, U', J 和 J'(Slater 积分的组合)) 更加方便。在位相互作用的广义形式可以表示为

$$H_i = U \sum_{\alpha} n_{i\alpha\uparrow} n_{i\alpha\downarrow} + \frac{U'}{2} \sum_{\alpha \neq \alpha', \chi\chi'} n_{i\alpha\chi} n_{i\alpha'\chi'} - \frac{J}{2} \sum_{\alpha \neq \alpha', \chi} n_{i\alpha\chi} n_{i\alpha'\chi} -$$

$$\frac{J}{2} \sum_{\alpha \neq \alpha', \chi} c_{i\alpha\chi}^{+} c_{i\alpha\bar{\chi}}^{-} c_{i\alpha'\bar{\chi}}^{+} c_{i\alpha'\chi} - \frac{J'}{2} \sum_{\alpha \neq \alpha'} c_{i\alpha\uparrow}^{+} c_{i\alpha\downarrow}^{+} c_{i\alpha'} c_{i\alpha'\downarrow} \tag{3.67}$$

其中，α 表示局域轨道；χ 表示自旋。前两项分别是轨道内 Coulomb 相互作用和轨道间 Coulomb 相互作用。Hund 定则交换耦合作用分解为三个部分：第三项只包含密度-密度耦合作用，另两项（第四项和第五项）分别描述自旋翻转和成对跳跃过程。在原子情况下，为了在轨道空间中保持选择不变性，$U=U'+J+J'$ 关系仍然是成立的。对于典型的 d 轨道体系，自旋-轨道耦合作用不是非常强烈，所以 $J=J'$ 关系仍然是成立的，因此 $U'=U-2J$。

为了简化起见，只考虑密度-密度相互作用，相互作用的定义为

$$H_i=U\sum_{\alpha}n_{i\alpha\uparrow}n_{i\alpha\downarrow}+\frac{U'}{2}\sum_{\alpha\neq\alpha'}n_{i\alpha\chi}n_{i\alpha'\chi'}-\frac{J}{2}\sum_{\alpha\neq\alpha',\chi}n_{i\alpha\chi}n_{i\alpha'\chi} \tag{3.68}$$

在原子构型 $|\Gamma\rangle$ 空间中，这个在位相互作用 Hamiltonian 量是对角化的，相应的构型能 E_Γ 是 U、U' 和 J 的线性组合。

通过上述的在位相互作用，下面需要考虑 LDA 中相互作用数量，即如何表示双计数项。众所周知，在 LDA 中通过与轨道无关的平均方式表示这些相互作用。按照 LDA + U 或者 LDA + DMFT 方法的思想，双计数项的常见选择为

$$E_{\mathrm{dc}}[n_i]=\sum_i\frac{\overline{U}}{2}n_i(n_i-1)-\sum_i\frac{\overline{J}}{2}(n_{i\uparrow}(n_{i\uparrow}-1)+n_{i\downarrow}(n_{i\downarrow}-1)) \tag{3.69}$$

其中 n_i 是相同位置 i 上局域轨道的总电子数：

$$n_i=n_{i\uparrow}+n_{i\downarrow}=\sum\nolimits_{\alpha\chi}n_{i\alpha\chi}$$

$\overline{U}$ 和 $\overline{J}$ 是球形平均相互作用：

$$\overline{U}=\frac{1}{2l+1}(U+2lU') \tag{3.70}$$

$$\overline{J}=\overline{U}-U'+J \tag{3.71}$$

其中，l 是相应局域壳层的角动量子数。

从原理上讲，采用相应的 Slater 积分可以获得 Coulomb 和交换相互作用 U 和 J。然而，在真实材料中，必须屏蔽裸电子-电子相互作用，需要重整化 Slater 积分。因此，精确地确定有效 U 和 J 值是一项复杂的工作。实际上，通常采用以下两个可能的方式：①由可获的实验数据经验地确定参数。②由约束 LDA 方法和线性响应方法计算参数。根据不同的方法，可能获得不同的结果。然而对于单一固定参数，该方法应该能够同时解释所有的性质，而不需要采用不同的参数，只有通过这种方式才能检验获得的结果。同时，因为包含了不同的屏蔽过程，所以相互作用参数同样依赖于局域轨道的选择，比如，采

用原子轨道和 Wannier 函数局域局域轨道。然而，原子轨道的有效相互作用强度应该高于 Wannier 轨道，这是因为前者更加局域。为了构建 Wannier 轨道，可以采用投影 Wannier 方法或者最大局域 Wannier 函数。最近，为了将 Gutzwiller 方法与 DFT 进行结合，Ho 等人提出了非常相似的方法，戴希等方法与其思想几乎是相同的，区别在于相互作用和双计数项的定义，将来需要检验哪一种方式是更好的。

第 4 章　动力学平均场理论

4.1 引　　言

4.1.1　电子关联效应

在物理学中，物理量乘积的平均值或者期望值通常与各个物理量平均值的乘积不同：

$$\langle AB \rangle \neq \langle A \rangle \langle B \rangle \tag{4.1}$$

这就是关联性。比如，在相互作用体系中，r 位置上粒子通常影响 r' 位置上其他粒子。因此，该体系密度-密度关联函数不能进行因式分解：

$$\langle n(\boldsymbol{r}) n(\boldsymbol{r}') \rangle \neq \langle n(\boldsymbol{r}) \rangle \langle n(\boldsymbol{r}') \rangle = n^2 \tag{4.2}$$

即无法由平均密度 n 的二次方给出。对于量子粒子，因为量子统计学导致空间关系，所以甚至在非相互作用情况下，不等式仍然是成立的。因此，关联效应定义为超越因式分解近似的效应，比如 Hartree 或者 Hartree - Fock 理论。

在占据真实材料的相同窄 d 或者 f 轨道中，具有不同自旋方向的两个电子同样是关联的。在非常简化的情景下可以估计关联度。假设关联电子（或者准粒子，即激发）具有良定义的色散 ε_k，其速率定义为

$$v_k = \frac{1}{\hbar} | \nabla_k \varepsilon_k |$$

典型速率为 $v_k \sim a/r$，其中 a 是晶格间距，τ 是原子上平均消耗时间。因为

$$| \nabla_k | \sim 1/k \sim a$$

所以

$$\frac{1}{\hbar} | \nabla_k \varepsilon_k | \sim \frac{1}{\hbar} a W$$

$|\varepsilon_k|$ 对应于能带重叠 t 和带宽 W，这意味着：

$$\tau \sim \frac{\hbar}{W} \tag{4.3}$$

能带越窄，电子在原子上停留的时间越长，因此更能“感受”到其他电子的存在。这表明窄带宽意味着强电子关联效应，元素周期表中许多元素都属于这种情况。即在具有部分填充 d 和 f 电子壳层的许多材料中，比如过渡金属 V、Fe、Ni 及其氧化物，或者稀土金属 Ce，电子占据窄轨道。这种空间约束性增强了电子之间 Coulomb 相互作用效应，使其“强关联”。与非相互作用粒子相比，关联效应导致电子体系的物理性质产生明显的定量和定性变化。实际上，早在 1937 年，de Boer 和 Verwey 就开始研究具有未完全填充 $3d$ 能带的材料性质，比如 NiO，这个现象促使 Mott 和 Peierls 考虑电子之间相互作用。

比如在 V_2O_3 或者 NiO 中，关联效应导致从金属状态转变为绝缘状态，如图 4.1(a) 和(b) 所示。(a) 为 Cr 掺杂顺磁相 V_2O_3 中 Mott - Hubbard 金属-绝缘体转变；(b) 为 NiO 的费米表面上绝缘能隙；(c) 为谱权重从 Fermi 能量转移至 -1.7eV 附近，导致 $SrVO_3$ 和 $CaVO_3$ 出现下方 Hubbard 能带。

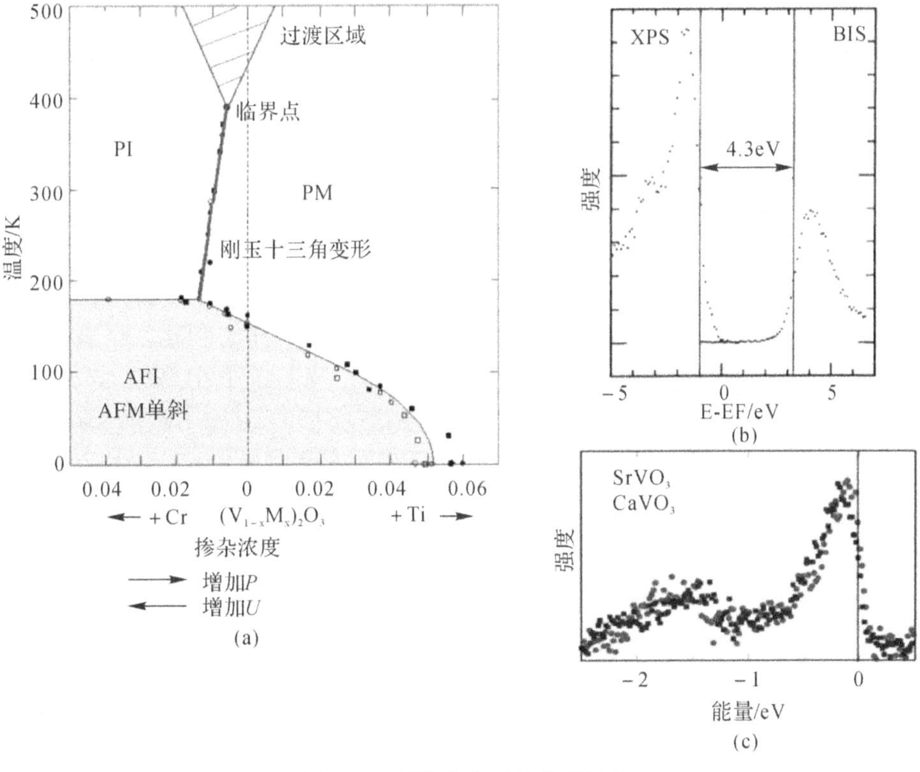

图 4.1　固体中典型的关联效应

尤其是，关联材料通常对外部参数变化的响应非常强烈，一般通过体系响应函数的明显重整化表示，比如自旋磁化率和电荷压缩率，以及谱权重的明显转移，如图 4.1(c) 所示。电子关联效应同样在高温超导性起着重要的作用，尤其是关联 d 和 f 电子自旋、电荷和轨道自由度，以及晶格自由度之间的相互影响导致低温下产生大量异常的现象。因为传统的平均场理论（比如 Hartree - Fock 原理）只能通过平均方式描述相互作用，所以无法解释这些性质。

4.1.2 Hubbard 模型

描述固体中相互作用电子的最简单模型是自旋为 1/2 的单能带 Hubbard 模型，假设电子之间相互作用是强烈屏蔽的（视为纯局域的）。Hamiltonian 量由两项构成，即动能 $\hat{H}_0$ 和相互作用能 $\hat{H}_I$：

$$\hat{H} = \hat{H}_0 + \hat{H}_I \tag{4.4a}$$

$$\hat{H}_0 = \sum_{\boldsymbol{R}_i, \boldsymbol{R}_j} \sum_{\sigma} t_{ij} \hat{c}^{+}_{i\sigma} \hat{c}_{j\sigma} = \sum_{\boldsymbol{k}, \sigma} \varepsilon_k \hat{n}_{k\sigma} \tag{4.4b}$$

$$\hat{H}_I = U \sum_{\boldsymbol{R}_i} \hat{n}_{i\uparrow} \hat{n}_{i\downarrow} \tag{4.4c}$$

其中 $\hat{c}^{+}_{i\sigma}(\hat{c}_{i\sigma})$ 是 R_i 位置上，自旋为 σ 的电子产生（湮灭）算符，$\hat{n}_{i\sigma} = \hat{c}^{+}_{i\sigma}\hat{c}_{i\sigma}$。式 (4.4b) 中动能的 Fourier 变换（t_{ij} 是跳跃幅度）包含色散 ε_k 和动量分布算符 $\hat{n}_{k\sigma}$。

离子表现为刚性晶格（表示为四方晶格）。具有质量，负电荷，自旋（↑ 或者 ↓）的电子从一个晶格位置移动到另一个晶格位置（跳跃幅度为 t）。量子力学导致晶格位置占据数的涨落，通过时序表示。当两个电子在一个晶格位置相遇时（由于 Pauli 不相容原理，所以只有当两个电子具有相反的自旋，这才是可能的），两者之间相互作用为 U。一个晶格位置可以是未占据的、单占据（↑ 或者 ↓）或者双占据的。

Hubbard 模型的示意图如图 4.2 所示。当观察该晶格模型的单个位置时，这个位置有时是空的、单占据或者双占据。从能量角度考虑，对于强排斥作用 U，双占据是非常不利的，受到强烈的屏蔽。在这种情况下，因为 $\langle \hat{n}_{i\uparrow} \hat{n}_{i\downarrow} \rangle \neq \langle \hat{n}_{i\uparrow} \rangle \langle \hat{n}_{i\downarrow} \rangle$，所以 $\langle \hat{n}_{i\uparrow} \hat{n}_{i\downarrow} \rangle$ 不能因式分解，比如 Mott - Hubbard 金属-绝缘体转变，这就解释了 Hartree - Fock 类型平均场理论一般无法描述具有强相互作用的顺磁相中电子物理性质。Hubbard 模型看起来非常简单，然而动能和相互作用之间的竞争产生复杂的多体问题。

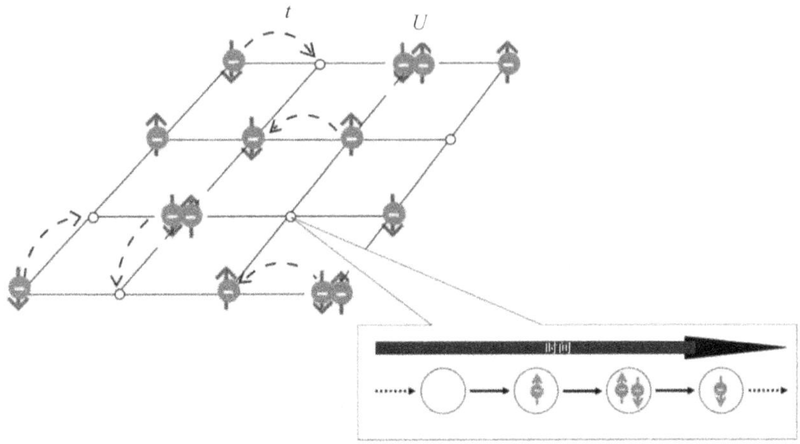

图 4.2　通过 Hubbard 模型描述固体中相互作用电子的示意图

4.2　多体体系的平均场方法

4.2.1　平均场理论的构建

众所周知，量子力学多体体系的理论研究面临多个技术问题，尤其是最感兴趣的维度，即 $d=2-3$。这是由于复杂的动力学所致，在 Fermi 子情况下，由 Pauli 不相容原理所致非平凡代数。当不存在精确方法情况下，迫切需要可靠和可控的近似方案。在经典和量子力学体系的统计理论中，平均场理论能够给出模型的近似描述，但是不存在唯一的构建方案。

目前确实存在平均理论方案，当一些维度很大时〔实际上是无限的，比如自旋长度 S、自旋简并度 N 或者配位数 Z(晶格位置的最近邻数)〕，可以进行简化处理。在这个极限条件下，通过很大参数的倒数展开进行研究，有助于理解体系的基本性质。

最著名的一种理论是 Ising 模型的 Weiss 分子场理论，该理论是典型的单位置平均场理论。在无限范围相互作用，配位数 $Z\to\infty$ 或者空间维度 $d\to\infty$ 极限条件下是精确的。在后一种情况下，$1/Z$ 或者 $1/d$ 是很小的参数，可以改进平均场理论。该平均场理论不包含非物理的异常性质，适用于所有的输入参数，即耦合参数、磁场和温度，同时是图表可控的。

4.2.2 Ising 模型的 Weiss 平均场理论

具有最近邻耦合的 Ising 模型定义为

$$H=-\frac{1}{2}J\sum_{\langle \boldsymbol{R}_i,\boldsymbol{R}_j\rangle}S_iS_j \tag{4.5}$$

其中假设铁磁耦合($J>0$)。每一个自旋 S_i 与 R_i 位置上近邻产生局域场 h_i 相互作用。在 Weiss 平均场方法中,式(4.5) 中两自旋相互作用是解耦的,即通过平均场 Hamiltonian 量替代 H:

$$H^{\mathrm{MF}}=-h_{\mathrm{MF}}\sum_{R_i}S_i+E_{\mathrm{shift}} \tag{4.6a}$$

自旋 S_i 只与全局(分子) 场相互作用:

$$h_{\mathrm{MF}}=J\sum_{\boldsymbol{R}_j}^{(i)}\langle S_j\rangle \tag{4.6b}$$

$$\equiv JZ\langle S\rangle \tag{4.6c}$$

其中〈〉表示热平均,h_{MF} 是有限的。$E_{\mathrm{shift}}=LJZ\langle S\rangle^2/2$ 是恒定的能量移动,L 是晶格位置数,下标(i) 表示 R_i 的最近邻位置求和,这对应于因式分解:

$$\langle [S_i-\langle S\rangle][S_j-\langle S\rangle]\rangle\equiv 0 \tag{4.7}$$

忽略 R_i 和 R_j 位置上自旋的关联涨落。在 $Z\to\infty$ 极限条件下,耦合常数 J 重新标定为

$$J\to\frac{J^*}{Z},\quad J^*=\mathrm{const} \tag{4.8}$$

在这个极限下,因式分解式(4.7),以及平均场 Hamiltonian 量式(4.6a) 替代式(4.5) 是精确的。

式(4.6a) 意味着,在 $Z\to\infty$ 极限条件下,近邻浴的涨落是不重要的,所以通过单个平均场参数 h_{MF} 可以完全描述任意位置的环境,如图 4.3 所示,因为该问题简化为有效的单位置问题,所以 Hamiltonian 量变成纯局域的:

$$H^{\mathrm{MF}}=\sum_{\boldsymbol{R}_i}H_i+E_{\mathrm{shift}} \tag{4.9}$$

$$H_i=-h_{\mathrm{MF}}S_i \tag{4.10}$$

由自洽方程确定〈S〉值:

$$\langle S\rangle=\tanh(\beta J^*\langle S\rangle) \tag{4.11}$$

在 $Z\to\infty$ 或者 $d\to\infty$ 极限条件下,Ising 模型有效地简化为单位置问题,通过全局的平均分子场 h_{MF} 替代局域场 h_i。

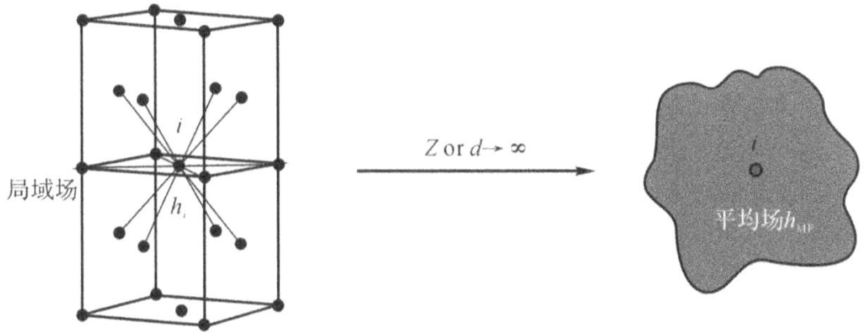

图 4.3　在三维情况下($d=3$)，晶格的配位数 Z 相当高，这与面心立方晶格相同($Z=12$)

4.3　高维度中晶格 Fermi 子

下面考虑 $d \to \infty$ 极限条件是否同样有助于研究具有离域量子力学自由度的晶格模型，尤其是 Hubbard 模型。对于式(4.4b) 中动能项，因为相互作用项是纯局域的，所以完全与晶格结构和维度无关。对于 d 维度超立方体晶格上($Z=2d$) 最近邻跳跃，ε_k 定义为

$$\varepsilon_{\boldsymbol{k}} = -2t\sum_{i=1}^{d}\cos k_i \tag{4.12}$$

对应于 ε_k 的态密度 DOS 为

$$N_d(w) = \sum_k \delta(\hbar w - \varepsilon_k) \tag{4.13}$$

对于任意选择 $k=(k_1,\cdots,k_d)$，这是 $w=\varepsilon_k$ 的概率密度。如果任意选择 k_i，式(4.12) 中 ε_k 是独立的随机数 $-2t\cos k_i$。中心极限定理意味着，在 $d \to \infty$ 极限条件下，DOS 可以表示为 Gaussian 函数形式：

$$N_d(w) \xrightarrow{d \to \infty} \frac{1}{2t\sqrt{\pi d}}\exp\left[-\left(\frac{w}{2t\sqrt{d}}\right)^2\right] \tag{4.14}$$

除非通过 d 合适地标定 t，否则当 $d \to \infty$ 时，DOS 将变成任意宽度和无特征。很明显的是，跳跃幅度的标定

$$t \to \frac{t^*}{\sqrt{d}}, \quad t^* = \text{const} \tag{4.15}$$

产生非平凡的 DOS：

$$N_\infty(w) = \frac{1}{\sqrt{2\pi}\,t^*}\exp\left[-\frac{1}{2}\left(\frac{w}{t^*}\right)^2\right] \tag{4.16}$$

与此相反的是，式(4.4)中相互作用项是纯局域的，与周围环境无关，并且与体系的空间维度无关，因此不需要标定在位相互作用 U。标定的 Hubbard Hamiltonian 量

$$\hat{H} = -\frac{t^*}{\sqrt{Z}} \sum_{\langle \boldsymbol{R}_i, \boldsymbol{R}_j \rangle} \sum_{\sigma} \hat{c}_{i\sigma}^{+} \hat{c}_{j\sigma} + U \sum_{R_i} \hat{n}_{i\uparrow} \hat{n}_{i\downarrow} \tag{4.17}$$

具有非平凡的 $Z \to \infty$ 极限，其中动能和相互作用具有相同的量级，两者相互竞争，这两项之间的竞争导致有趣的多体物理性质。通过 k 空间公式确定标定式(4.15)，下面采用位置-空间公式进行推导。

式(4.15)中标定简化了 Hubbard 类型晶格模型。为了更好地理解这个模型，通过 U 表示微扰原理。在 $T=0$ 和 $U=0$ 条件下，Hubbard 模型的动能可以表示为

$$E_{\text{kin}}^{0} = -t \sum_{\langle \boldsymbol{R}_i, \boldsymbol{R}_j \rangle} \sum_{\sigma} g_{ij,\sigma}^{0} \tag{4.18}$$

$$g_{ij,\sigma}^{0} = \langle \hat{c}_{i\sigma}^{+} \hat{c}_{j\sigma} \rangle_0$$

是单粒子密度矩阵，这个物理量同样视为 R_i 和 R_j 位置之间的跃迁幅度。因为 R_j 具有 $O(d)$ 个最近邻 R_i，所以二次方正比于粒子从 R_j 跳跃至 R_i 的概率：

$$|g_{ij,\sigma}^{0}|^2 \sim 1/Z \sim 1/d$$

所有近邻位置上 $|g_{ij,\sigma}^{0}|^2$ 的求和产生一个常数。在 $d \to \infty$ 极限条件下

$$g_{ij,\sigma}^{0} \sim O\left(\frac{1}{\sqrt{d}}\right) \tag{4.19}$$

因为式(4.19)中最近位置 R_i 的求和是 $O(d)$，所以在 $d/Z \to \infty$ 极限条件下 E_{kin}^{0} 仍然是有限的，根据式(4.15)标定跳跃幅度 t。因此，对于跳跃幅度的标定，实空间公式产生相同的结果。

非相互作用体系的单粒子 Green 函数(传播子)$G_{ij,\sigma}^{0}(w)$ 与 $g_{ij,\sigma}^{0}$ 具有相同的标定，其定义为

$$G_{ij,\sigma}^{0}(t) \equiv -\langle T\hat{c}_{i\sigma}(t)\hat{c}_{j\sigma}^{+}(0)\rangle_0 \tag{4.20}$$

其中，T 是时序算符，通过 Heisenberg 表示算符的时间演化，单粒子密度矩阵定义为

$$g_{ij,\sigma}^{0} = \lim_{t\to 0^-} G_{ij,\sigma}^{0}(t)$$

如果 $g_{ij,\sigma}^{0}$ 满足式(4.19)，因此单粒子 Green 函数 $G_{ij,\sigma}^{0}(t)$ 与时间演化和量子力学表示无关，所以在任何时刻具有相同的标定。Fourier 变换 $G_{ij,\sigma}^{0}(w)$ 同样具有这个属性。

虽然在 $d \to \infty$ 极限条件下，传播子 $G^0_{ij,\sigma} \sim 1/\sqrt{d}$ 将会消失，但是粒子不处于局域状态。因为粒子可能跳跃至幅度为 $t^* / \sqrt{2d}$ 的 d 个最近邻位置，甚至在 $d \to \infty$ 极限条件下，$G^0_{ij,\sigma}$ 的非对角矩阵元产生贡献。对于一般的 i,j：

$$G^0_{ij,\sigma} \sim O(1/d^{\| R_i - R_j \| /2}) \tag{4.21}$$

在所谓的 Manhattan 表示中

$$\| R \| = \sum_{n=1}^{d} | R_n |$$

是 R 的长度。

式(4.21) 是 $d \to \infty$ 极限条件下所有简化的源头。尤其是位置空间中所有连接不可约微扰理论图表的坍塌，如图 4.4 所示，图中显示了二阶微扰理论中不可约自能 $\sum_{ij}^{(2)}$ 的贡献。因此，不可约自能变成纯的局域量

$$\sum_{ij,\sigma}(w) \overset{d\to\infty}{=} \sum_{ii,\sigma}(w)\delta_{ij} \tag{4.22a}$$

在顺磁相中，

$$\sum_{ii,\sigma}(w) \equiv \sum(w)$$

$\sum_{ij,\sigma}$ 的 Fourier 变换与动量无关，

$$\sum_{\sigma}(\boldsymbol{k},w) \overset{d\to\infty}{\equiv} \sum_{\sigma}(w) \tag{4.22b}$$

对于 Hubbard 模型和相关的模型，这将明显简化所有多体计算。

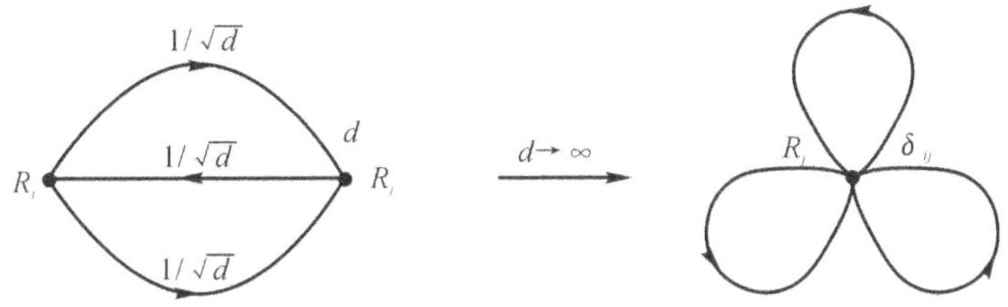

图 4.4　对于 U 表示的二阶微扰理论中 Hubbard 模型，不可约自能的贡献以及在 $Z \to \infty$ 极限条件下的坍塌

根据式(4.22) 的简化过程，当 $d \to \infty$ 时，消除了有限维度 $d \geqslant 1$ 条件下实际图表计算的最重要问题 —— 中间动量的积分。在有限维度条件下，虽然积分过程产生一系列问题，但是当 $d \to \infty$ 时变得简单。除了位置或者动量空间的简化以外，$d \to \infty$ 条件下仍然具有完全的动力学。

4.4 关联晶格 Fermi 子的动力学平均场理论

在 Anisimov 等 LDA+U 方法中,提出了对 LDA 进行了多体扩展。在 LDA+U 方法中,Coulomb 相互作用采用 Hartree-Fock 近似进行处理,因此它不包含真实的多体物理意义。虽然 LDA+U 方法能够成功地描述关联电子体系的长程序绝缘状态,但是无法描述强关联顺磁状态。为了超越 LDA+U 方法,同时捕获电子-电子相互作用的多体特性(即自能对于频率的依赖关系),提出了各种近似方法。最有前景的方法是 Anisimov 等首先使用的 LDA+DMFT 方法。在所有 LDA 方法的扩展中,只有 LDA+DMFT 方法能够描述强关联顺磁金属(具有上方和下方 Hubbard 能带以及窄准粒子峰,这是 Mott-Hubbard 金属-绝缘体转变的特征)的物理性质。

在过去数十年里,DMFT 被证明是研究具有局域 Coulomb 相互作用强关联体系的一个成功方法,在高晶格配位数的极限下是很准确的,同时保持了局域相互作用的动力学。因此,它是一种动力学平均场近似方法。在这个非微扰方法中,晶格问题映射为有效单位置问题,而有效单位置必须通过对耦合自能 Σ 和频率 ω 位置 Green 函数 G 的 k 积分 Dyson 方程进行自洽求解的方法才能确定。

离域量子力学模型(比如 Hubbard 模型及其推广)的复杂性远高于经典的 Ising 类型模型。一般情况下,这些模型甚至不存在半经典的近似,可以作为进一步研究的起点。在这些情况下,对于 Ising 模型,通过 Weiss 分子场理论的性质构建平均场理论非常复杂。目前存在众所周知的平均场近似方案,比如 Hartree-Fock、随机相近似、路径积分的鞍点计算和算符的解耦。然而,在统计力学中,这些近似无法提供平均场理论,这是因为在整个输入参数范围内,都无法合适地描述给定的模型,比如相图、热力学等。

对于图表可控的晶格 Fermi 子,其自由能不存在非物理的奇异性,提供了平均场理论构建的基础。因此,局域传播子 $G(w)$(即电子返回至一个晶格位置的幅度)以及局域而动态的自能 $\Sigma(w)$ 是该理论中两个关键的物理量。因为自能是动力学变量(与 Hartree-Fock 理论不同,自能仅仅是一个静态作用势),所以平均场理论同样是动态的,可以描述真正的关联效应。通过不同的方式可以描述关联晶格 Fermi 子的动力学平均场理论 DMFT 的自洽方程。在高空间维度极限条件下,Hubbard 类型模型退化为动力学单位置问题,通过嵌入在其他粒子提供的浴中单位置上关联 Fermi 子的动力学可以有效地

描述 d 维度晶格模型。

在目前标准的推导过程中,晶格问题映射至自洽单杂质 Anderson 模型。推导过程与 Anderson 杂质和 Kondo 问题(多体物理的重要分支)相关,在 20 世纪 80 年代已经开发了高效的数值程序,尤其是量子 Monte Carlo(QMC)方法。自洽 DMFT 方程如下。

(1) 局域传播子 $G_\sigma(iw_n)$,通过泛函积分表示为

$$G_\sigma(iw_n) = -\frac{1}{Z}\int \prod_\sigma Dc_\sigma^* Dc_\sigma \left[c_\sigma(iw_n)c_\sigma^*(iw_n)\right]\exp\left[-S_{loc}\right] \quad (4.23)$$

配分函数

$$Z = \int \prod_\sigma Dc_\sigma^* Dc_\sigma \exp\left[-S_{loc}\right] \quad (4.24)$$

局域作用量

$$S_{loc} = -\int_0^\beta d\tau_1 \int_0^\beta d\tau_2 \sum_\sigma c_\sigma^*(\tau_1) G_\sigma^{-1}(\tau_1 - \tau_2) c_\sigma(\tau_2) +$$

$$U\int_0^\beta d\tau c_\uparrow^*(\tau)c_\uparrow(\tau)c_\downarrow^*(\tau)c_\downarrow(\tau) \quad (4.25)$$

g_n 是有效局域传播子(又称为浴 Green 函数,或者 Weiss 平均场)通过 Dyson 类型方程定义

$$g_\sigma(iw_n) = \left\{\left[G_\sigma(iw_n)\right]^{-1} + \sum_\sigma(iw_n)\right\}^{-1} \quad (4.26)$$

(2) 晶格 Green 函数 $G_{k\sigma}(iw_n)$ 的表达式为

$$G_{k\sigma}(iw_n) = \frac{1}{iw_n + \mu - \varepsilon_k - \sum_\sigma(iw_n)} \quad (4.27)$$

在晶格 Hilbert 变换后获得局域 Green 函数

$$G_\sigma(iw_n) = \sum_k G_{k\sigma}(iw_n)$$

$$= \int_{-\infty}^\infty d\varepsilon \frac{N(w)}{iw_n + \mu - \varepsilon_k - \sum_\sigma(iw_n)} \quad (4.28)$$

并且等于局域传播子式(4.23)。自洽方程需要迭代求解:从自能 $\sum_\sigma(iw_n)$ 的初始值开始,由式(4.28)获得局域传播子 $G_\sigma(iw_n)$,由式(4.26)获得浴 Green 函数 $g_n(iw_n)$。采用原来的自能和新的浴 Green 函数确定局域作用量式(4.25),然后用于计算新的局域传播子 $G_\sigma(iw_n)$。

因为相互作用的纯局域特性,所以甚至在 $d \to \infty$ 极限条件下,全 Hubbard 模型式(4.4)的动力学仍然是复杂的,如图 4.5 所示。电子可能从平均场跳跃到该位置和返回,与该位置之间相互作用与原来的 Hubbard 模型相同,如图

4.2 所示。在这个极限条件下，局域传播子 $G(w)$（即返回幅度）和周围平均场的动力学自能 $\Sigma(w)$ 起着主要的作用，仍然精确地描述相互作用电子的量子动力学

对于局域传播子 G_σ 或者 G_σ，无法精确解析地计算自洽方程组。迭代微扰理论（IPT）提供了半解析近似。只有当频率之间不存在耦合时，精确计算才是可能的，比如 Falicov - Kimball 模型。一般 DMFT 自洽方程的求解需要多种数值方法，尤其是量子 Monte Carlo（QMC）、数值重组化群（NRG）、精确对角化（ED）和其他技术手段。

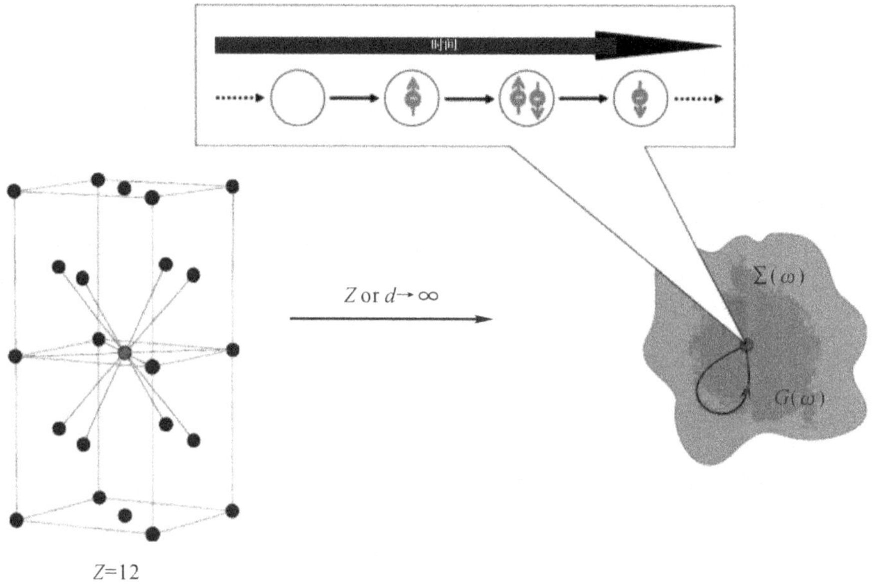

图 4.5　在 $Z\to\infty$ 条件下，Hubbard 模型简化为动力学单位置问题

目前，DMFT 是研究强关联电子体系的一种强大技术手段，它提供了有限维度体系的非微扰和热力学一致近似方案，尤其是适用于研究中等耦合问题，而微扰技术是失效的。下面将讨论 DMFT 在电子关联效应的多个应用范例（比如 Mott - Hubbard 金属-绝缘体转变），同时阐述 DMFT 与能带方法的结合（所谓的 LDA＋DMFT 方案），这是关联电子材料从头算研究的第一种普适框架。

4.5　Mott - Hubbard 金属-绝缘体转变

关联效应所致顺磁金属和顺磁绝缘体之间转变(称为 Mott - Hubbard 金属-绝缘体转变 MIT)是凝聚态物理中最有趣的现象之一。这个转变是电子动能和局域相互作用 U 之间的竞争结果:动能使得电子移动(波效应),产生双占据位置,以及电子之间相互作用(粒子效应)。当 U 值很高时,双占据位置的形成需要消耗很高的能量,体系可能通过电子的局域化降低总能。因此,Mott 转变是局域-非局域转变,同时反映了电子的波粒二象性。比如,在 Fermi 能级附近具有部分填充能带的过渡金属氧化物中发现 Mott - Hubbard 转变。对于这些体系,能带理论通常预测获得金属特征,最著名的例子是 Cr 掺杂 V_2O_3。比如,在$(V_{0.96}Cr_{0.04})_2O_3$中,在 $T=380K$ 以下,金属-绝缘体转变是一阶转变,晶格参数和传导性存在不连续性,但是两个相仍然是同构的。

过去,采用半填充的单能带 Hubbard 模型式(4.4)大量研究 Mott - Hubbard MIT 转变。Hubbard 采用 Green 函数解耦方案,Brinkman 和 Rice 采用 Gutzwiller 变分方法获得了重要的结果,两者都是在零温度进行的。Hubbard 方法将能带连续劈裂为下方 Hubbard 能带和上方 Hubbard 能带,但是无法描述准粒子特征。与此相反的是,Gutzwiller - Brinkman - Rice 方法很好地描述了低能的准粒子行为,但是无法重现上方和下方 Hubbard 能带。在后一种方法中,MIT 的特征是不存在准粒子峰。为了解决这个问题,DMFT 是非常有用的,该方法能够适用于所有相互作用 U 和温度 T 条件下的 Mott - Hubbard MIT 转变。

通过关联电子的谱函数表示 Mott - Hubbard MIT 转变:

$$A(w)=-\frac{1}{\pi}\mathrm{Im}G(w+i^{0+}) \tag{4.29}$$

对于 $T=0$ 和半填充状态($n=1$)的单能带 Hubbard 模型式(4.4),DMFT 获得的 $A(w)$ 变化与 Coulomb 排斥作用 U 之间函数关系如图 4.6 和图 4.7 所示,其中通过非相互作用电子的带宽 W 进行量度。当相互作用增加时,谱函数演化的示意图如图 4.6 所示,(a) 为非相互作用情况;(b) 为对于弱相互作用,只有少量谱权重从 Fermi 能量转移;(c) 为对于强烈相互作用,典型的三峰结构包括 Fermi 能量附近的相干准粒子激发,以及不相干的下方和上方 Hubbard 能带;(d) 为在临界相互作用以上,准粒子峰消失,体系处于绝缘状态,仍然存在两个相互分离的 Hubbard 能带。图 4.7 显示了 NRG 获得的实际数值结果,其中假设磁序受到抑制。

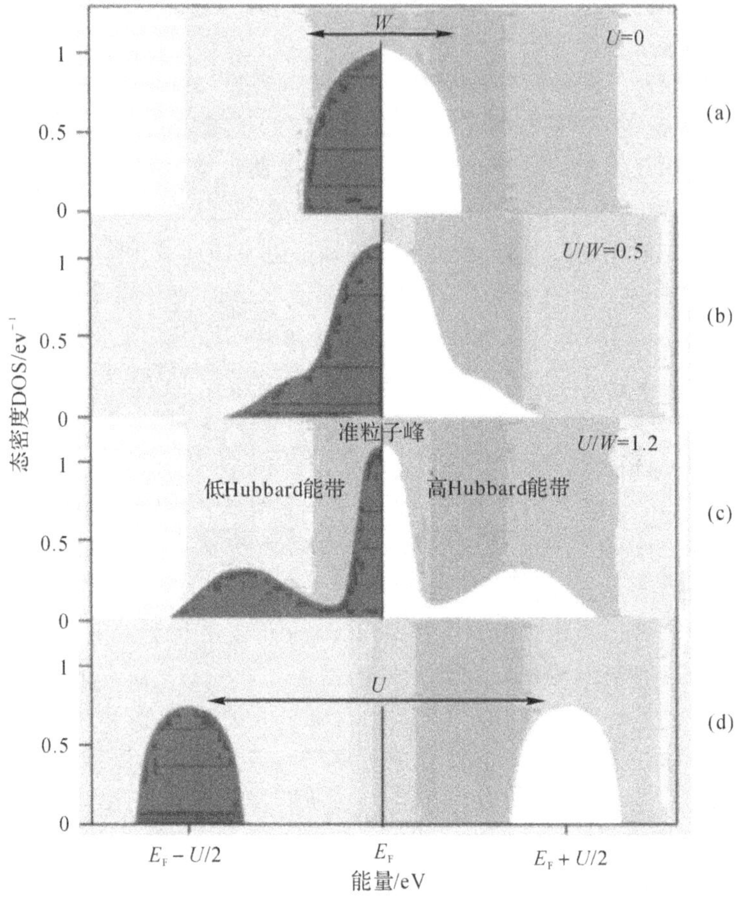

图 4.6　在半填充状态的顺磁相中，Hubbard 模型的谱函数演化过程(态密度)

当 U 很小时，通过相干准粒子描述体系，其 DOS 与自由电子相似，Mott 绝缘状态的谱函数由两个相互分离的不相干 Hubbard 能带构成，其中心之间间距大约是 U，后者来自电子从原子跳跃过程展宽的 $\pm U/2$ 能量位置的类原子激发。在中等 U 值条件下，谱的特征三峰结构与单杂质 Anderson 模型相同：包含原子特征(即 Hubbard 能带)，以及能量为零附近低激发能量条件下窄准粒子峰，这对应于强关联金属。谱的结构(下方 Hubbard 能带，准粒子峰，上方 Hubbard 能带)对非相互作用电子 DOS 的形式相当不敏感。

当 $U \to U_{c2}(T)$ 时，准粒子峰的宽度消失，在零能量位置明显存在

Luttinger 钉扎现象。当 U 减少时，在较低的临界值 U_{c1} 条件下，带隙消失，从绝缘体转变为金属。需要注意的是，三峰结构来自一种电子的晶格模型，这与单杂质 Anderson 模型不同，后者谱表现出非常相似的特征，但是由两种电子产生的，即杂质位置上局域轨道和自由导带。因此，在晶格体系中，磁矩的屏蔽行为(导致杂质体系中 Kondo 效应)具有不同的源头。DMFT 计算结果表明，相同的电子产生局域磁矩和屏蔽这些磁矩的电子。

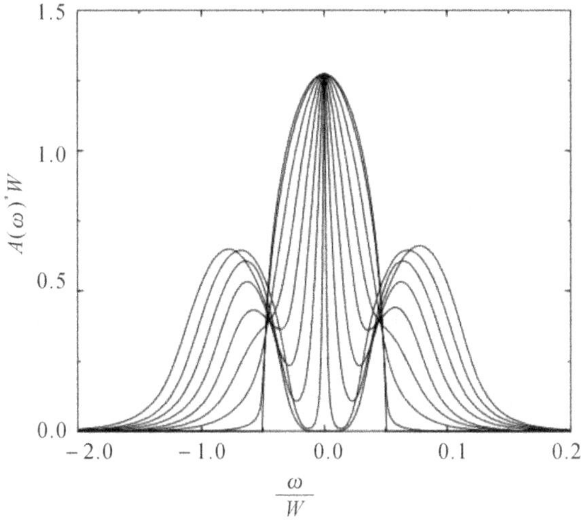

图 4.7　当相互作用值 $U/W=0,\ 0.2,\ 0.4,\cdots,1.6$ 时单能带 Hubbard 模型 $T=0$ 谱函数演化过程

在有限温度 $T=0.027\ 6W$ 条件下，半填充受抑 Hubbard 模型的谱函数演化过程如图 4.8 所示。该温度高于临界点的温度，所以不存在真实的转变，但只是从类金属解过渡到类绝缘解。Fermi 能量位置的准粒子峰高度不再固定为零温度值，这是由于自能虚部的有限值所致。准粒子峰的谱权重逐渐地重新分布，移动到下方(上方)Hubbard 能带的上方(下方)边缘。图 4.8 中插图显示了零频率条件下，谱函数 $A(w=0)$ 与 U 之间关系。当 U 较高时，Fermi 能级位置的谱密度仍然是有限的，只有在 $U\to\infty$ 极限条件下〔或者当 $U>U_{c2}(T=0)$ 时，$T\to 0$〕才会消失。

对于绝缘相，随着温度的增加，DMFT 预测获得 Mott - Hubbard 带隙的填充现象，绝缘体和金属不是过渡区域中不同的相，这表明绝缘体在 Fermi 能级位置具有有限的谱权重。在有限温度条件下，对应于 Mott - Hubbard 转变(MIT)的热力学转变线 $U_c(T)$ 是一阶的，这与相互作用范围 $U_{c1}<U<U_{c2}$

中迟滞区域有关，其中 U_{c1} 和 U_{c2} 分别表示绝缘解和金属解消失的数值。MIT 相图如图 4.9 所示，迟滞区域终止于临界点，在较高的温度条件下，从坏金属光滑地过渡到坏绝缘体。

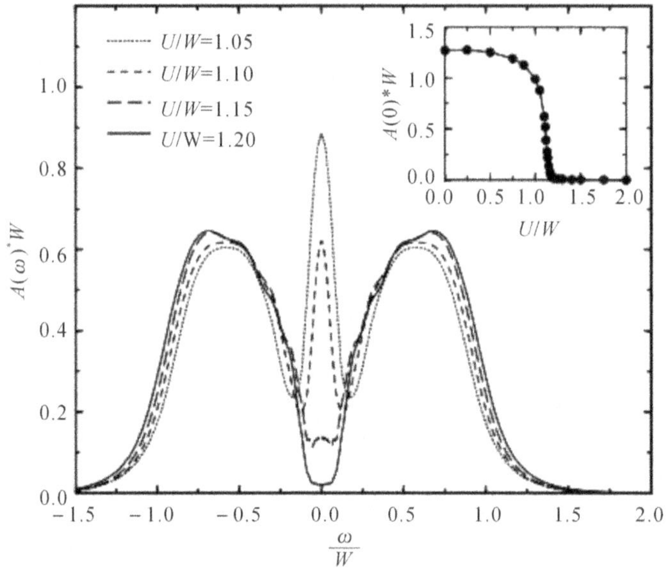

图 4.8　对于过渡区域中 $T=0.027\ 6W$ 位置的各种 U 值，半填充 Hubbard 模型的谱函数

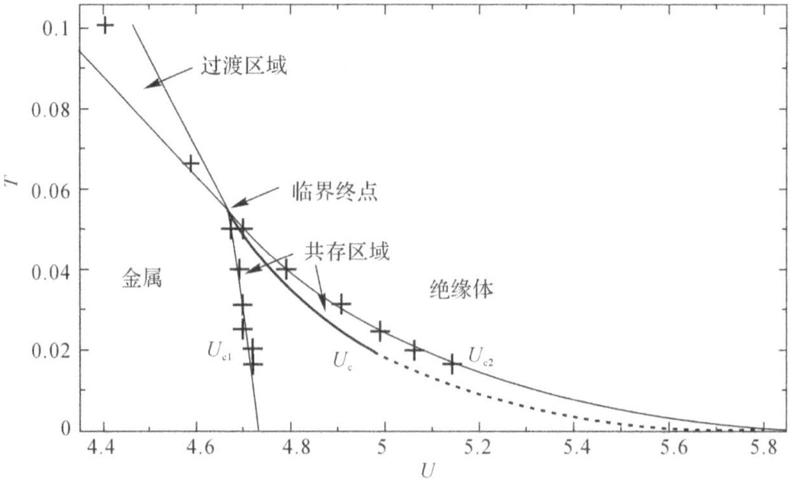

图 4.9　Mott - Hubbard MIT 相图显示了临界端点下方的金属相、绝缘相和共存区域

有趣的是，当低至 $T=0$ 时，相变的斜率是负值，这意味着对于恒定的相互作用 U，通过降低温度 T（即冷却），可以从绝缘体转变为金属相。由 Clausius - Clapeyron 方程 $\mathrm{d}U/\mathrm{d}T=\Delta S/\Delta D$ 可以很容易理解这个异常的行为（如果假设固态 ^{3}He 对应于绝缘体，液态 ^{3}He 对应于金属，那么这表示 ^{3}He 中 Pomeranchuk 效应），其中 ΔS 是金属和绝缘体之间的熵差别，ΔD 是两个相中双占据位置数量的差别。在单位置 DMFT 中，当 $d\to\infty$ 时，式(4.15)意味着 $J\propto -t^2/U\propto 1/d\to 0$，所以电子自旋之间不存在交换耦合 J。当温度低至 $T=0$ 时，每个电子的宏观简并绝缘态熵是 $S_{\text{ins}}=k_B\ln 2$，这高于 Landau Fermi 液体描述的金属中每个电子的熵 S_{met}，即 $\Delta S=S_{\text{met}}-S_{\text{ins}}<0$。同时，绝缘体中双占据位置的数量低于金属，即 $\Delta S=D_{\text{met}}-D_{\text{ins}}>0$。根据 Clausius - Clapeyron 方程，当温度低至 $T=0$ 时，相变线 T vs U 具有负的斜率，这是单位置 DMFT 的人为因素所致，即电子之间始终存在交换耦合，导致 $T=0$ 时绝缘体熵的消失。因为绝缘体熵随着温度的消失速率快于线性，所以 $\Delta S=S_{\text{met}}-S_{\text{ins}}$ 最终变成正值，而在更低温度条件下，斜率同样变成正值（为了简化起见，在最低的温度条件下，假设金属仍然是 Fermi 液体，绝缘体仍然处于顺磁状态。实际上，金属中最终出现 Cooper 对不稳定性，绝缘体同样变成长程序。在这种情况下，根据穿过相变的两个相熵值，斜率 $\mathrm{d}U/\mathrm{d}T$ 多次改变符号），在团簇 DMFT 计算中确实观察到这个现象。因为 $T=0$ 时 $\Delta S=0$，所以相边界必定终止于 $T=0$（无穷斜率）。

在半填充状态下，对于维度 $d>2$ 的双粒子晶格（只有在 $T=0$ 时 $d=2$），顺磁相相对于反铁磁长程序是不稳定的。金属-绝缘体转变完全被反铁磁绝缘相所掩盖，如图 4.10 所示。

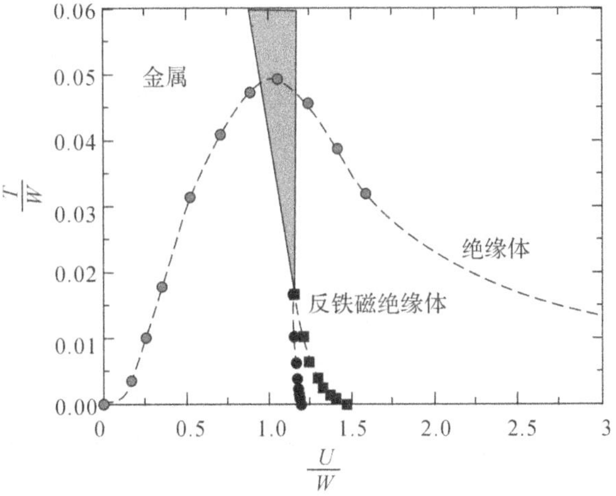

图 4.10　在双粒子晶格上，对于半填充状态($n=1$)，顺磁相相对于反铁磁性是不稳定的

4.6 材料中电子关联效应

4.6.1 LDA+DMFT

虽然 Hubbard 模型能够解释关联电子相变的基本特征，但是无法详细地解释真实材料的物理性质，真实的理论方法必须考虑体系的电子和晶格结构。

到目前为止，存在两个独立的研究团队研究固体的电子性质，一个团队使用模型包含多体技术的 Hamiltonian 量，另一个团队使用密度泛函理论 DFT。DFT 及其局域密度近似 LDA 的优势是，能够在不需要经验参数作为输入的条件下进行从头算。实际上，这种理论方法成功地适用于计算真实材料的电子结构。然而，DFT/LDA 的局限性是无法描述在位库仑相互作用与带宽相当的强关联材料。因为模型 Hamiltonian 方法是一种能够准确研究多电子问题的理论方法，所以更加普适。然而，模型参数选择的不确定性和关联问题的技术复杂性使得模型哈密顿量方法很难应用于研究真实材料，因此这两种方法是互补的。从 DFT/LDA 和模型 Hamiltonian 方法的各自优势角度考虑，对于真实材料（比如 f 电子体系和 Mott 绝缘体）的从头算研究而言，迫切需要将这两种技术手段进行有机结合。第一种尝试是 LDA+U 方法，该方法将 LDA 与静态的类 Hartree - Fock 多能带 Anderson 晶格模型（具有相互作用和非相互作用轨道）平均场近似进行结合。该方法非常有助于研究过渡金属和稀土化合物的长程序绝缘状态。然而，关联电子体系的顺磁金属相（比如高温超导体和重 Fermi 子体系）需要超越静态平均场近似，同时包含动力学效应，比如自能与频率之间关系。

最近提出的 LDA+DMFT 方法（结合了电子能带结构和动力学平均场理论的一种新计算方案）是一个重大突破。从局域密度近似 LDA 的传统能带结构计算开始，通过 Hubbard 相互作用和 Hund 定则耦合项考虑关联效应，通过量子蒙特卡罗（QMC）算法求解最终的 DMFT 方程。LDA+DMFT 包含了正确的准粒子物理和相应的力能学，同时重现了弱 Coulomb 相互作用 U 极限条件下 LDA 结果。更重要的是，LDA+DMFT 正确地描述了 Mott - Hubbard MIT 附近关联效应所致动力学行为。因此，在所有 Coulomb 相互作用和掺杂水平下，LDA+DMFT 和相关的方法能够解释所有的物理现象。

对于 Anderson 杂质问题，可以采用大量的近似方法求解 DMFT 方程，比如迭代微扰理论（IPT），非交叉近似（NCA），以及数值技术，比如量子 Monte -

Carlo(QMC),精确对角化(ED)或者数值重整化群(NRG)。对于半填充的 Anderson 杂质问题,IPT 不是自洽二阶微扰理论。对于半填充状态的自能,IPT 能够提供正确的微扰 U^2 项和正确的原子极限。在 Anderson 杂质温度的杂化参数 $\Delta(\omega)$ 中,NCA 是一种微扰理论。因此,如果 Coulomb 相互作用 U 相对于带宽足够大,这个方法是可靠的。实际上,通过 Hubbard - Stratonovich 变换,QMC 技术将相互作用电子问题映射为非相互作用问题的总和,然后通过 Monte - Carlo 采样对这个和进行计算。ED 方法在有限的晶格位置下对 Anderson 杂质问题进行直接的对角化。NRG 方法首先采用 $D\sum^{-n}$位置(D:带宽,$n=0,\cdots,N$)的一系列离散状态替代导带,然后在低能下对精度不断增加的这个问题进行对角化。

从原理上讲,QMC、ED 和 NRG 是精确的方法,但是它们需要插值,即虚时间 $\Delta\tau\to 0$(QMC)的离散化,各自杂质模型的晶格位置数 $n_s\to\infty$ (ED)或者导带纵向离散化参数 $\sum\to 1$(NRG)。在 LDA + DMFT 方法中,将上述的 DMFT 方程解法记为 LDA + DMFT(X),其中 X = IPT、NCA 和 QMC。Lichtenstein 和 Katsnelson 在他们的 LDA + + 方法中采用了相同的思路。Lichtenstein 和 Katsnelson 首次采用 LDA+DMFT(QMC)研究了 Fe 的谱性质。Liebsch 和 Lichtenstein 同时采用 LDA + DMFT(QMC)方法计算了 Sr_2RuO_4的光电子发射谱。

在 LDA+DMFT 方法中,通过单粒子 Hamiltonian 量 $\hat{H}^0_{\mathrm{LDA}}$表示 LDA 能带结构,然后添加局域 Coulomb 排斥 U 和 Hund 定则交换 J。因此,单能带模型 Hamiltonian 量的推广公式为

$$\hat{H}=\hat{H}^0_{\mathrm{LDA}}+U\sum_m\sum_i\hat{n}_{im\uparrow}\hat{n}_{im\downarrow}+\sum_{i,m\neq m',\sigma,\sigma'}(V-\delta_{\sigma\sigma'}J)\hat{n}_{im\sigma}\hat{n}_{im'\sigma'} \quad (4.30)$$

其中 m 和 m' 列举了过渡金属离子的 t_{2g} 相互作用轨道或者稀土元素中 $4f$ 轨道。相互作用参数之间的关系是 $V=U-2J$,对于简并轨道是成立的,同时是 t_{2g} 的很好近似。由平均 Coulomb 参数 $\bar{U}$ 和 Hund 交换 J(由约束 LDA 计算获得)可以获得 U 和 V 值。

Hamiltonian 量的单粒子部分是

$$\hat{H}^0_{\mathrm{LDA}}=\hat{H}_{\mathrm{LDA}}-\sum_i\sum_{m\sigma}\Delta\varepsilon_d\hat{n}_{im\sigma} \quad (4.31)$$

包含 $\Delta\varepsilon_d$ 的能量项是相互作用轨道单粒子势的移动,它抵消了 Coulomb 相互作用对 LDA 结果的贡献(双计数修正),同样由约束 LDA 计算获得。

在 LDA + DMFT 方案中,构建自能 $\sum$ 和频率 w 位置 Green 函数 G 之间

关系的自洽条件为

$$G_{qm,q'm'}(w)=\frac{1}{V_B}\int d^3\boldsymbol{k}\left(\left[w\mathbf{1}+\mu\mathbf{1}-H_{\mathrm{LDA}}^{0}(\boldsymbol{k})-\sum(w)\right]^{-1}\right)_{qm,q'm'} \tag{4.32}$$

其中,**1** 表示单位矩阵;μ 是化学势;$H_{\mathrm{LDA}}^{0}(\boldsymbol{k})$ 是LDA Hamiltonian量推导的轨道矩阵,比如线性 muffin - tin 轨道(LMTO) 基组;$\sum(w)$ 表示自能,只有在相互作用轨道之间才是非零的;$[\cdots]^{-1}$ 表示矩阵元是 $n(=qm)$ 和 $n'(=q'm')$ 的逆矩阵,其中 q 和 m 分别是元胞和轨道中原子指数。积分包含体积为 V_B 的 Brillouin 区($\hat{H}_{\mathrm{LDA}}^{0}$ 可能包含添加的非相互作用轨道)。

总体而言,由于 H_{LDA} 依赖于 $\rho(r)$,所以 DMFT 解将导致不同能带占据数的变化,改变电子密度 $\rho(r)$,产生新的 LDA - Hamiltonian 量 H_{LDA}。同时 Coulomb 相互作用U将会变化,需要采用新的约束 LDA 计算结果进行确定。在自洽 LDA+DMFT 方法中,H_{LDA} 和 U 定义了一个新的 Hamiltonian 量,而这个量重新需要采用 DMFT 方法进行求解,直到达到收敛。

许多过渡金属氧化物是立方体钙钛矿,在这些体系中,过渡金属 d 轨道导致电子之间存在强烈的Coulomb相互作用。氧(O)的立方晶体场导致 d 轨道劈裂为三个简并的 t_{2g} 和两个简并的 e_g 轨道,这种劈裂行为常常很强烈,导致 Fermi 能量位置 t_{2g} 或 e_g 能带与其他所有能带分离。在这种情况下,只考虑 Fermi 能级上的简并能带就可以很好地描述低能物理现象。对于立方体过渡金属氧化物,如果穿过 Fermi 能级的 t_{2g} 简并轨道与其他轨道分离,那么式(4.32) 可简化为

$$G(w)=G^0\left(w-\sum(w)\right)=\int d\varepsilon\,\frac{N^0(\varepsilon)}{w-\sum(w)-\varepsilon} \tag{4.33}$$

对于非立方体体系,简并度将会增加。在这种情况下,对于三个非简并的 t_{2g} 轨道采用不同的 $\sum_m(w)$、$N_m^0(\varepsilon)$ 和 $G_m(w)$,式(4.33) 可以视为一种近似处理。

在 DMFT 中,采用标准量子 Monte-Carlo(QMC) 技术求解自洽方程,从而获得 Hamiltonian 量式(4.30)。由虚时间 QMC Green 函数,通过最大熵方法(MEM) 可以计算实频谱函数。

4.6.2 关联电子材料的单粒子谱

过渡金属氧化物是研究固体中电子关联效应的理想测试对象。在这些材

料中，立方体钙钛矿具有最简单的晶体结构，因此一般被视为理解更加复杂体系的起点。在典型情况下，这些材料中 $3d$ 状态形成宽度 W 大约为 $2\sim3$eV 的窄能带，导致电子之间强烈的 Coulomb 关联效应。

光电子发射谱提供了研究电子关联材料电子结构和谱性质的一种直接实验手段。强关联 $3d^1$ 过渡金属氧化物的谱研究结果发现，在光电子发射谱中出现明显的下方 Hubbard 能带，通过传统的能带结构理论无法进行解释。这些是典型的关联效应，在简单 $3d^1$ 过渡金属化合物 $SrVO_3$ 和 $CaVO_3$ 的 LDA＋DMFT 中发现了这些现象。在 $SrVO_3$ 中，相同化合价、较小的 Ca 离子替代 Sr 离子的主要效应是 $SrVO_3$ 中 V-O-V 角从 $\theta=180°$ 降至正交变形结构 $CaVO_3$ 的 $\theta\approx162°$。这个强烈的化学键弯曲只是导致单粒子带宽 W 减少 4%，所以从 $SrVO_3$ 到 $CaVO_3$，U/W 比值稍微增加。

从 $SrVO_3$ 到 $CaVO_3$ 的各自 LDA DOS 开始，计算这两种材料的 LDA＋DMFT(QMC)谱，如图 4.11 所示。这些谱显示了真实的关联效应，即大约 1.5eV位置的下方 Hubbard 能带和大约 2.5eV 位置的上方 Hubbard 能带，以及 Fermi 能量位置明显的准粒子峰。因此 $SrVO_3$ 到 $CaVO_3$ 是强关联金属。如图 4.11 所示，两个体系的 DOS 相当相似。实际上，$SrVO_3$ 的关联性稍微低于 $CaVO_3$，这与不同的 LDA 带宽一致。图 4.11 中插图表明，当 $T\leqslant700$K 时，温度对谱的效应很低。

因为这个简单 $3d^1$ 材料的三个 t_{2g} 轨道几乎是简并的，所以谱函数具有与单能带 Hubbard 模型(见图 4.8)相同的三峰结构。从图中同时可以看出，温度导致准粒子峰高度的降低。如第 4.5 节所述，谱的实际形式不再与输入 LDA DOS 相似，即实际上只与 LDA DOS 的前三个能量矩(电子密度、平均能量和带宽)相关。

300K 时 LDA＋DMFT(QMC)谱与实验高分辨率块体 PES 之间比较如图 4.12(a)所示。理论和实验的准粒子峰非常一致，尤其是 $SrVO_3$ 到 $CaVO_3$ 的高度和宽度几乎是相同的。下方 Hubbard 能带位置的差别可能是由于：①减去 O 贡献可能同样删除了 －2eV 下方的一些 $3d$ 谱权重，② 局域 Coulomb 相互作用强度从头算的不确定性。与 XAS 数据之间的比较如图 4.12(b)所示。同样地，准粒子峰和上方 t_{2g} Hubbard 能带的权重和位置总体上是一致的，包括从 $SrVO_3$ 到 $CaVO_3$ 的趋势(实验试样为 $Ca_{0.9}Sr_{0.1}VO_3$)。对于 $CaVO_3$，准粒子峰的权重稍微低于实验数据。与单能带 Hubbard 模型不同的是，特定材料的计算结果重现了 Fermi 能量位置，以及相对于权重和带宽的明显非对称性。准粒子峰的稍微差别导致不同的有效质量，即 $SrVO_3$

的$m^*/m=2.1$，$CaVO_3$的$m^*/m=2.4$。这些理论值与 de Haas - van Alphen 实验数据和热力学数据 $SrVO_3$和 $CaVO_3$的$m^*/m=2\sim3$一致。

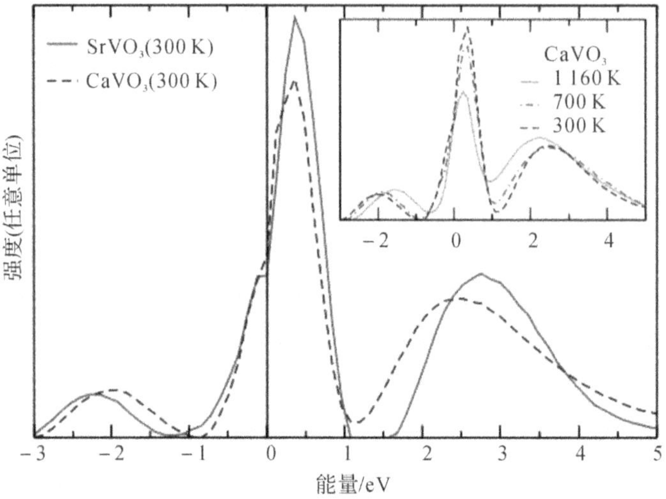

图 4.11　在 $T=300$K 时，LDA+DMFT(QMC)计算获得的 $SrVO_3$(实线)和 $CaVO_3$(虚线)谱

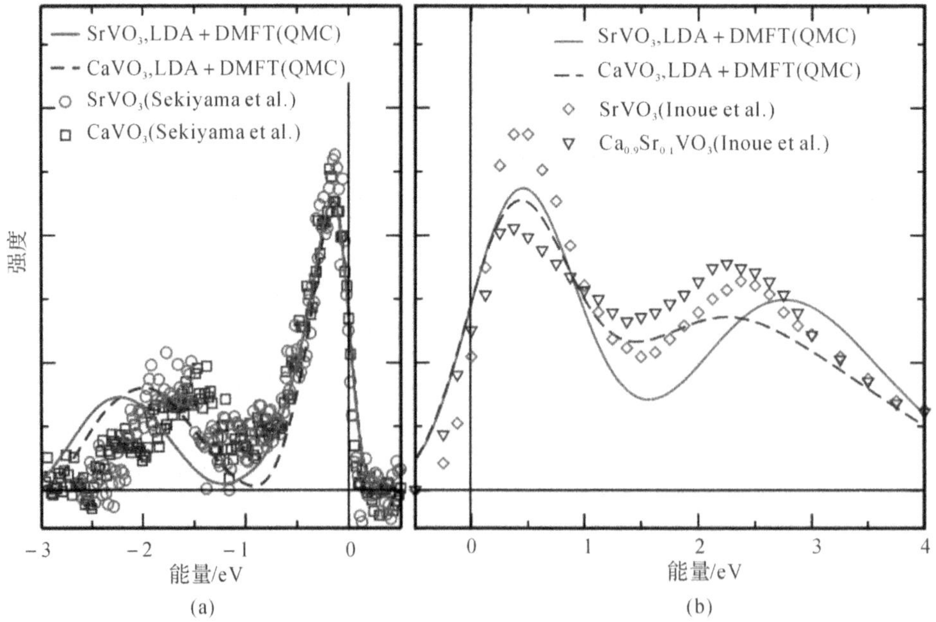

图 4.12　$SrVO_3$(实线)和 $CaVO_3$(虚线)的无参数 LDA+DMFT(QMC)谱与实验数据之间比较

$SrVO_3$ 和 $CaVO_3$ 的实验谱及其与无参数 LDA＋DMFT 计算结果之间的一致性表明，关联块体材料中确实存在明显的三峰结构。虽然 DMFT 方法通过 Hubbard 模型预测了这个行为，但是不清楚 DMFT 方法是否能够描述三维的真实材料。目前研究结果表明，不仅在单杂质 Anderson 模型中存在三峰结构，在三维关联块体物质中同样存在这个结构。

4.7 展　　望

基于过去 20 年里大量的国际研究工作，DMFT 迅速成为研究强关联电子体系的一种强大方法。对于有限维度体系（尤其是三维 $d=3$），该方法提供了深入的、非微扰和热力学一致的近似方案，尤其适用于微扰方法失效的问题。因此，DMFT 已经成为 Fermi 子关联问题（包括光学晶格中冷原子）的标准平均场理论。在非平衡模型研究中，DMFT 的推广化是另一个有趣的新研究领域。直到数年前，关联电子体系的研究大多集中于均匀块体体系。对于具有内部或者外部非均匀性的体系（比如薄膜和多层纳米结构），DMFT 研究非常少。从这些体系的新功能角度考虑，这些研究工作是非常重要。目前，从头算能带结构方案——LDA＋DMFT 是电子关联材料研究中一个重要的突破。该方法有助于解释关联电子材料（比如过渡金属及其氧化物）的谱性质和磁性性质。其目标是将 LDA＋DMFT 理论框架发展为强大的从头算方法，能够描述甚至预测复杂关联材料的性质。

第 5 章　强关联电子体系第一性原理计算实例

5.1 引　　言

随着核能技术的应用和发展，人们迫切需要理解锕系材料的基本物理和化学性质。尽管研究人员已经给出了许多锕系材料的晶格、力学、物理、化学和热力学等性质，但是在微观结构、基态、激发态、高温高压和性能演化等方面的研究成果相当少。由于锕系材料普遍具有极强的化学反应活性、放射性和毒性，很难开展相应的实验表征技术研究，所以发展具有预测能力的理论和模拟方法可能是一种有效的替代方法。然而，锕系材料异常的晶格结构、复杂的电子结构、显著的相对论效应、自旋-轨道耦合效应以及 $5f$ 电子强关联效应等，对于其理论研究同样是一个严峻的挑战。尤其是钚元素，其 $5f$ 电子介于离域和局域之间，电子结构异常复杂，呈现出许多特殊的核性质和不同的物理、化学、力学和机械性质等，被认为是元素周期表中最异常和最复杂的元素，是基础物理和基础化学研究领域最具有挑战性的研究领域。

近年来，国际上以美国 Los Alamos、Laurence Livermore 国家实验室和以其为代表的研究机构针对钚、铀等锕系材料开展了电子结构研究，促进了相关研究领域的发展。除了使用电子结构理论研究钚材料性质以外，研究人员还采用分子动力学、介观蒙特卡罗、相场理论等多尺度方法开展钚材料复杂体系的计算和模拟研究，这些研究成果对于钚材料的使用和贮存安全性、性能评价具有重要的指导意义。国内锕系材料的理论研究起步较晚，20 世纪 90 年代中国工程物理研究院和四川大学等研究机构开展了锕系分子结构的量子化学计算，从原子分子水平初步理解了锕系元素及其化合物的电子结构。随后，中国工程物理研究院、四川大学、清华大学、北京大学、中国原子能研究院、中国科学院(物理研究所、高能物理研究所、近代物理研究所等)等研究机构开展了更大范围的锕系材料计算和模拟研究，从能带理论、晶格动力学以及量子化学等方面深入理解锕系材料的电子关联效应，从原子尺度水平描述锕系材料自辐照效应等一系列复杂的科学问题。为了更深入理解锕系材料的电子结构、物理、晶格、化学、力学和热力学等性质，首先从电子结构、晶体结构和磁性等方面论述锕系材料 $5f$ 电子特性，随后介绍锕系材料电子结构计算研究进展。

目前已经很好地理解了元素周期表中大多数元素金属的电子结构和磁性结构。一些例外情况是Mn(其具有复杂的磁性结构，目前仍然正在研究)，Ce存在明显的同构fcc→fcc相变过程(体积变化大约为17%)，这是由 $4f$ 状态行为的根本变化所致，Pu由于 $5f$ 状态的复杂特性，该元素不仅表现出大量的奇异行为，而且位于锕系序列中大约40%的异常体积变化的边界上。

对于锕系元素，实验研究包括相变、电子结构、电荷密度波、声子色散曲线、自辐射效应和压强所致相变等物理性质，虽然进行了相当数量的研究工作，但是仍然存在许多尚未解决的问题，争论的焦点包括价状态中电子数、磁性、角动量耦合和成键特征。同时，由于锕系元素普遍具有极强的放射性、化学反应性和毒性，所以很难进行实验操作，而且实验成本非常昂贵，因为理论研究能够在一定程度上弥补实验研究的不足，因此，物理学家和材料科学家对锕系材料进行了大量的理论研究工作。第一性原理研究方法包括基于广义梯度近似(GGA)或局域密度近似(LDA)的密度泛函理论(DFT)、杂化泛函方法和多体物理方法，比如动力学平均场理论(DMFT)。

5.2 研究概述

在电子结构计算所采用的Hamiltonian量中，存在两种多电子体系角动量耦合的标准方法：Russel - Saunders(LS)和 jj 耦合。在自旋-轨道耦合比Coulomb和交换相互作用弱的原子中，各个电子的轨道角动量 l 耦合为总轨道角动量 L。相似地，自旋角动量 s 耦合为总自旋角动量 S，然后 L 和 S 耦合为总角动量 J，这个方法简化了Coulomb和交换相互作用的计算过程，同时 L，S 和 J 可以进行交换，因此在这些量子数中是对角的。对于具有较大核电荷的较重元素，相对论效应引起明显的自旋-轨道相互作用，在 j 和 J 中是对角的，而在 L 和 S 中是非对角的。因此，在 jj 耦合机制下，每一个电子的自旋角动量 s 和轨道角动量 l 耦合形成各个电子的角动量 j，然后不同的 j 耦合获得总角动量 J。研究结果表明，在不存在晶体场的条件下，LS耦合非常适用于过渡金属和稀土金属，其原子表现出最大 S 和 L 的Hund定则基态。对于小于(高于)半填充状态的壳层，通过相互之间反平行(平行)的自旋-轨道相互

作用耦合获得基态，因此 $J=|L-S|$ $(J=L+S)$。

然而，对于锕系元素的 $5f$ 状态，自旋-轨道相互作用更强，具有相同 J 值的其他 LS 状态对 Hund 定则基态产生明显的混合行为。因此，LS 状态的“纯度”较低，趋向于 jj 耦合极限。耦合极限的选择对于自旋-轨道相互作用的期望值以及任何其他轨道相关相互作用（比如轨道磁矩）具有显著的影响。从理论上讲，$5f$ 状态的最合理处理方式是采用中间耦合（Intermediate Coupling，IC）机制，其中考虑自旋-轨道和静电相互作用的相对强度。

为了理解锕系序列中 $5f$ 金属的成键行为，$4f$ 和 $5d$ 序列的研究结果具有一定的指导意义。锕系金属成键行为可以分为两个不同趋势，其中一个趋势是 $5f$ 电子强烈地参与成键行为，而另一个具有很少或者不存在内聚性。如图 5.1 所示，图中显示了 $5d$、$4f$ 和 $5f$ 金属序列中每一个元素的 Wigner - Seitz 原子半径。由于 d 电子数的增加，所以 $5d$ 过渡金属的体积表现出类抛物线变化趋势。在整个序列中，原子大小首先随着 $5d$ 成键状态的增加而减少，然后随着反键状态的增加而开始增加。这种类抛物线行为表明体系中包含参与成键的离域电子。在 $4f$ 稀土序列中，观察到相反的情况，即 $4f$ 电子处于局域状态，不会强烈地参与成键过程，所以体积几乎没有变化。对于 $(spd)^3$ 电子构成的稀土金属，spd 电子数不会从三价发生变化，壳层的填充密度几乎没有变化。稀土序列的例外情况是 Eu 和 Yb，这两种金属具有 $(spd)^2$ 电子构型的二价金属，所以比其他三价稀土金属体积更大。最后，$5f$ 序列同时包含了这两种趋势：首先，随着 $5f$ 电子数的增加，体积表现出类抛物线的减少趋势，这与 $5d$ 序列相同。然后，在 Pu 附近体积发生明显的跳跃，Am 及其以上元素的体积变化很小，这又与稀土序列相似。

在 $5f$ 状态中，由于相对论效应，所以 $j=5/2$ 和 $j=7/2$ 能级之间存在 1～2eV 的自旋-轨道劈裂行为，这将导致 $5f$ 电子趋向于 jj 耦合机制，其中轻锕系金属优先地填充 $j=5/2$ 能级。因此，由于成键行为的填充，所以锕系序列的第一部分表现出抛物线形状，然后在 $j=5/2$ 能级出现反键状态，如图 5.1 所示。其中 $5f$ 状态处于离域，形成能带，所以是金属。然而，当接近于 6 个电子填充 $j=5/2$ 能级时，$5f$ 电子收缩，处于局域状态，从而 $(spd)^3$ 电子表现出金属成键行为。$5f$ 成键行为的损耗导致锕系序列产生巨大的体积增加，如图 5.1 所示。有趣的是，在六个固体同素异形体 Pu 相（如图 5.2 中 α，β，γ，δ，δ'，ε 所示）中存在结晶体积的变化，其中 α 相具有最高的密度，而 δ 相密度最低。在 Pu 以后的元素，由于大量 f 电子成键行为的消失，锕系序列行为与稀土序列相似，相应地 $5f$ 状态行为更像原子的方式。

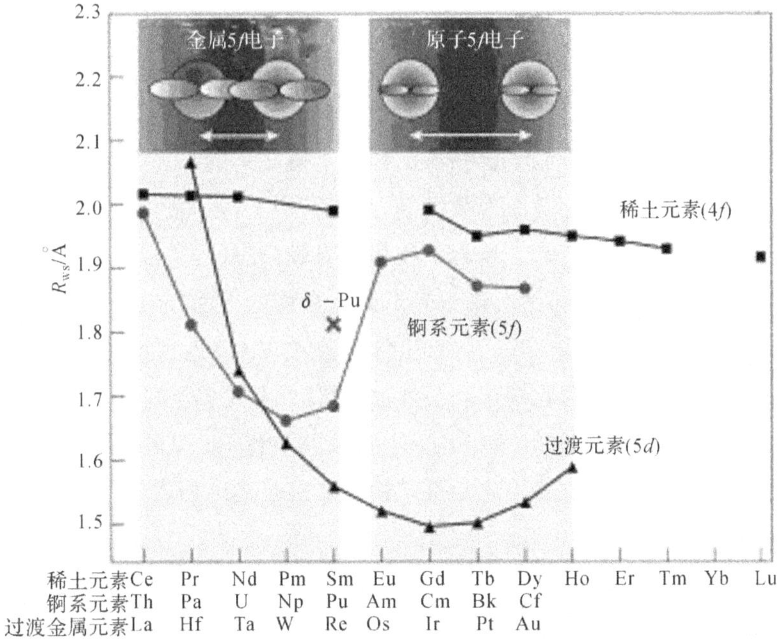

图 5.1　对于 5*d*、4*f* 和 5*f* 金属序列，每一种金属的 Wigner - Seitz 半径与原子序数 *Z* 之间的函数关系

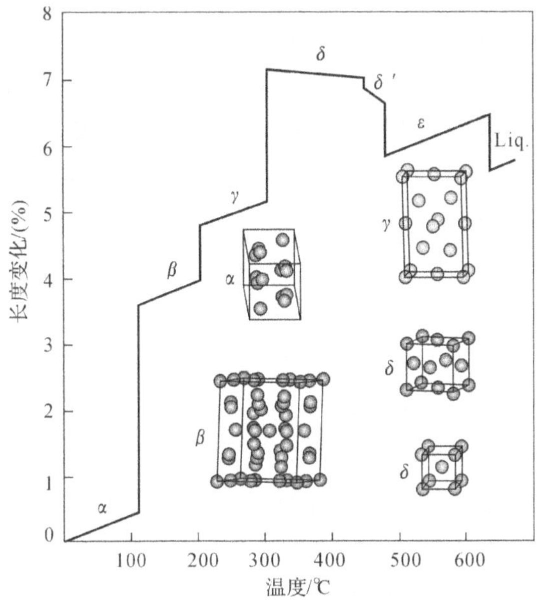

图 5.2　Pu 原子体积与温度之间的函数关系

锕系序列的变化可以通过图 5.3 中“赝二元”相图以不同方式进行观察。在这个相图中，每一个相邻元素金属的二元相图相互连接，相图之间没有精确匹配的相边界通过基于热力学原理的预测值进行外推。因此，虽然赝二元相图不是严格正确的，但是能够定性显示锕系金属序列的总体行为。Pu 附近熔点达到最小值，相的数量增加为最大值，晶体结构变得异常复杂，表现出四方、正交，甚至是单斜几何结构。因为一些相边界是假想的，所以这不是完全的有效热力学相图，然而，该相图有助于理解锕系金属的行为和电子结构。

图 5.3 表明：对于从 Ac－Pu 的轻锕系金属，Pu 附近发生明显的变化：熔点温度达到最小值，相的数量达到最大值，晶体结构变得异常复杂。虽然大多数金属是立方体或六角密堆积结构，但是 U、Np 和 Pu 却表现出四方、正交，甚至是单斜结构，而单斜结构通常是矿物存在的晶体结构。

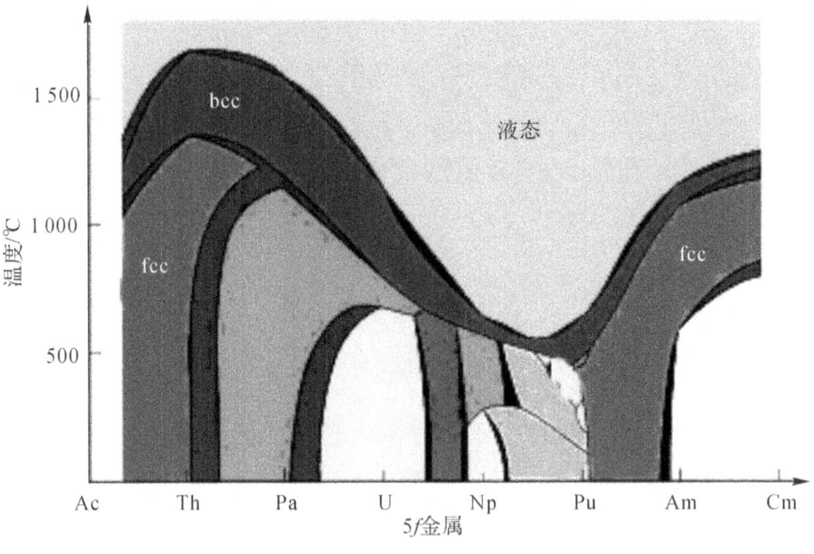

图 5.3　轻 5*f* 锕系金属到中间 5*f* 锕系金属的“赝二元”相图与温度之间函数关系

压强同样会导致锕系金属出现快速而明显的变化，尤其是 Pu 以后的元素。如图 5.4 所示，与轻锕系元素相比，Am、Cm、Bk 和 Cf 存在大量和复杂的相域。这是由于这些材料在压强的作用下，5*f* 状态开始参与成键过程，产生低对称性晶体结构。因此，Am、Cm、Bk 和 Cf 的高压研究是令人感兴趣的。

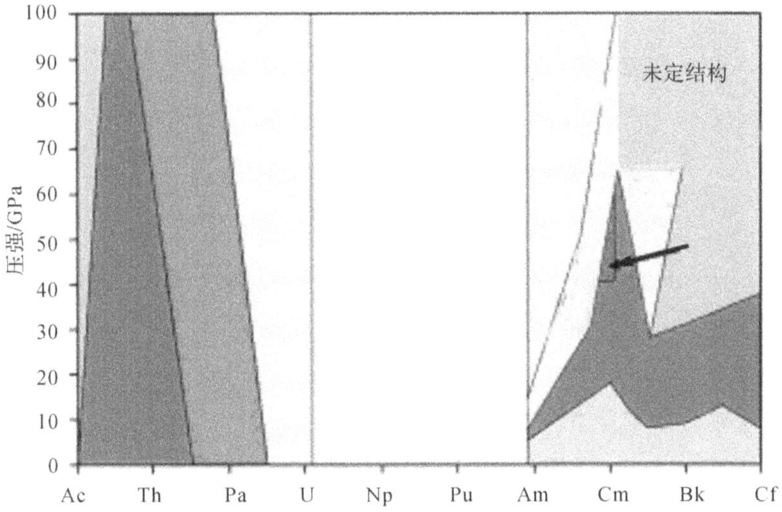

图 5.4　轻 $5f$ 锕系金属到中间 $5f$ 锕系金属"赝二元"相图与压强之间的函数关系

在锕系研究的早期阶段，轻锕系金属的低对称性晶体结构归咎于方向性价成键。然而，随着研究工作的不断发展，研究发现 Th－Pu 中 $5f$ 状态同时具有局域行为和类能带行为，一个明显的特征是 2.0eV 附近窄 $5f$ 能带。密度泛函理论(DFT)研究结果认为窄能带有利于低对称性晶体结构的形成，不同晶体结构总能与带宽之间的函数关系如图 5.5 所示。图中显示了四个不同的金属，每一个具有不同的电子成键状态：Al－$2p$ 成键行为，Fe－$3d$ 成键行为，Nb－$4d$ 成键行为和 U－$5f$ 成键行为。对于这四种金属，当能带宽度很窄时，比如环境压强下锕系元素的 $5f$ 状态，可以观察到低对称性晶体结构。另一方面，宽能带意味着高对称性结构，这与 $4d$ 和 $5d$ 金属相似。这个结论甚至对于 $4f$ 和 $5f$ 金属都是成立的：当这些金属压缩至 f 状态足够宽时，有利于形成高对称性立方体或六角密堆积结构。s、d 和 f 状态能带宽度之间的差别如图 5.5(b)所示。在不考虑成键状态的情况下，当带宽变窄时，金属晶体结构具有低对称性几何结构，这表明晶体结构的对称性依赖于成键电子状态的带宽。因此，轻锕系元素中参与成键的窄 $5f$ 能带直接导致低对称性晶体结构。

s 能带宽度为 10eV 量级，d 能带宽度为 6eV 量级，而 f 能带宽度只有 2eV 量级。压强将使能带宽度发生变化，正的压强导致能带变宽，而负的压强使能带变窄，降低晶体结构的对称性。

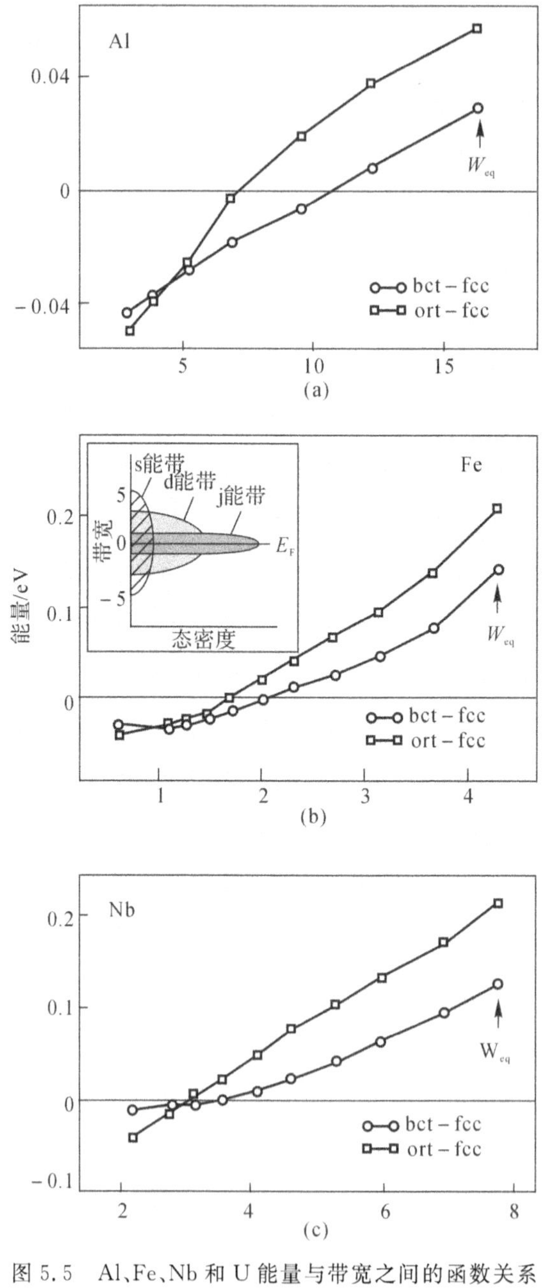

图 5.5 Al、Fe、Nb 和 U 能量与带宽之间的函数关系

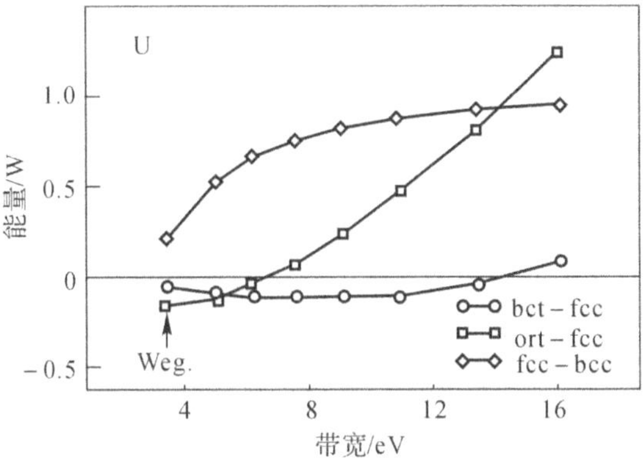

(d)

续图 5.5　Al、Fe、Nb 和 U 能量与带宽之间的函数关系

Söderlind 等研究了窄带所致对称性降低，阐明了类 Peierls 机制使金属晶体结构发生变形。初始的 Peierls 变形模型是在一维晶格中构建的，等间距原子通过配对过程而降低总能。较低的周期性导致简并能级劈裂为具有较低和较高能量的两个能带。电子占据较低能级，所以变形增加了成键行为，降低了体系的总能。在一维体系中，变形在 Fermi 能级上打开能量带隙，使得体系变成绝缘体。然而，在较高维体系中，在变形后，由于其他 Bloch 状态将会填充带隙，所以材料仍然呈金属状态。如果在 Fermi 能级附近存在多个简并能级（即窄能带具有很高的态密度），这个机制是有效的。当然，轻锕系金属就属于这种情况。

在环境压强下，随着温度增加至熔点，由于同素异形体相之间的能量差别很小，所以 U、Np 和 Pu 表现出大量的晶体结构。各个相之间很小的能量差别是由于窄 $5f$ 能带在 Fermi 能级上存在高态密度，以及稍微较宽的 d 能带所致，同时每一个 d 能带不是完全填充的，并且能量接近。锕系元素的效应如图 5.6(a)所示：(a)重新排列的元素周期表显示了五个过渡金属序列，包括 $4f$、$5f$、$3d$、$4d$ 和 $5d$ 金属。当冷却至基态时，左下方的金属表现出超导性，而右上方的金属表现出磁矩。穿过左上角和右下角对角线的白色区域表示载流电子从离域和配对状态转变为局域和磁性状态。温度、压强或化学组成的稍微变化将使白色区域金属移向更具有传导性或更具有磁性的行为；重新排列的元素周期表包含了 $4f$、$5f$、$3d$、$4d$ 和 $5d$ 金属，在基态时，左下方的金属表现出超导性，右上方的金属具有磁矩。白色的区域是过渡区域，金属位于局域（磁性）向离域（导电性）价电子行为转变的边界。处于磁性和超导性之间过渡状态的金属表现出大量的结晶相，晶体结构之间存在很小的能量差别。(b)采用灰色标尺对每一个金属的固体同素异形体晶体结构的数量进行了标识。较浅的阴影表示更多的相。较浅阴影区域反映了(a)中白色区域，显示了磁性和超导性行为之间转变附近表现出大量的晶体相

如图 5.6(b)所示，靠近转变区域的相数量明显增加，灰色标尺显示了所观察到的固体同素异形体相的数量。图 5.6(b)中浅色阴影对角线与图 5.6(a)中白色区域是对应的。因此，位于局域-离域能带上的金属价电子是减少的，同时表现出大量的固体同素异形体晶体结构。U、Np、Pu 和 Am 都存在大量的相，Pu 具有 6 个不同晶体结构，同时能量几乎是简并的。

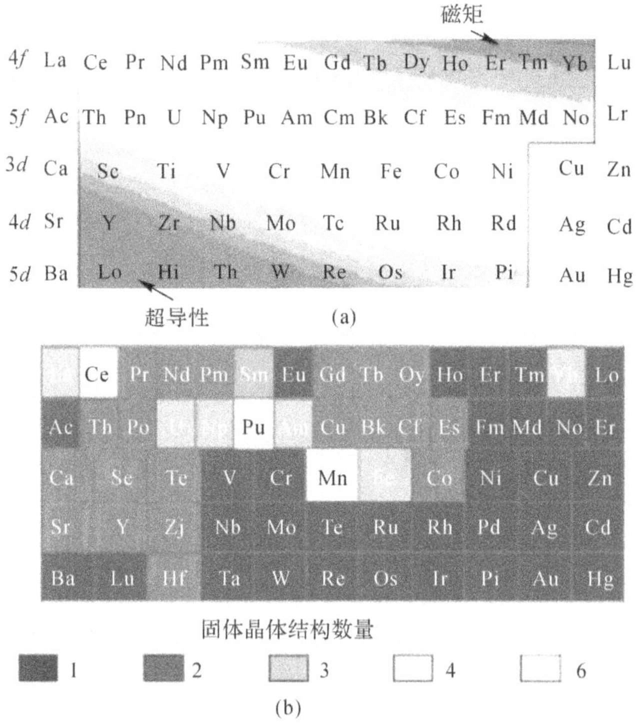

图 5.6　所有五个金属序列的基态行为和固体同素异形体相的数量

从图 5.3 和图 5.4 可以看出，靠近 Pu 的锕系金属晶体结构对温度和压强是极其敏感的。成键状态相互接近的能级，以及靠近离域-局域转变的锕系元素中很高的杂化水平所致金属行为很容易通过压强、温度和化学掺杂方法而改变或"调整"，这同样是由于接近过渡区域的金属晶体结构之间很小的能量

差别所致。采用压强和金刚石砧晶胞方法可使锕系元素 5f 状态从局域状态转变为离域状态，比如 Am、Bk 和 Bk－Cf 合金。随着压强的增加，结构由高对称性高体积的立方体或六角密堆积结构变为低对称性低体积的正交或单斜结构，同时产生 5f 成键行为。如图 5.4 所示，随着压强的增加，Am、Cm 和 Bk 的对称性将会降低。在相反但是相似的方式下，通过将温度从环境条件增加至大约 600K 时，Pu 金属将从低对称性单斜 α 相转变为高对称 fcc δ 相，如图 5.2 所示。通过添加少量原子含量的 Al，Ce，Ga 或 Am 同样可以在室温下获得高温 δ 相 Pu。实际上，由于对 5f 状态的敏感性，所以通过添加少量的掺杂物，可使 U、Np、Pu 和 Am 晶体结构发生明显的变化。

考虑到图 5.6(a)中靠近离域-局域转变的锕系金属中多个晶体结构之间存在很小的能量差别，所以很小的变化都可以对 U、Np、Pu 和 Am 磁性行为产生明显的效应。如图 5.7 所示，图中显示了 U 金属、合金和化合物超导和磁性转变温度与 U－U 原子间距之间的关系。Hill 等认为相邻锕系原子之间的 f 电子波函数重叠水平能够判断化合物具有磁性还是超导性，而与晶体结构、化合物或合金中存在的其他原子类型无关。超导化合物中锕系原子之间距离较短，而磁性化合物中锕系原子之间具有很大的距离。对于 U，在接近 3.5Å 时发现超导性-磁性转变行为，例外情况是 U_2PtC_2、UGe_3、UPt_3、UB_{13} 和 UN。UGe_3 中 U－U 距离为 0.42nm，但是处于非磁状态。根据 Hill 定则，UGe_3 中 f 状态应该处于具有原子磁矩的状态。磁性的缺失是由于 5f 电子与 Ge p 状态的能带发生杂化，破坏了 Hill 定则。因此，虽然 Hill 定则能够成功地预测 Ce、Np 和 Pu 中磁性和超导性之间的转变行为，但是在一些情况下是失败的。

虽然对锕系化合物中磁性进行了广泛的研究，但是目前仍然对纯 Pu 金属的磁性存在争论，而实验研究没有观察到 Pu 的六个同素异形体中存在磁矩。电子能量损失谱(EELS)和 X 射线吸收谱(XAS)表明 Pu 具有或接近于 $5f^5$ 构型，其中 $j=5/2$ 能级至少存在一个缺口。由于 $j=5/2$ 能级存在缺口，所以电子自旋不会完全消失，相应地应该有可测量的磁矩。那么为何 Pu 金属中不存在磁矩呢？目前提出了多种解释，包括 Kondo 屏蔽和电子成对相关性效应。Kondo 屏蔽示意图如图 5.8(a)所示：对于 $5f^5$ 构型，当 s，p 和 d 载流子对出现在 Pu 中时，局域磁矩产生屏蔽作用势，从而发生 Kondo 屏蔽。电子成对相关性对于 Pu 中不存在磁性的解释如图 5.8(b)所示：当存在的晶格变形产生内部电场时，自旋-轨道耦合效应导致自发自旋流，同时具有相反自旋的离域 f 电子产生成对行为。只有当自旋-轨道相互作用很重要时(这对于

Pu 是成立的)，简单的对称性意味着电场产生自旋成对行为。最近的磁化率测量结果表明自辐射损伤将在 Pu 中产生 $0.05\mu_B$/atom 量级的磁矩。这表明对 Pu 金属电子结构和磁性性质细致平衡的很小微扰可能会破坏或降低 Pu 中磁性缺失的机制。最后，自旋涨落行为可以解释没有表现出磁性的 Pu 具有异常低温电阻的原因。实际上，自旋涨落可以视为寿命小于大约 10^{-14} s 的自旋排列，很难通过比热、磁化率或核磁共振等技术手段进行实验测量。

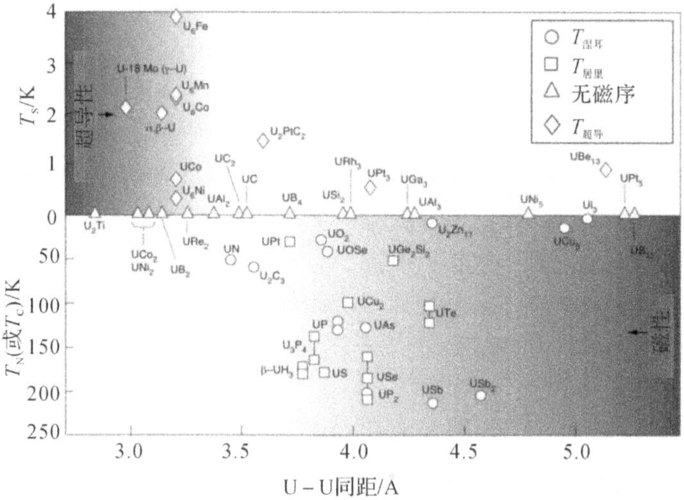

图 5.7　U 化合物超导温度 T_S或磁性有序温度(T_N或 T_C)与 U－U 原子间距之间的函数关系

下一个问题是锕系序列的局域-离域转变中产生明显体积变化的物理机制是什么呢？为了阐述这个问题，首先考虑具有相似行为的金属，如图 5.6 中局域-离域转变过渡区域的金属——$4f$ 金属 Ce。在环境压强下，Ce 金属在绝对零度和熔点 1 071K 之间存在 4 个同素异形体晶体结构：α,β,γ 和 δ 相。在 α,β 和 γ 转变之间存在明显的滞后现象，相边界是动态近似的，同时是热力学单相场中亚稳定存在的 2 个或 3 个相。在加热过程中，fcc γ－Ce 转变为 fcc α－Ce，存在 17％的同构体积收缩。目前体积收缩的解释有很多种，比如单个 $4f$ 电子从局域和非成键状态转变为离域和成键行为所致，金属到绝缘体的 Mott 转变和 Kondo 体积收缩等。通过正电子寿命和角度相关性测量研究表明：α 和 γ－Ce 之间的 f 电子数不存在明显的变化，Compton 散射数据和 L 边缘的 X 射线吸收测量结果进一步发现，在 α 和 γ－Ce 之间不存在明显的价变化。与金属-绝缘体 Mott 转变不一致的是，光电子发射实验测量发现，这两个相中 f 能级位于 Fermi 能量下方 2～3eV 之间，同时与 Fermi 能级不相交。磁性形成因子和声子态密度表明，磁矩仍然局域在这两个相中，因此同样与金属-绝缘体 Mott 转变不一致。到目前为止，Kondo 体积收缩似乎是最可能的物理情景，其中 $4f$ 能级位于 Fermi 能量下方，导致局域的 $4f$ 磁矩。实际上，DMFT 获得的 α 和 γ - Ce 光学性质与光学实验数据相当一致，从而验证了 Kondo 屏蔽。然而，目前仍然没有解决 Ce 问题，还需要进一步开展相关的第一性原理研究工作。

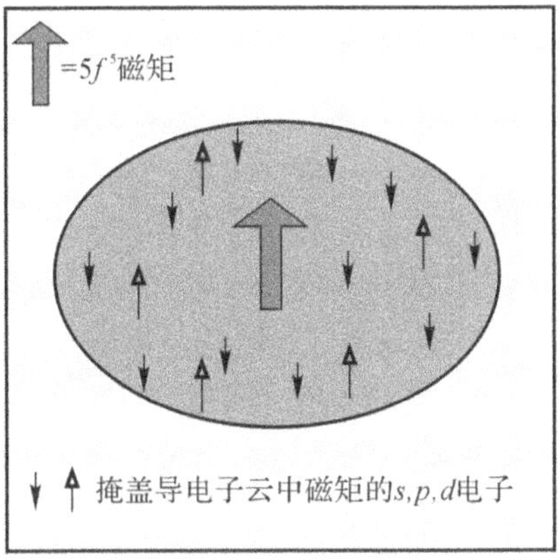

(a)

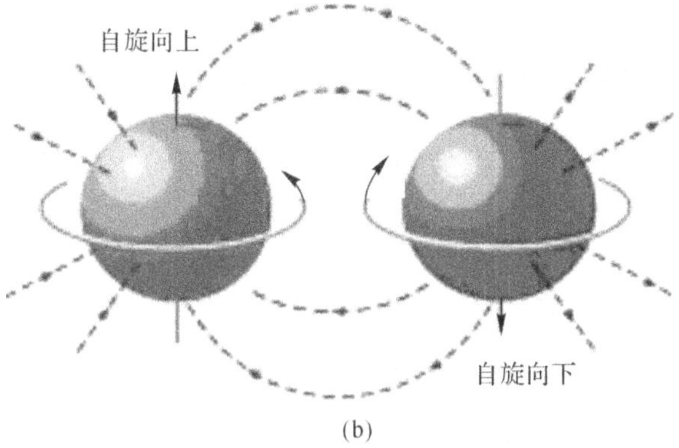

(b)

图 5.8

(a)s、p 和 d 载流子对 $5f$ 磁矩的 Kondo 屏蔽；（b)电子配对相关性

Pu 存在相似的问题，该元素同样位于局域-离域转变边界上，同时具有 5 个 $5f$ 电子，而不是像 Ce 一样存在一个 $4f$ 电子。混合水平模型(MLM)假设

α-Pu 中所有 5 个 $5f$ 电子处于活性成键状态，而 δ-Pu 中只有 1 个 $5f$ 电子处于活性成键状态，其他 4 个电子处于有效的局域状态，这个假设与 Ce 存在一些相似性。在强关联材料中，导致能带形成的离域成键状态趋势与导致类原子行为的局域趋势之间存在竞争，DMFT 方法能够同等地处理 Hubbard 能带和准粒子能带，从而有效地描述了强关联材料的电子结构，如图 5.6 中 Ce 和 Pu 所示。DMFT 方法能够分辨金属-绝缘体 Mott 转变和 Kondo 坍塌情景之间的区别。与 Ce 相似的是，目前仍然没有解释 Pu 附近具有异常体积行为的准确物理过程。

锕系材料除了具有复杂的 $5f$ 状态和毒性以外，自辐射效应将会在大多数锕系金属中产生损伤累积。根据元素和同位素的不同，这些锕系金属将会产生不同数量的 α、β 和 γ 衰变，比如图 5.9 中 Pu 的 α 衰变。在这个过程中，出射的 He 原子能量大约为 5MeV，反冲 U 原子能量大约为 86keV。He 原子在晶格中几乎不产生损伤，然而，U 原子使晶体晶格中数以千计的 Pu 原子从其正常位置发生离位，产生空位和间隙原子(称为 Frenkel 对)。在大约 200ns 以内，大多数 Frenkel 对发生湮灭行为，但是仍然在晶格中残留少量的辐射损伤。随着时间的演化，这种损伤以缺陷的形式累积，产生空位、间隙原子、位错和 He 泡。这意味着锕系金属不仅具有固有复杂性，而且自辐射效应导致晶格损伤随着时间而累积，进一步增加了材料物理过程的复杂性。

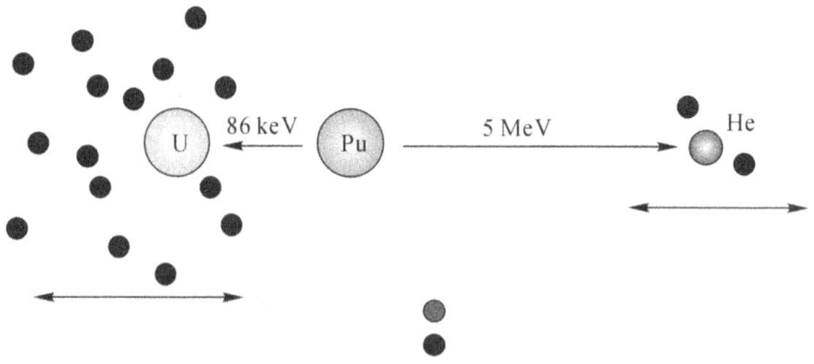

图 5.9　Pu α 衰变产生 U 和 He 原子的示意图

5.3　多电子原子谱计算

在 jj、LS 和 IC 耦合机制下，需要考虑自旋-轨道和静电相互作用对电子构型的影响问题，尤其是“耦合本征态”和“耦合基状态”之间的差别，比如，LS

耦合的 Hund 基态可以通过 jj 耦合的基状态表示，在这种情况下将会出现非对角的矩阵元。自旋-轨道和静电相互作用在 $5f$ 电子中都非常重要，在这种情况下，IC 耦合的本征态可以通过 LS 或 jj 耦合的基状态表示。在前一种情况下，静电相互作用是对角的，在后一种情况下，自旋-轨道相互作用是对角的，通过解耦系数可以在 LS 或 jj 耦合基状态之间变化。以两种粒子状态为例：f^2 和 f^{12}，同时给出自旋-轨道算符的期望值和 j 能级占据数之间的关系。

下面对自旋-轨道求和定则进行推广，这个关系将自旋-轨道相互作用中与角度相关的部分与 EELS 或 XAS 分支比联系起来，即 $f^n \rightarrow d^9 f^{n+1}$ 跃迁中芯 d 自旋-轨道劈裂 j 多重态的强度比值，重点讨论求和定则在锕系元素中的应用，然后论述多重态计算的过程。比如，对应于 $5d$、$4d$ 和 $3d$ 芯能级的 $O_{4,5}$，$N_{4,5}$，$M_{4,5}$ 边缘 $5f^0 \rightarrow d^9 5f^1$ 跃迁，采用图表的形式给出其他 f^n 构型的数值结果。

5.3.1　基态 Hamiltonian 量

对于围绕点电荷运动的 n 个电子，Hamiltonian 量可以通过中心场近似表示：

$$H = H_{\mathrm{el}} + H_{\mathrm{so}} \tag{5.1}$$

其中 H_{el} 和 H_{so} 分别是静电和自旋-轨道相互作用，其他相互作用（比如晶体场）常常非常小，可以视为很小的微扰。相互作用可以分解为角向和径向部分，角向部分依赖于构型基状态的角量子数，同时与径向波函数无关。Racah 提出了计算这些系数的通用解析方法，Cowan 进行了数值计算。假设基波函数是单电子函数的反对称乘积，这些波函数是总角动量 J 及其分量 M_J 的本征函数，这些状态可以通过量子数 αLS 进行表征，其中 α 用于区别具有相同轨道角动量 L 和自旋角动量 S 项。

如上所述，Racah 代数学为分析角向部分提供了强大的技术手段，从这个角度考虑，耦合张量相关性对于自旋-轨道相互作用和静电相互作用尤其有用。在 Hamiltonian 量处理中，多极张量算符 $\boldsymbol{T}^{(k)}$ 和 $\boldsymbol{U}^{(k)}$ 之间的标量积 $[\boldsymbol{T}^{(k)} \cdot \boldsymbol{U}^{(k)}]$ 可以表示为式(5.2)，其中秩 k 分别作用于体系的 a 和 b 部分（比如自旋和轨道空间），或者与 Coulomb 相互作用情况相似而作用于不同的粒子：

$$\langle \alpha j_a j_b JM | T^{(k)} \cdot U^{(k)} | \alpha' j'_a j'_b J' M' \rangle = \delta_{J,J'} \delta_{M,M'} (-1)\, j'_a + j_b + J \begin{bmatrix} j'_a & j'_b & J \\ j_b & j_a & k \end{bmatrix} \times \langle \alpha j_a \| T^{(k)} \| \alpha'' j'_a \rangle \langle \alpha'' j_b \| U^{(k)} \| \alpha' j'_b \rangle \tag{5.2}$$

从式(5.1)中Hamiltonian量可知，需要考虑两个不同基组——LS和jj耦合的波函数。静电相互作用在LS耦合下是对角的，而自旋-轨道相互作用在jj耦合下是对角的。在LS耦合机制下，各种单电子轨道磁矩l连续耦合获得总轨道磁矩，各种单电子自旋磁矩s耦合获得总自旋磁矩：

$$\{[((l_a s_a)L_a S_a, l_b s_b)L_b S_b, \cdots, l_n s_n]L_n S_n\}J_n \tag{5.3}$$

其中采用了三角定则，比如$L_b = |L_a - l_b|, \cdots, L_a + l_b$。在$jj$耦合机制下，每一个$l$和$s$耦合获得总角动量$j$，各种$j$耦合获得连续值$J$

$$J = \{[(l_a s_a j_a)J_a, (l_b s_b j_b)]J_b, \cdots (l_n s_n j_n)\}J_n \tag{5.4}$$

对于给定的电子构型，在两种耦合机制下获得了相同的总角动量数组$J_n = |L_n - S_n|, \cdots L_n + S_n$。这意味着式(5.1)中Hamiltonian量在J下是分块对角的。对于每一个J块，状态可以通过9j符号表示为

$$\langle [(l_a l_b)L, (s_a s_b)S]J \,|\, [(l_a s_a)j_a, (l_b s_b)j_b]J\rangle = [L, S, j_a, j_b]^{1/2} \begin{bmatrix} l_a & l_b & L \\ s_a & s_b & S \\ j_a & j_b & J \end{bmatrix} \tag{5.5}$$

(1) 自旋-轨道相互作用。

l壳层的自旋-轨道相互作用由单电子算符给出：

$$H_{so} = \zeta_l(r)\sum_{i=1}^{n} \boldsymbol{l}_i \cdot \boldsymbol{s}_i \tag{5.6}$$

其中$\boldsymbol{l}^i$和$\boldsymbol{s}^i$是l^n构型的第i个电子轨道和自旋角动量算符。将角向部分简写为

$$\boldsymbol{l} \cdot \boldsymbol{s} = \sum_{i=1}^{n} \boldsymbol{l}_i \cdot \boldsymbol{s}_i \tag{5.7}$$

Hamiltonian量H_{so}相对于$\boldsymbol{J}^2$和$\boldsymbol{J}_z$是对易的，因此在$\boldsymbol{J}$中是对角的，同时与磁量子数M_J无关。它相对于$\boldsymbol{L}^2$或$\boldsymbol{S}^2$不是对易的，因此可以与不同LS量子数的状态进行耦合。自旋-轨道耦合常数ζ_l定义为径向积分：

$$\zeta_l = \frac{1}{2}\alpha^2 \int_0^{\infty} R^2(r)\, \frac{\mathrm{d}V}{\mathrm{d}r} r\,\mathrm{d}r \tag{5.8}$$

其中$\alpha \approx 1/137$是精细结构常数。各种有代表性的过渡金属，比如Cm $5f^7$、Gd $4f^7$和Mn $3d^5$的Hartree-Fock值ζ_l见表5.1。从表中可以看出稀土金属的自旋-轨道耦合参数大约比$3d$金属高5倍，而锕系金属的自旋-轨道耦合参数大约是稀土金属的2倍。与实验结果相比，采用Watson和Blume方法计算获得的芯电子和价电子相当准确，自旋-轨道耦合常数ζ_l常常不需要任何的标定。

表 5.1　对于稀土和 3d 过渡元素，库仑相互作用 $F^k(l, l)$ 和自旋-轨道相互作用 ζ_l 径向参数之间的比较

元素	F^2	F^4	F^6	ζ_l
$^{25}Mn^{2+}$　$3d^5$	8.25	5.13		0.040
$^{64}Gd^{3+}$　$4f^7$	11.60	7.28	5.24	0.197
$^{96}Cm^{3+}$　$5f^7$	8.37	5.46	4.01	0.386

对于单电子的自旋-轨道相互作用，由式(5.2)可以获得：

$$\langle lsj|\boldsymbol{l}\cdot\boldsymbol{s}|lsj\rangle=(-1)^{j+l+s}\begin{bmatrix} l & l & 1 \\ s & s & j \end{bmatrix}\langle s\|s^{(1)}\|s\rangle\langle l\|l^{(1)}\|l\rangle \tag{5.9}$$

其中约化的矩阵元分别为

$$\begin{aligned}\langle s\|s^{(1)}\|s\rangle&=[s(s+1)(2s+1)]^{1/2}\\ \langle l\|l^{(1)}\|l\rangle&=[l(l+1)(2l+1)]^{1/2}\end{aligned} \tag{5.10}$$

通过式(5.9)、式(5.10)对 $6j$ 符号进行显式计算获得

$$\langle lsj|\boldsymbol{l}\cdot\boldsymbol{s}|lsj\rangle=\frac{1}{2}[j(j+1)-l(l+1)-s(s+1)] \tag{5.11}$$

因此，自旋-轨道相互作用将 l 状态劈裂为期望值

$$\langle lsj|\boldsymbol{l}\cdot\boldsymbol{s}|lsj\rangle=\begin{cases}-\frac{1}{2}(l+1), & j_1=l-s\\ \frac{1}{2}l, & j_2=l+s\end{cases} \tag{5.12}$$

的 $l\pm s$ 二重态，其能量为

$$E_j=\langle lsj|\boldsymbol{l}\cdot\boldsymbol{s}|lsj\rangle\zeta_l \tag{5.13}$$

这两个 j 能级之间的能量间距是($l\neq 0$)

$$E_{j2}-E_{j1}=\frac{1}{2}(2l+1)\zeta_l \tag{5.14}$$

加权平均能量为

$$\sum_{i=1,2}(2j_i+1)E_{j_i}=0 \tag{5.15}$$

其中 $2j_i+1$ 是 j_i 能级的简并度，等于分量 $m_j=-j,\cdots,j$ 的数量，因此 $2j_1+1=2l,2j_2+1=2l+2$。

式(5.12)是 $|\boldsymbol{l}\cdot\boldsymbol{s}|$ 的推广表达式，该表达式在 IC 耦合机制下是成立的，同时包含了 LS 和 jj 耦合极限。因为自旋-轨道算符在 J 中常常是分块对角

阵，在不同 J 值或不同 j 值之间不存在交叉项。对于 $n=n_{j_1}+n_{j_2}$ 的构型 l^n，n_{j_1} 和 n_{j_2} 分别是 j_1 和 j_2 能级中电子数，采用式(5.12)可以获得：

$$\langle l^n J|\boldsymbol{l}\cdot\boldsymbol{s}|l^n J\rangle=\sum_{j=j_1,j_2}\langle j|\boldsymbol{l}\cdot\boldsymbol{s}|j\rangle n_j=-\frac{1}{2}(l+1)n_{j_1}+\frac{1}{2}ln_{j_2} \tag{5.16}$$

这个结果与 L，S 和 J 的特定值无关。

为了给出 f 壳层的式(5.16)情况，考虑 $|\boldsymbol{l}\cdot\boldsymbol{s}|$ 分别为 -2 和 $3/2$ 的 $f_{5/2}$ 和 $f_{7/2}$ 能级。对于 f^2 构型，jj 耦合基函数(5/2，5/2)、(5/2，7/2)和(7/2,7/2)的 $|\boldsymbol{l}\cdot\boldsymbol{s}|$ 分别为 -4、$-1/2$ 和 3，这与从 j_2-j_1 到 j_2+j_1 的 J 值无关。对于 LS 和 IC 耦合，n_{j_1} 和 n_{j_2} 不再为半整数值。构型 l^2 的任意状态为

$$\psi(l^2)=c_{11}\psi(j_1,j_1)+c_{12}\psi(j_1,j_2)+c_{22}\psi(j_2,j_2) \tag{5.17}$$

其中，c 是波函数系数，$n_{j_1}=2c_{11}^2+c_{12}^2$，$n_{j_2}=c_{12}^2+2c_{22}^2$，因此

$$\langle\psi|\boldsymbol{l}\cdot\boldsymbol{s}|\psi\rangle=\frac{1}{2}(l+1)n_{j_1}+\frac{1}{2}ln_{j_2}=-(l+1)c_{11}^2-\frac{1}{2}c_{12}^2+lc_{22}^2 \tag{5.18}$$

因为相互作用以反平行方式耦合 l 和 s，所以 l^n 基态的 $|\boldsymbol{l}\cdot\boldsymbol{s}|$ 期望值常常为负值。总体而言，如果 $n_{j_1}>2j_1+1$，即 $j_1=l-s$ 的电子数超过统计值，那么 $|\boldsymbol{l}\cdot\boldsymbol{s}|<0$。

(2) 静电相互作用。

对于式(5.1)中第二项，对于核电荷为 Ze 的原子中 n 个电子的静电相互作用，非相对论 Hamiltonian 量为

$$H_{\mathrm{el}}=-\frac{\hbar^2}{2m}\sum_{i=1}^{n}\nabla_i^2-\sum_{i=1}^{n}\frac{Ze^2}{r_i}+\sum_{i<j}^{n}\frac{e^2}{r_{ij}} \tag{5.19}$$

第一项描述了所有电子的动能，第二项描述了所有电子在原子核势场中势能，第三项描述了电子-电子相互作用的排斥库仑作用势。

因为薛定谔方程中 $n>1$ 的哈密顿量无法精确求解，所以作如下的近似：每一个电子在由原子核作用势和所有其他电子平均作用势形成的中心场中独立地运动。电子-电子相互作用视为微扰作用势，这个作用势的矩阵元：

$$\left\langle\alpha SLJM_J\left|\sum_{i<j}^{n}\frac{e^2}{r_{ij}}\right|\alpha'S'L'J'M'_J\right\rangle=E_C+E_X \tag{5.20}$$

与量子数 J 和 M_J 无关，同时在 J 和 S 中是对角阵，但是在 α 中不是对角阵，α 表示完全定义状态所需要的其他量子数。这表明具有相同 L 和 S 量子数的不同状态之间存在非零矩阵元。符号 r_{ij} 表示 i 和 j 电子之间的距离 $|r_i-r_j|$。

在式(5.20)中,E_C 和 E_X 分别表示 Coulomb 和交换能。Coulomb 作用势可以通过 Legendre 多项式 P_k 展开为

$$\frac{1}{r_{ij}}=\sum_{k=0}^{\infty}\frac{r_<^k}{r_>^{k+1}}P_k(\cos\omega_{ij})=\sum_{k=0}^{\infty}\frac{r_<^k}{r_>^{k+1}}\left[C_i^{(k)*}(\theta_1,\phi_1)\cdot C_j^{(k)}(\theta_2,\phi_2)\right] \tag{5.21}$$

其中

$$C_q^{(k)}(\theta,\phi)\equiv\sqrt{\frac{4\pi}{2k+1}}Y_{kq}(\theta,\phi) \tag{5.22}$$

是约化的球谐函数,$r_<$ 和 $r_>$ 表示小于和大于 i 和 j 电子与原子核之间的距离,ω 表示这些向量之间的角度。两电子积分可以表示为

$$\left\langle n_a l_a, n_b l_b; SL\left|\frac{e^2}{r_{12}}\right|n_a l_a, n_b l_b; SL\right\rangle=\sum_k\left[f_k(l_a,l_b)F^k(n_a l_a,n_b l_b)+\right.$$
$$\left.g_k(l_a,l_b)G^k(n_a l_a,n_b l_b)\right] \tag{5.23}$$

其中 f_k 和 g_k 是角向系数,F^k 和 G^k 是矩阵元的径向积分。因为算符 $C_1^{(k)}$ 和 $C_2^{(k)}$ 作用于不同的粒子,采用式(5.2)中耦合张量相关性可以获得

$$f_k(l_a,l_b)=(-1)^{l_a+l_b+1}\langle l_a\|C_1^{(k)}\|l_a\rangle\langle l_b\|C_2^{(k)}\|l_b\rangle\times\begin{bmatrix}l_a & l_a & k\\ l_b & l_b & L\end{bmatrix} \tag{5.24}$$

$$g_k(l_a,l_b)=(-1)^S\langle l_a\|C_1^{(k)}\|l_b\rangle\langle l_b\|C_2^{(k)}\|l_a\rangle\times\begin{bmatrix}l_a & l_b & k\\ l_b & l_a & L\end{bmatrix} \tag{5.25}$$

其中约化矩阵元为

$$\langle\alpha l\|C^{(k)}\|\alpha' l'\rangle=\delta(\alpha,\alpha')(-1)^l\,[l,l']^{1/2}\begin{bmatrix}l & k & l'\\ 0 & 0 & 0\end{bmatrix} \tag{5.26}$$

静电相互作用的径向积分 F^k 和 G^k 可以视为拟合能级及其强度的可调物理量,但是理论上定义为 Slater 积分:

$$F^k(n_a l_a,n_b l_b)=e^2\int_0^{\infty}\frac{2r_<^k}{r_>^{k+1}}R_{n_a l_a}^2(r_1)R_{n_b l_b}^2(r_2)\mathrm{d}r_1\mathrm{d}r_2 \tag{5.27}$$

$$G^k(n_a l_a,n_b l_b)=e^2\int_0^{\infty}\frac{2r_<^k}{r_>^{k+1}}R_{n_a l_a}(r_1)R_{n_b l_b}(r_2)R_{n_a l_a}(r_2)R_{n_b l_b}(r_1)\mathrm{d}r_1\mathrm{d}r_2 \tag{5.28}$$

F^k 表示 $n_a l_a$ 和 $n_b l_b$ 两个电子密度之间的实际静电相互作用。交换积分 G^k 是由于 Fermi 子无法分辨的量子力学原理产生的,波函数相对于粒子的排列是反对称的,对于等价的电子,$G^k=0$。

表 5.1 列出了 Slater 积分原子径向参数的原子 Hartree-Fock 计算值，不同金属的 Slater 积分值 F^k 大小接近。然而，金属的 Slater 积分值依赖于价电子的离域度。在局域原子体系中，为了考虑计算中忽略构型的相互作用，静电和交换参数需要对 Hartree-Fock 值进行 80% 的典型标定，在完全离域体系中，这些参数明显较小。

表 5.2 列出了锕系元素 Slater 积分的参数值(约化为 80%) 和 $5f$ 自旋-轨道耦合参数，其中 $F^2 > F^4 > F^6$。从 $5f^2$ 到 $5f^{12}$，Slater 积分增加了 45%，$5f$ 自旋-轨道相互作用增加了 200%。因此，在 IC 耦合下，自旋-轨道相互作用的重要性不断增加。

表 5.2　对于三价锕系元素的基态，库仑相互作用 F^k 和自旋-轨道相互作用 ζ 的参数值

	n	S	L	J	F^2	F^4	F^6	ζ_{5f}
Th^{3+}	1	0.5	3	2.5				0.169
Pa^{3+}	2	1	5	4	6.71	4.34	3.17	0.20
U^{3+}	3	1.5	6	4.5	7.09	4.60	3.36	0.235
Np^{3+}	4	2	6	4	7.43	4.83	3.53	0.270
Pu^{3+}	5	2.5	5	2.5	7.76	5.05	3.70	0.307
Am^{3+}	6	3	3	0	8.07	5.26	3.86	0.345
Cm^{3+}	7	3.5	0	3.5	8.37	5.46	4.01	0.386
Bk^{3+}	8	3	3	6	8.65	5.65	4.15	0.428
Cf^{3+}	9	2.5	5	7.5	8.93	5.84	4.29	0.473
Es^{3+}	10	2	6	8	9.19	6.02	4.42	0.520
Fm^{3+}	11	1.5	6	7.5	9.45	6.19	4.55	0.569
Md^{3+}	12	1	5	6	9.71	6.36	4.68	0.620
No^{3+}	13	0.5	3	3.5				0.674

(3)LS 耦合机制。

当 L 和 S 耦合到给定 J 时，期望值不等于零。对于 $|\alpha LSJM_J\rangle$，自旋-轨道相互作用在 J 下是对角阵，同时与 M_J 无关，但是在 α、L 和 S 下不是对角阵，具有不同 L 和 S 的状态是耦合的。矩阵元可以表示为

$$\langle \alpha LSJM_J \rangle | \boldsymbol{l} \cdot \boldsymbol{s} | \alpha' L' S' J' M_J' = \delta_{JJ'} \delta_{M_J M_J'} (-1)^{L'+S+J} [l(l+1)(2l+1)]^{1/2} \times \begin{bmatrix} S & L & J \\ L' & S' & 1 \end{bmatrix} (\alpha LS \| V^{11} \| \alpha' L' S') \quad (5.29)$$

因此，相互作用对 J 的依赖关系可以由 $6j$ 符号给出，而对其他量子数的依赖关系由具有约化矩阵元的 Racah 双张量算符 V^{11} 给出：

$$(\alpha LS \| V^{11} \| \alpha' L' S') = \sum_{i=1}^{2} \langle s_1 s_2 S \| s_i^{(1)} \| s_1 s_2 S' \rangle \times \langle l_1 l_2 L \| l_i^{(1)} \| l_1 l_2 L' \rangle \quad (5.30)$$

其中

$$\langle s_1 s_2 S \| s_i^{(1)} \| s_1 s_2 S' \rangle = [s(s+1)(2s+1)(2S+1)(2S'+1)]^{1/2} \times \begin{bmatrix} S & 1 & S' \\ s & s & s \end{bmatrix} \quad (5.31)$$

$\langle l_1 l_2 L \| l_i^{(1)} \| l_1 l_2 L' \rangle$ 具有相似的表达式。

最低能量对应于所谓的 Hund 定则基态，其具有 L 和 S 的最大值。对于超过半填充状态的壳层，基态中 $J = L + S$。对于低于半填充状态的壳层，$J = |L - S|$。因为自旋-轨道相互作用以反平行方式耦合 l 和 s，所以基态的 $|\boldsymbol{l} \cdot \boldsymbol{s}|$ 通常为负值。

在 LS 耦合下，L、S 和 J 是好量子数，对式(5.29) 中 $6j$ 符号计算可以获得：

$$\langle \alpha LSJ | l \cdot s | \alpha LSJ \rangle = \frac{E_{\alpha LSJ} - E_{\alpha LS}}{\zeta} = \frac{1}{2} [J(J+1) - L(L+1) - S(S+1)] \frac{\zeta(\alpha LS)}{\zeta} \quad (5.32)$$

其中 $\zeta(\alpha LS)$ 是有效自旋-轨道劈裂因子，$E_{\alpha LSJ} - E_{\alpha LS}$ 是自旋-轨道劈裂 LS 项中对能量的依赖关系。对于最大自旋的 LS 项，式(5.32) 可以采用下式进行约化

$$\frac{\zeta(\alpha LS)}{\zeta} = \begin{cases} n^{-1}, & n < 2l+1 \\ 0, & n = 2l+1 \\ -n_h^{-1}, & n > 2l+1 \end{cases} \quad (5.33)$$

其中 $n_h = 4l + 2 - n$ 是 l 壳层中空穴数。对于 Hund 定则基态：

$$\langle \alpha LSJ \,|\, \boldsymbol{l}\cdot\boldsymbol{s} \,|\, \alpha LSJ \rangle_{\text{Hund}} = \begin{cases} -(L+1)S/n, & J=|L-S|, L\geqslant S \\ -L(S+1)/n, & J=|L-S|, S\geqslant L \\ -LS/n_h, & J=L+S \end{cases} \tag{5.34}$$

$\boldsymbol{l}\cdot\boldsymbol{s}\equiv\sum_{i=1}^{n} l_i\cdot s_i$ 是 n 个粒子算符，所以 $|\boldsymbol{l}\cdot\boldsymbol{s}|$ 不是每个电子或空穴的数值。所有锕系元素的 Hund 态期望值见表 5.3。

表 5.3　对于锕系元素的原子基态，在三种不同耦合机制（jj、LS 和 IC 耦合）下获得的 $j=5/2$ 和 5/2 能级的电子占据数 $n_{5/2}$ 和 $n_{7/2}$

n	LS		IC		jj	
	$n_{5/2}$	$n_{7/2}$	$n_{5/2}$	$n_{7/2}$	$n_{5/2}$	$n_{7/2}$
1	1	0	1	0	1	0
2	1.71	0.29	1.96	0.04	2	0
3	2.29	0.71	2.79	0.21	3	0
4	2.71	1.29	3.45	0.55	4	0
5	3	2	4.23	0.77	5	0
6	3.14	2.86	5.28	0.72	6	0
7	3	4	4.10	2.90	6	1
8	3.86	4.14	5.00	3.00	6	2
9	4.57	4.43	5.57	3.43	6	3
10	5.14	4.86	5.82	4.18	6	4
11	5.57	5.43	5.89	5.11	6	5
12	5.86	6.14	5.96	6.04	6	6
13	6	7	6	7	6	7

（4）jj 耦合机制。

当静电相互作用弱于自旋-轨道相互作用时，jj 耦合模型是合适的。在 jj 耦合下，在 $j=l+s$ 能级之前，所有 $j=l-s$ 的能级首先被填充。总角动量 J 是一个好量子数，基态的总角动量值与 LS 耦合相同，即对于小于和超过半填充状态的壳层，总角动量 J 分别为 $|L-S|$ 和 $L+S$。

对于单粒子状态，jj 和 LS 耦合的状态明显是相同的一个状态，即通过光谱表示$^{2S+1}L_j$、f^1 和 f^{13} 分别为$^2F_{5/2}$ 和$^2F_{7/2}$。然而，多粒子状态是不同的。下面讨论了两粒子情况：f^2 构型允许的 LS 状态是^1S、^1D、^1G、^1I、^3P、^3F 和^3H。在 jj 耦合下，$j=5/2$ 能级中存在两个电子，基态下的这两个电子耦合到总角动量 $J=4$ 中，这种能级包含在$^1G_4$、$^3F_4$ 和$^3H_4$。采用式(5.5)可将 jj 耦合状态变换为LS耦合状态，$(^3F_4, {}^1G_4, {}^3H_4)\rightarrow[(7/2, 7/2)_4, (5/2, 5/2)_4, (7/2, 5/2)_4]$ 的变换矩阵为

$$\boldsymbol{T}=\frac{1}{7}\begin{pmatrix} 2\sqrt{\dfrac{22}{3}} & 3\sqrt{2} & -\sqrt{\dfrac{5}{3}} \\ -\dfrac{2}{\sqrt{3}} & \sqrt{11} & \sqrt{\dfrac{110}{3}} \\ \sqrt{\dfrac{55}{3}} & -2\sqrt{5} & 4\sqrt{\dfrac{2}{3}} \end{pmatrix} \tag{5.35}$$

因此 jj 耦合的基态为

$$f^2:\psi(5/2,5/2)_4=-\frac{2}{7\sqrt{3}}\psi(^3F_4)+\frac{1}{7}\sqrt{11}\psi(^1G_4)+\frac{1}{7}\sqrt{\frac{110}{3}}\psi(^3H_4) \tag{5.36}$$

由波函数的二次方可以获得$^3F_4$ 为 2.7%，$^1G_4$ 为 22.5%，$^3H_4$ 为 74.8%。

对于 f 壳层中含有两个空穴的 f^{12} 构型，允许的 LS 状态与 f^2 相同。在基态中，具有 $j=7/2$ 的两个空穴耦合至 $J=6$，而这个角动量包含在$^3H_6$ 和$^1I_6$ 中。$(^3H_6, {}^1I_6)\rightarrow[(7/2, 7/2)_6, (7/2, 5/2)_6]$ 的变换矩阵为

$$\boldsymbol{T}=\begin{pmatrix} \sqrt{\dfrac{6}{7}} & \sqrt{\dfrac{1}{7}} \\ \sqrt{\dfrac{1}{7}} & \sqrt{\dfrac{6}{7}} \end{pmatrix} \tag{5.37}$$

因此

$$f^{12}:\psi(7/2,7/2)_6=\sqrt{\frac{6}{7}}\psi(^3H_6)+\frac{1}{7}\psi(^1I_6) \tag{5.38}$$

状态的特征是 85.7% 的$^3H_6$ 和 14.3% 的$^1I_6$。

上面两个例子表明，当从LS变换为 jj 耦合基态时，混合了其他LS状态，这将产生包含单态自旋的基态，即需要明显的低自旋特征来产生 jj 耦合基态。

同样可以采用式(5.35)中变换矩阵和 jj 耦合基状态表示LS耦合基态：

$$f^2:\psi(^3H_4)=-\frac{1}{7}\sqrt{\frac{5}{3}}\psi(7/2,7/2)+\frac{1}{7}\sqrt{\frac{110}{3}}\psi(5/2,5/2)+\frac{4}{7}\sqrt{\frac{2}{3}}\psi(5/2,7/2) \tag{5.39}$$

$$f^{12}(^3H_6)=\sqrt{\frac{6}{7}}\psi(7/2,7/2)+\frac{1}{7}\psi(7/2,5/2) \tag{5.40}$$

采用式(5.18),对于 $f^2:\psi(^3H_4)$,$n_{5/2}=1.714$,$n_{7/2}=0.286$,$\langle \boldsymbol{l}\cdot\boldsymbol{s}\rangle=-3$,后面的数值等于式(5.34)中 $L(S+1)/n$ 获得的结果。对于 $f^{12}:\psi(^3H_6)$,$n^h_{5/2}=0.143$,$n^h_{7/2}=1.857$,$\langle \boldsymbol{l}\cdot\boldsymbol{s}\rangle=-2.5$,这与式(5.34)中 LS/n_h 获得的结果相同。对于所有的 f^n 构型,电子占据数见表 5.3。因此,从 jj 耦合基态变换为 LS 耦合基态,混合了其他 j 状态。

(5) 中间耦合机制。

在中间耦合机制中,通过选择构型径向参数而考虑自旋-轨道和静电相互作用。因此,这种耦合机制可能产生令人满意的结果,尤其是这两种相互作用同等重要的锕系元素。然而,因为新基状态是 LS 或 jj 耦合状态的线性组合,所以总哈密顿量解析分解为角向部分和径向部分是相当复杂的。为了自动完成这项工作,Robert Cowan 开发了相应的计算机程序。

下面在 LS 和 jj 耦合机制下描述 f^2 和 f^{12} 构型的中间耦合基态:在相同 l 壳层中,耦合为 L 的两个粒子具有静电势

$$E=\sum\nolimits_k f_k F^k$$

其中

$$f_k=(-1)^L\,[l]^2\begin{bmatrix} l & k & l\\ 0 & 0 & 0\end{bmatrix}^2\begin{bmatrix} l & l & L\\ l & l & k\end{bmatrix} \tag{5.41}$$

$k=0,2,\cdots,2l$。第一步采用对称性限制简化问题。对于等价的电子,Pauli 不相容原理要求 $L+S$ 必须是偶数,同时三角定则 $0\leqslant L\leqslant 2l$,f^2(或者 f^{12})的可能状态是 $^1S_0$,$^1D_2$,$^1G_4$,$^1I_6$,$^3P_{0,1,2}$,$^3F_{2,3,4}$ 和 $^3H_{4,5,6}$。将所有这些简并度为 $2J+1$ 的状态加起来就可以获得总共 91 个 M_J 次能级,这个数值应该等于两项$(4l+2,\ 2)$。

Hund 定则获得的基态 f^2 和 $^3H_4$ 混合有 $^3F_4$ 和 $^1G_4$ 的自旋-轨道相互作用。对于 $f^2 J=4$,LS 耦合基状态($^3F_4$,$^1G_4$,$^3H_4$)的 Hamiltonian 量矩阵形式为

$$\boldsymbol{H}^{(\mathrm{LS})J=4}=\begin{pmatrix} E(^3F)+\frac{3}{2}\zeta & \sqrt{\frac{11}{3}}\zeta & 0 \\ \sqrt{\frac{11}{3}}\zeta & E(^1G) & -\sqrt{\frac{10}{3}}\zeta \\ 0 & -\sqrt{\frac{10}{3}}\zeta & E(^3H)-3\zeta \end{pmatrix} \tag{5.42}$$

由式(5.41)获得的静电能量为

$$\left.\begin{aligned} E(^3F)&=F_0-\frac{2}{45}F^2-\frac{1}{33}F^4-\frac{50}{1287}F^6 \\ E(^1G)&=F_0-\frac{2}{15}F^2+\frac{97}{1089}F^4+\frac{50}{4719}F^6 \\ E(^3H)&=F_0-\frac{1}{9}F^2-\frac{17}{363}F^4-\frac{25}{14157}F^6 \end{aligned}\right\} \tag{5.43}$$

采用式(5.32)可以获得依赖于 L、S 和 J 的自旋-轨道相互作用的对角矩阵元。在静电相互作用(而不是自旋-轨道相互作用)中,LS 耦合基状态下 Hamiltonian 量是对角阵。自旋-轨道相互作用的非对角矩阵元将单重态混合到三重基态中,jj 耦合状态的这种混合行为达到最大值。

Hund 定则获得 f^{12} 的基态为 $^3H_6$,与 $^1I_6$ 状态之间的自旋-轨道相互作用对这个状态产生混合作用。在 LS 耦合基状态($^3H_6$,$^1I_6$)下 $f^{12}J=6$ Hamiltonian 量为

$$\boldsymbol{H}^{(\mathrm{LS})J=6}=\begin{pmatrix} E(^3H)+\frac{5}{2}\zeta & \sqrt{\frac{3}{2}}\zeta \\ \sqrt{\frac{3}{2}}\zeta & E(^1I) \end{pmatrix} \tag{5.44}$$

式(5.41)获得的静电能量为

$$\left.\begin{aligned} E(^3H)&=F_0-\frac{16}{45}F^2-\frac{8}{33}F^4-\frac{400}{1287}F^6 \\ E(^1I)&=\frac{1}{9}F^2+\frac{1}{121}F^4+\frac{25}{184041}F^6 \end{aligned}\right\} \tag{5.45}$$

式(5.42)和式(5.44)表明 IC 耦合机制获得了明显的单态特征。在 IC 耦合下,所有锕系元素原子基态的自旋特征如表 5.4 所示。

表 5.4　在中间耦合机制下获得的锕系基态的自旋状态特征

$2S+1$	8	7	6	5	4	3	2	1
f^1							100	
f^2						77.5		22.5
f^3					84.1		15.9	
f^4				80.9		17.8		1.0
f^5			67.2		26.7		3.5	
f^6		44.9		38.1		14.6		2.2
f^7	79.8		18.1		2.0		0.1	
f^8		78.3		20.3		1.3		0.1
f^9			75.4		23.2		1.2	
f^{10}				74.8		23.6		1.6
f^{11}					89.3		10.7	
f^{12}						96.8		3.2
f^{13}							100	

采用变换 $\boldsymbol{H}_J^{(jj)}=\boldsymbol{T}\cdot\boldsymbol{H}_J^{(LS)}\cdot\boldsymbol{T}^{-1}$ 可以获得 jj 耦合基状态下的矩阵元，其中 $\boldsymbol{T}$ 是由式(5.5)推导的变换矩阵。对于 f^2 和 f^{12}(等价的电子)，Pauli 不相容原理允许的状态为 $(5/2,\ 5/2)_{0,2,4}$、$(5/2,\ 7/2)_{1,2,3,4,5,6}$ 和 $(5/2,\ 7/2)_{0,2,4,6}$，总共含有 91 个 M_J 次能级。$J=6$ 能级包含于(5/2, 7/2) 和(5/2, 7/2)。采用式(5.37) 的变换矩阵可以获得：

$$\boldsymbol{H}_6^{(jj)}=\frac{1}{7}\begin{pmatrix}6E(^3H)+E(^1I)+21\zeta & \sqrt{6}[E(^3H)-E(^1I) \\ \sqrt{6}[E(^3H)-E(^1I) & E(^3H)+6E(^1I)-\frac{7}{2}\zeta\end{pmatrix} \tag{5.46}$$

jj 耦合基状态的 Hamiltonian 量在自旋-轨道相互作用是对角阵，但是静电相互作用中不是对角阵，LS 耦合状态的情况相反。式(5.46) 获得(7/2, 7/2) 和(5/2, 7/2) 状态 $\langle \boldsymbol{l}\cdot\boldsymbol{s}\rangle$ 分别为 3 和 $-1/2$，这与式(5.16) 一致。

式(5.16) 表明 IC 耦合本征态的 $\langle \boldsymbol{l}\cdot\boldsymbol{s}\rangle$ 值在 LS 和 jj 耦合极限之间。由于不断增加的自旋-轨道相互作用，所以当从 Hund 定则到 IC 耦合机制时，$\langle \boldsymbol{l}\cdot\boldsymbol{s}\rangle$ 数值变得更负。如果自旋-轨道耦合与其他 LSJ 状态混合，这个变化更加明

显。当激发态与基态混合时，就会发生期望值的一阶变化。自旋-轨道耦合只能与 $\Delta L=0,\pm1$，$\Delta S=0,\pm1$ 和 $\Delta J=0$ 的状态发生混合行为，比如，$^3F_4$ 和 $^3H_6$ 与 $^1G_4$ 能级发生混合行为，但相互之间不会发生这种行为。

5.3.2　自旋-轨道求和定则

1. w 张量

为了推导通用的方法，首先引入 w 张量。l^n 电子构型的电子状态和磁性状态可以通过 LS 耦合多偶极矩 $\langle w^{xyz}\rangle$ 进行描述，其中轨道磁矩 x 和自旋磁矩 y 耦合为总磁矩 z。这些张量算符可以进行分类：具有偶数 x 的磁矩描述电荷形状，具有奇数 x 的磁矩描述轨道运动，比如 w^{000} 是数量算符，w^{110} 是自旋-轨道算符，w^{011} 是自旋磁矩算符，w^{101} 是轨道磁矩算符。LS 耦合算符 w^{xyz} 和标准算符之间的关系如表 5.5 所示。w 张量具有与壳层无关的归一化过程，对于壳层中只有一个单空穴的基态，$\langle w^{xyz}\rangle=(-1)^{z+1}$。因此，标准算符的变换依赖于 l，即对于自旋-轨道耦合算符，d 和 f 壳层分别为

$$w^{110}_{l=2}=\sum_i \boldsymbol{l}_i\cdot\boldsymbol{s}_i \text{ 和 } w^{110}_{l=3}=\frac{2}{3}\sum_i \boldsymbol{l}_i\cdot\boldsymbol{s}_i$$

表 5.5　对于 f 壳层：$l=3$，LS 耦合的张量算符 w^{xyz} 与标准基态算符之间的联系

物理量	w^{xyz}	l 壳层
数值算符	w^{000}	n
各向同性自旋-轨道耦合	w^{110}	$(ls)^{-1}\sum_i \boldsymbol{l}_i\cdot\boldsymbol{s}_i$
轨道磁矩	w^{101}_0	$-l^{-1}\sum_i \boldsymbol{l}_{z,i}=-l^{-1}L_z$
自旋磁矩	w^{011}_0	$-s^{-1}\sum_i \boldsymbol{s}_{z,i}=-s^{-1}S_z$
电四极矩	w^{202}_0	$3[l(2l-1)]^{-1}\sum_i\left(l_z^2-\frac{1}{3}\boldsymbol{l}^2\right)_i$
各向异性自旋-轨道耦合	w^{112}_0	$3l^{-1}\sum_i\left(l_z s_z-\frac{1}{3}\boldsymbol{l}\cdot\boldsymbol{s}\right)_i$

由式(5.16)中 n 和 $\langle\boldsymbol{l}\cdot\boldsymbol{s}\rangle$ 表达式可以直接获得期望值：

$$\langle w^{000}\rangle=n_{j_1}+n_{j_2} \tag{5.47}$$

$$\langle w^{110}\rangle=-\frac{l+1}{l}n_{j_1}+n_{j_2} \tag{5.48}$$

同样定义空穴状态(采用下划线 $\langle\underline{w}^{000}\rangle\equiv 4l+2-\langle w^{000}\rangle$ 和 $\langle\underline{w}^{110}\rangle\equiv-\langle w^{110}\rangle$ 标识)的算符，采用 $n_{j_i}+n^h_{j_i}=2j_i+1$，可以获得：

$$\langle \underline{w}^{000} \rangle = n_h = n_{j_1}^h + n_{j_2}^h \tag{5.49}$$

$$\langle \underline{w}^{110} \rangle = -\frac{l+1}{l} n_{j_1}^h + n_{j_2}^h \tag{5.50}$$

因为在 jj 耦合极限下，$j_1 = l - s$ 能级首先被填充，所以只有当这些能级被完全填充时，$j_2 = l + s$ 能级才开始填充，从而

$$\langle w^{110} \rangle = -\frac{l+1}{l} n, \quad n \leqslant 2l \tag{5.51}$$

$$\langle w^{110} \rangle = -n_h, \quad n > 2l \tag{5.52}$$

对于 $j_2 = l + s$，$\langle w^{110} \rangle / n_h = 1$ 是 w 张量归一化的结果。

对于多粒子计算，单电子 w 算符可以通过算符 a^+ 和 a 的生成和湮灭表示：

$$w^{000} = \sum_{\lambda\lambda'\sigma\sigma'} a^+_{l\lambda s\sigma} a_{l\lambda' s\sigma'} = \sum_{j_i j'_i m_i m'_i} a^+_{j_i m_i} a_{j'_i m'_i} = \sum_{j_i} \bar{n}_{j_i} = \bar{n} \tag{5.53}$$

$$\begin{aligned} w^{110} &= (ls)^{-1} \sum_{\lambda\lambda'\sigma\sigma'} \langle l\lambda s\sigma | \boldsymbol{l} \cdot \boldsymbol{s} | l\lambda' s\sigma' \rangle a^+_{l\lambda s\sigma} a_{l\lambda' s\sigma'} = \\ & (ls)^{-1} \sum_{j_i j'_i m_i m'_i} \langle j_i m_i | l \cdot s | j_i m'_i \rangle a^+_{j_i m_i} a_{j'_i m'_i} = \\ & -\frac{l+1}{l} \bar{n}_{j_1} + \bar{n}_{j_2} \end{aligned} \tag{5.54}$$

其中 λ，σ 和 m_i 分别是 l，s 和 j_i 的磁分量，$\bar{n}$ 是数量算符。为了获得上述表达式的右边，$j_i m_i$ 表示的 $\boldsymbol{l} \cdot \boldsymbol{s}$ 是对角阵。

这些算符的反对易关系正确地处理波函数，由 n 个单电子自旋轨道线性组合可以构建含有 n 个电子的原子波函数。如果角动量没有耦合在一起，那么通过行列式函数可以实现反对称化，比如两粒子状态为

$$\psi_{ij}(q_1, q_2) = \frac{1}{\sqrt{2}} \begin{vmatrix} \psi_i(q_1) & \psi_j(q_1) \\ \psi_i(q_2) & \psi_j(q_2) \end{vmatrix} \tag{5.55}$$

其中

$$\langle \psi_{ij}(q_1, q_2) | \psi_{kl}(q_1, q_2) \rangle = \delta_{ik}\delta_{jl} - \delta_{il}\delta_{jk} = \langle 0 | a_j a_i a_k^+ a_l^+ \rangle \tag{5.56}$$

2. 求和定则的推导

EELS 或 XAS 中自旋-轨道劈裂芯-价转变的分支比与价状态自旋-轨道算符期望值线性相关。Thole 等首先采用 LSJ 耦合状态推导了这个自旋-轨道求和定则，Thole 和 van der Laan 等将其应用于 3d 过渡金属，本节采用 jj 耦合基组下产生和湮灭算符来进行简单的推导。

分支比由自旋-轨道相互作用的角向部分确定，其中量级由径向部分 ζ_l

给出。因此，它填充了包含自旋-轨道参数 ζ_l 的能量劈裂。严格地说，求和定则适用于谱线强度，通过将谱线强度乘以光子能量 $h\upsilon$ 可以获得 X 射线吸收强度。

考虑一种情况：足够大的自旋-轨道相互作用将芯能级 c 劈裂为两种特征 j，即 $j_- = c - s$ 和 $j_+ = c + s$，其中假设劈裂行为产生的原因是芯-价相互作用很小。价状态 l 包含自旋-轨道能级 j_i，即 $j_1 = c - s$ 和 $j_2 = c + s$。价状态的结构不重要，可以与多种作用混合，比如静电相互作用、杂化和能带效应。

下面考虑多电子体系中的 $csj \rightarrow lsj_i$。极化为 q 的电子 2^Q 极的跃迁概率由单电子算符给出：

$$T_q = \sum_{\gamma\lambda\sigma\sigma' mm_i} \langle csjm | C_q^{(Q)} | lsj_i m_i \rangle R_d a_{j_i}^{+} a_{jm} \propto \sum_{\gamma,\lambda,\sigma,m,m_i} \begin{bmatrix} j & s & c \\ m & \sigma & \gamma \end{bmatrix} \begin{bmatrix} c & Q & l \\ \gamma & q & \lambda \end{bmatrix} \times \begin{pmatrix} l & s & j_i \\ \lambda & \sigma' & m_i \end{pmatrix} P_d a_{j_i m_i}^{+} a_{jm} \tag{5.57}$$

其中 γ,λ,σ,m 和 m_i 是 c,l,s,j 和 j_i 的分量，a_{jm} 是量子数为 jm 的芯电子湮灭算符，$a_{j_i m_i}^{+}$ 是量子数为 $j_i m_i$ 的价电子产生算符，$C_q^{(Q)}$ 是归一化球谐函数，R_d 表示 $c \rightarrow l$ 电偶极跃迁的径向矩阵元

$$P_d = \langle c \| C^{(1)} \| l \rangle R_d$$

这个表达式右边包含的 $3j$ 符号对中间分量 γ 和 λ 的求和，对应于芯壳层 (c, s, j) 中轨道磁矩和自旋磁矩的耦合、轨道磁矩 (c, Q, l)，以及价壳层 (l, s, j_i) 中轨道磁矩和自旋磁矩的耦合。式(5.57) 可以解耦为

$$T_q = (-1)^{j_i - j} [jcl]^{1/2} \begin{bmatrix} j & Q & j_i \\ l & s & c \end{bmatrix} \sum_{\sigma mm_i} \begin{pmatrix} j & Q & j_i \\ m & q & m_i \end{pmatrix} \times P_d \delta_{\sigma\sigma'} a_{j_i m_i}^{+} a_{jm} \tag{5.58}$$

由多电子基态 $|g\rangle$ 可知，在芯 j 能级终态 $|f\rangle$ 上求和获得的强度为

$$I_q = \sum_f \langle g | T_q^{+} | f \rangle \langle f | T_q | g \rangle \ |P_d|^2 \tag{5.59}$$

假设属于芯 j 能级的两重态之间不存在重叠，通过将函数扩展至整个 Hilbert 空间，同时采用闭包关系 $\sum_f |f\rangle\langle f| = 1$ 可以消除终态。在 j 芯边缘上，与角向相关的强度部分可以表示为

$$\sum_f \sum_{j_i j'_i mm' m_i m'_i} \langle g | a_{jm'}^{+} a_{j'_i m'_i} | f \rangle \langle f | a_{j_i m_i}^{+} a_{jm} | g \rangle = \sum_{j_i j'_i mm' m_i m'_i} \langle g | a_{jm'}^{+} a_{j'_i m'_i} a_{j_i m_i}^{+} a_{jm} | g \rangle = \delta_{mm'} \sum_{j_i j'_i m_i m'_i} \langle g | a_{j'_i m'_i} a_{j_i m_i}^{+} | g \rangle \tag{5.60}$$

其中通过反对易定则将 $a^+_{jm'}$ 移动右边，因为 $|g\rangle$ 不含有芯能级中空穴，所以 $a^+_{j'm'}|g\rangle=0$ 消除了芯壳层算符。

对于同位素谱（即在极化 q 和磁化状态 m_i 上的平均），在不同 j_im_i 状态之间不存在交叉项，作用在基态上有限算符 $a_{j_im'_i}a^+_{j_im_i}$ 的对角阵记录了价自旋-轨道能级 j_i 中空穴数 $n^h_{j_i}$，即

$$\sum_{j_ij'_im_im'_i}\langle g|a_{j'_im'_i}a^+_{j_im_i}|g\rangle=\delta_{j'_ij_i}\sum_{m_i}\langle g|\delta_{m'_im_i}|g\rangle=\delta_{j'_ij_i}\delta_{m'_im_i}n^h_{j_i} \quad (5.61)$$

在式(5.58)和式(5.59)采用式(5.61)，$j\to j_i$ 跃迁的积分强度为

$$I(j\to j_i)=\langle g\|T^+T\|g\rangle n^h_{j_i}=[jcl]\begin{bmatrix} j & Q & j_i \\ l & s & c\end{bmatrix}^2|P_d|^2n^h_{j_i} \quad (5.62)$$

采用式(5.62)可以获得具有 $Q=1$，$l=c+1$ 的跃迁积分强度的角向部分：

$$\begin{aligned}
&I(j_-\to j_1)=l^{-1}(2l+1)(l-1)n^h_{j_1}\\
&I(j_-\to j_2)=0\\
&I(j_+\to j_1)=l^{-1}n^h_{j_1}\\
&I(j_+\to j_2)=(2l-1)n^h_{j_2}
\end{aligned} \quad (5.63)$$

因此 j_- 边缘只描述了 j_1 能级，j_+ 边缘描述了 j_1 和 j_2 能级，但是前者的敏感性比后者高 $l(2l-1)$ 倍。假设 P_d 是常数，那么在每一个边缘上的强度等于：

$$I_{j_-}=l^{-1}(2l+1)(l-1)n^h_{j_1} \quad (5.64)$$

$$I_{j_+}=(2l-1)n^h_{j_2}+l^{-1}n^h_{j_1} \quad (5.65)$$

总强度和分支比为

$$I_{\text{total}}\equiv I_{j_+}+I_{j_-}=(2l-1)(n^h_{j_2}+n^h_{j_1}) \quad (5.66)$$

$$B\equiv\frac{I_{j_+}}{I_{j_+}+I_{j_-}}=\frac{n^h_{j_2}+[l(2l-1)]^{-1}n^h_{j_1}}{n^h_{j_2}+n^h_{j_1}} \quad (5.67)$$

采用定义 $n_h\equiv n^h_{j_2}+n^h_{j_1}$ 和 $\langle w^{110}\rangle\equiv[(l+1)/l]n^h_{j_1}-n^h_{j_2}$ 进行替代，可得

$$I_{\text{total}}=(2l-1)n_h=(2c+1)n_h \quad (5.68)$$

$$B=-\frac{l-1}{2l-1}\frac{\langle w^{110}\rangle}{n_h}+\frac{l}{2l-1}=-\frac{c}{2c+1}\frac{\langle w^{110}\rangle}{n_h}+\frac{c+1}{2c+1} \quad (5.69)$$

重新排列可以获得每个空穴中自旋-轨道期望值：

$$\frac{\langle w^{110}\rangle}{n_h}=-\frac{2c+1}{c}(B-B_0) \quad (5.70)$$

其中

$$B_0=\frac{c+1}{2c+1}=\frac{2j_++1}{2(2c+1)} \quad (5.71)$$

是统计值 QED。

采用 $B=R/(R+1)$ 或 $R=B/(1-B)$，分支比 $B\equiv I_{j_+}/(I_{j_+}+I_{j_-})$ 和强度比 $R\equiv I_{j_+}/I_{j_-}$ 可以很容易相互转换。然而，只有 B 直接正比于 $\langle w^{110}\rangle/n_h$，以及具有 $0\leqslant B\leqslant 1$ 的数学极限。下限表示所有强度处于 j_- 能级中，然而物理上无法实现。采用上面的求和定则结果研究了 B 的允许范围，然后将其应用于 f 壳层。当所有价空穴位于 $j_2=7/2$ 能级，获得 $n_{j_2}^h=n_h$，$n_{j_1}^h=0$，因此 $\langle w^{110}\rangle/n_h=-1$，$B=1$ 是上限。因为从芯 $j_-=3/2$ 到化合价 $j_2=7/2$ 的跃迁是禁止的，所以在这个极限下，所有强度位于 $j_+=c+1/2=5/2$ 芯能级。

对于另一种极限情况，所有价空穴位于 $j_1=5/2$ 能级，$n_{j_1}^h=n_h$，$n_{j_2}^h=0$，因此 $\langle w^{110}\rangle/n_h=l-1(l+1)=4/3$，$B=[l(2l-1)]^{-1}=1/15$ 是下限。在这个极限下，大部分强度位于 $j_-=c-1/2=3/2$ 芯能级。由于从 $j_+=5/2$ 和 $j_-=3/2$ 芯能级可知，跃迁至 $j_1=5/2$ 价能级是允许的。因此，通过偶极选择定则可以设置分支比的最小值。而且，由于 l 和 s 优先选择反平行耦合，$\langle w^{110}\rangle$ 是负值，因此分支比大于统计比值(不存在芯-价相互作用)。计算获得的三种耦合机制 $\langle w^{110}\rangle$ 值如表 5.6 所示。

表 5.6　LS、jj 和 IC 耦合基态的 $\langle w^{110}\rangle=2\langle l\cdot s\rangle/3$ 期望值

构型	LS	IC	jj
f^1 $^2F_{5/2}$	$-4/3$	-1.333	$-4/3$
f^2 $^3H_4$	-2	-2.588	$-8/3$
f^3 $^4I_{9/2}$	$-7/3$	-3.562	-4
f^4 $^5I_4$	$-7/3$	-4.170	$-16/3$
f^5 $^6H_{5/2}$	-2	-5.104	$-20/3$
f^6 $^7F_0$	$-4/3$	-6.604	-8
f^7 $^8S_{7/2}$	0	-2.812	-7
f^8 $^7F_6$	-1	-3.865	-6
f^9 $^6H_{15/2}$	$-5/3$	-4.106	-5
f^{10} $^5I_8$	-2	-3.612	-4
f^{11} $^4I_{5/2}$	-2	-2.754	-3
f^{12} $^3H_6$	$-5/3$	-1.906	-2
f^{13} $^2F_{7/2}$	-1	-1	-1

3. 求和定则的局限性

对于谱中每一个跃迁，假设径向部分 P_d 是常数。不仅相对论径向矩阵元依赖于芯和价 j 值，而且在每一个 $j \to j_1$ 跃迁序列中存在变化。虽然每一个 j 边缘扩展至几个 eV 的窄范围，在杂化和能带结构下，跃迁至价能带的不同部分具有不同的截面。对于稀土元素的强局域 f 壳层，这些效应很小，但是锕系元素中这些效应很明显，尤其是较轻的更加离域 $5f$ 金属 Th、Pa、U、Np 和 α - Pu。

求和定则基于如下的假设：在好量子数（在这种情况下为总角动量 j）定义的区域上对芯能级进行积分。两个 j 边缘之间的芯-价相互作用（所谓的 jj 混合行为）可能引起谱权重的转移，使得自旋-轨道求和定则是无效的。通过计算吸收谱，同时将分支比与测量谱的分支比进行比较，可以非直接地采用求和定则。在 IC 耦合机制下，多重态计算完全考虑了 jj 混合行为。而且，如果在计算中不考虑芯-价相互作用，分支比能够给出基态自旋-轨道相互作用。另一方面，如果包含芯-价相互作用，那么很难进行能带结构计算，导致不同的线形和分支比。能带理论同样很难计算正确的价空穴数，但是常常可以估算转换为 $\langle w^{110} \rangle$ 所需要的空穴数。

对于 XAS 和 EELS 谱的分析，只考虑电偶极跃迁（能量低于几个 keV）已经足够。在较高的能量条件下，电四极跃迁起着很小的作用。而且，偶极跃迁不仅对 $l=c+1$ 状态是允许的，而且对 $l=c-1$ 状态也是允许的。在锕系元素中，这意味着跃迁至未占据的 p 状态，但是远小于跃迁至 f 状态。在 XAS 情况下，由于在电产额和荧光中发生饱和效应，所以相对比较复杂。因为与 X 射线衰减长度相比，电子逃逸深度不能忽略不计，将会发生饱和效应。XAS 中电子逃逸深度为几个 nm 量级，使得电产额信号对表面非常敏感，有必要发展更加成熟的表面科学制备方法。在表面附近，由于表面的松散化学键和化学污染（比如氧化或杂化）导致对称性破坏，所以自旋-轨道相互作用与块体不同。因为锕系元素很容易与 O 和 H 反应，所以这对于锕系元素非常重要。

除了各向同性部分 $\langle w^{110} \rangle$ 以外，自旋-轨道相互作用同样包含各向异性部分 $\langle w^{112} \rangle$。因此，为了单纯地确定 $\langle w^{110} \rangle$，需要对测量结果进行各向同性平均。在更加局域的材料中，各向异性更加明显，目前还没有测量锕系元素的 $\langle w^{112} \rangle$。各向异性自旋-轨道相互作用在材料的磁晶体各向异性中占有主要的作用，使其成为重要的测量物理量。当两个芯 j 能级远离时，需要进行很小的修正。另一个误差源头来自积分极限的选择。边缘下方和上方的能量本底常常不具有相同的高度，所以区分离散和连续状态非常困难，而且，求和定则的使用需要选择特定的能量点来区分两个边缘的强度。

4. jj 混合作用

对于所有的 XAS 求和定则，因为芯电子激发进入未占据的价状态，所以获得了每个空穴的期望值。与 X 射线磁性圆二色散(XMCD) 中自旋磁矩求和定则相同，当芯-价静电相互作用消失时，式(5.70) 中求和定则是严格有效的。式(5.70) 表明，为了由分支比 B 推导 $\langle w^{110}\rangle/n_h$ 值，需要知道 B_0 值，在求和定则成立的情况下，B_0 值等于统计值。从经验角度考虑，当价自旋轨道为零时，或者当在所有自旋-轨道劈裂次能级上进行平均时，B_0 可以定义为分支比值，B_0 值只依赖于芯-价相互作用。如果由于芯-价相互作用，自旋-轨道-劈裂芯能级发生混合行为，那么需要修正项 Δ，该项正比于 B_0 和统计值之间的差值，因此

$$\frac{\langle w^{110}\rangle}{n_h}=-\frac{2c+1}{c}\left(B-\frac{c+1}{2c+1}\right)+\Delta \tag{5.72}$$

$$\Delta\equiv\frac{2c+1}{c}\left(B_0-\frac{c+1}{2c+1}\right) \tag{5.73}$$

采用一阶微扰理论获得的结果表明，Δ 正比于芯-价交换相互作用 $G^1(c,\ l)$ 和芯自旋-轨道相互作用 ζ_c 之间的比值。如表 5.7 所示，在 $3d$、$4d$、$4f$、$5d$ 和 $5f$ 金属中不同边缘的宽范围内，$G^1(c,\ l)/\zeta_c$ 和 Δ 存在明显的线性关系。这些数值由 Cowan 程序的相对论原子 Hartree - Fock 计算获得，其中 B_0 是采用基态中不同 J 能级的加权平均计算获得的结果。

从表 5.7 可知，对于 $3d$ 过渡金属，自旋-轨道求和定则在 $L_{2,3}$ 分支比应用中受到高($2p$, $3d$) 交换相互作用的影响，相互作用的大小与 $2p$ 自旋-轨道相互作用相同，这对于镧系元素的 $M_{4,5}$ 边缘同样成立。与 $3d$ 自旋-轨道相互作用相比，($3d$, $4f$) 交换相互作用很强烈。然而，甚至在稀土元素中，采用分支比的趋势可以获得自旋-轨道劈裂状态的相对占据，这与 Ce 体系相同。

表 5.7　在 3d、4d、5d 过渡金属，镧系和锕系金属中，计算获得的 $G^1(c,l)/\zeta_c$ 和修正项 Δ

	$c\rightarrow l$	$G^1(c,\ l)/\zeta_c$	Δ
Ti $3d^0$	$L_{2,3}(2p\rightarrow 3d)$	0.981	−0.89
La $5f^0$	$N_{4,5}(3d\rightarrow 4f)$	0.557	−0.485
Th $5f^0$	$N_{4,5}(4d\rightarrow 5f)$	0.041	−0.020
Th $5f^0$	$N_{4,5}(3d\rightarrow 5f)$	0.021	−0.018
Zr $4d^0$	$L_{2,3}(2p\rightarrow 4d)$	0.018	−0.015
Hf $5d^0$	$L_{2,3}(2p\rightarrow 5d)$	0.002	−0.002

另一方面，求和定则很适用于 $4d$ 和 $5d$ 过渡金属的 $L_{2,3}$ 边缘，深 $2p$ 芯能级具有很小的 $G^1(c,l)$ 和很大的 ζ_c。这个情况同样有助于解释锕系元素的 $M_{4,5}$ 和 $N_{4,5}$ 边缘，并且 $3d$ 和 $4d$ 芯能级的 $G^1(c,l)/\zeta_c$ 很小。除了 Th $4d$ 芯能级比 Zr $2p$ 或 Hf $2p$ 能级很浅，同时位于 Ti $2p$ 和 La $3d$ 能级之间以外，芯-价相互作用没有破坏求和定则。计算结果表明，锕系元素 $M_{4,5}$ 和 $N_{4,5}$ 边缘的 B_0 在轻锕系元素的 0.59 和 0.60 之间变化，非常接近于统计值 0.60。这意味着 EELS 和 XAS 分支比几乎唯一地依赖于每个空穴中 $5f$ 自旋-轨道期望值，这个结论有助于测量锕系材料中 $5f$ 自旋-轨道相互作用。

5.3.3　多电子谱计算

多重态理论为计算 $M_{4,5}$，$N_{4,5}$ 和 $O_{4,5}$ 边缘芯能级谱提供了准确的方法，其中每一个边缘与 $f^n \rightarrow d^9 f^{n+1}$ 跃迁相关，已经成为计算局域稀土和 $3d$ 过渡金属体系芯能级谱的优选方法。与能带结构计算方法不同的是，多重态理论能够同等地处理自旋-轨道、库仑和交换相互作用，这对于处理价状态的局域特性是非常有利的，比如稀土金属 $M_{4,5}$ 边缘的多重态计算。锕系元素的计算方法与稀土元素相似，只是径向参数值稍微不同。而且，计算中直接包含了晶体场和杂化作用，这无疑将消耗大量的计算时间。

然而，锕系元素的晶体场相互作用不是非常强烈，基于杂化作用的其他机制可能更加重要，一种例外情况是一些 U 化合物中不存在明显的晶体场相互作用。实际上，$5f$ 电子与 $6d$ 传导状态或相邻原子 p 状态发生杂化作用，只有当晶体场相互作用与自旋-轨道耦合效应具有相同的量级时，晶体场对分支比的影响才会变得重要，并且与其他 αJ 能级相互混合。这个现象很容易发生在 d 过渡金属上，d 过渡金属的典型晶体场为几个 eV，自旋-轨道耦合作用只有几个 0.01eV。在锕系元素中，$5f$ 自旋-轨道劈裂量级为 eV(表 5.3)，因此晶体场的重要性可以忽略不计。

在硬壳层中，谱的原子多重态计算过程如下：首先，采用具有相对论修正的原子 Hartree-Fock 方法计算 IC 耦合机制下初始和最终波函数。对 Slater 积分和自旋-轨道常数的输出参数进行标定后，由特定构型的初态到终态能级可以计算电子多偶极矩阵元。在低能条件下，只有电偶极跃迁是相关的，基态的电偶极选择定则限制了可获终态的数量。多重结构常常包含许多状态，因此需要采用更加先进的计算机程序。每一个构型 l^n 的能级数等于两项$(4l+2,\ n)$。比如，在 $f^6 \rightarrow d^9 f^7$ 跃迁中，初态和终态中存在 3 003 和 48 048 个能级，需要对高维数的矩阵进行对角化，而选择定则和对称性限制明显降低了计算消耗。

df^1 终态的下划线表示芯 d 壳层中空穴，$L=0, 1, 2, 3, 4, 5$，$S=0, 1$，总共包含 140 个能级，选择定则限制了从初态产生的终态。由基态 $f^0(^1S_0)$ 的偶极跃迁的终态只有 $^1P_1$，同时与三重终态 $^3D_1$ 和 $^3P_1$ 之间的自旋-轨道相互作用产生混合行为。终态哈密顿量是 $H=H=H_{el}+\langle \boldsymbol{l}\cdot\boldsymbol{s}\rangle\zeta_d+\langle \boldsymbol{l}\cdot\boldsymbol{s}\rangle\zeta_f$。由式(5.16) 计算获得 $d_{5/2}$ 和 $d_{3/2}$ 空穴在 jj 耦合机制下自旋-轨道本征值分别为 $\langle \boldsymbol{l}\cdot\boldsymbol{s}\rangle=-1$ 和 $3/2$，$f_{7/2}$ 和 $f_{5/2}$ 电子对应结果分别是 $\langle \boldsymbol{l}\cdot\boldsymbol{s}\rangle=3/2$ 和 -2，因此

$$\left.\begin{aligned} E(\underline{d}_{3/2}f_{5/2}) &= \frac{3}{2}\zeta_d-2\zeta_f \\ E(\underline{d}_{5/2}f_{5/2}) &= -\zeta_d-2\zeta_f \\ E(\underline{d}_{5/2}f_{7/2}) &= -\zeta_d+\frac{3}{2}\zeta_f \end{aligned}\right\} \tag{5.74}$$

为了考虑静电相互作用，可以通过 LS 耦合基状态对 Hamiltonian 量进行表示。由式(5.5) 获得 $(^3D_1, {}^3P_1, {}^1P_1)\rightarrow(d_{3/2}f_{5/2}, d_{5/2}f_{5/2}, d_{5/2}f_{7/2})$ 变换矩阵如下：

$$\boldsymbol{T}=\begin{pmatrix} \sqrt{\frac{2}{5}} & \sqrt{\frac{1}{5}} & \sqrt{\frac{2}{5}} \\ -\sqrt{\frac{16}{35}} & \sqrt{\frac{18}{35}} & \sqrt{\frac{1}{35}} \\ -\sqrt{\frac{1}{7}} & -\sqrt{\frac{2}{7}} & \sqrt{\frac{4}{7}} \end{pmatrix} \tag{5.75}$$

采用 $\boldsymbol{H}_J^{(LS)}=\boldsymbol{T}^{-1}\cdot H_J^{(jj)}\cdot\boldsymbol{T}$ 和对角静电相互作用可以获得矩阵形式的终态哈密顿量：

$$\boldsymbol{H}_1^{(LS)}=\begin{pmatrix} E(^3D)-\frac{3}{2}\zeta_f & \frac{1}{2}\sqrt{2}(\zeta_d+\zeta_f) & \zeta_d-\zeta_f \\ \frac{1}{2}\sqrt{2}(\zeta_d+\zeta_f) & E(^3P)-\frac{1}{2}\zeta_d-\zeta_f & \frac{1}{2}\sqrt{2}\zeta_d+\sqrt{2}\zeta_f \\ \zeta_d-\zeta_f & \frac{1}{2}\sqrt{2}\zeta_d+\sqrt{2}\zeta_f & E(^1P) \end{pmatrix} \tag{5.76}$$

其中 $E(^3D)$，$E(^3P)$ 和 $E(^1P)$ 通过 Slater 积分 F^0、F^2、F^4、F^6、G^1、G^3 和 G^5 的线性组合表示，本节不使用 Slater 积分的线性组合表示这些能量，因为这将产生 7 个 Slater 参数而替代 3 个能量值。在更复杂的终态计算中，Slater 参数极大地减少了参数空间。在替代参数值(比如 Hartree - Fock 计算获得的结果)

后，对式(5.76)中矩阵进行对角化，获得终态的本证状态和本征值。因为基态的归一化产生的偶极选择定则为

$$\langle\psi(^1S)|\hat{r}|\psi(^1P)\rangle=1 \text{ 和 } \langle\psi(^1S)|\hat{r}|\psi(^3D)\rangle=\langle\psi(^1S)|\hat{r}|\psi(^3P)\rangle=0$$

所以每一个本征态的强度等于^1P特征量（特征量等于波函数系数的二次方）。下面通过替代 Hartree－Fock 计算获得的自旋-轨道和静电参数值讨论$O_{4,5}$，$N_{4,5}$和$M_{4,5}$的边缘。

1. $O_{4,5}(5d\rightarrow 5f)$边缘

对于 Th $O_{4,5}(5d\rightarrow 5f)$转变，自旋-轨道参数为$\zeta_{5f}=0.21\text{eV}$和$\zeta_{5d}=2.70\text{eV}$，静电能为$E(^3D)=-0.315\text{eV}$，$E(^3P)=-2.823\text{eV}$和$E(^1P)=15.187\text{eV}$，这是相对于平均能量的结果。式(5.76)中矩阵的对角化获得如下的本征值和相应的本征态：

$$\left.\begin{aligned}&E_1=-5.303\\&\psi_1=0.392\psi(^3D)-0.920\psi(^3P)+0.025\psi(^1P)\\&E_2=-0.274\\&\psi_2=-0.906\psi(^3D)-0.381\psi(^3P)+0.186\psi(^1P)\\&E_3=15.753\\&\psi_3=0.161\psi(^3D)-0.095\psi(^3P)+0.982\psi(^1P)\end{aligned}\right\}\tag{5.77}$$

由$\psi(^1P)$系数的二次方获得强度为$I_1=0.06\%$，$I_2=3.45\%$，$I_3=96.5\%$，所以这个谱由低能的两个小峰和高能的一个强峰组成，并且对应于实验谱中低能弱峰和高能巨共振峰，前峰是由自旋-轨道相互作用引起的。在不存在这个相互作用的条件下，所有的强度位于高能峰，这是 LS 耦合下偶极允许的跃迁。随着自旋-轨道相互作用的增加，L和S不再是好量子数，只有J仍然是一个好量子数，所以具有相同J的能级将会混合。式(5.77)表明前峰主要具有三态特征，而巨共振峰主要是单态特征。在LS特征中所有状态都是相当“纯”的，强烈地与芯j特征混合，即ψ_1具有80%的$d_{5/2}$和20%的$d_{3/2}$，ψ_2和ψ_3具有60%的$d_{5/2}$和40%的$d_{3/2}$。

上面的谱分析同样可以从微扰理论角度考虑。对于$O_{4,5}$边缘，静电相互作用远高于自旋-轨道相互作用，后者可以视为微扰。一阶微扰理论获得三态和单态自旋状态之间的能量间距为

$$\Delta E=\sqrt{(\Delta E_{\text{el}})^2+(\Delta E_{\text{so}})^2}$$

“禁止”三重态的相对强度为$I_{\text{triplet}}/I_{\text{singlet}}=(\Delta E_{\text{so}})^2/2(\Delta E_{\text{el}})^2$，其中$\Delta E_{\text{el}}$和$\Delta E_{\text{so}}$分别是静电相互作用和自旋-轨道相互作用引起的有效劈裂，这个数

值与精确矩阵对角化结果之间的比较表明这个简单的微扰模型是适用的。因此，前峰结构的相对强度是 $5d$ 芯自旋-轨道相互作用强度相对于 $5d$、$5f$ 静电相互作用的敏感度量。

其他轻元素 f^n 的情景是相似的，但是随着 n 的增加而变得更加复杂。谱中主峰是允许跃迁 $\Delta S=0$，$\Delta L=-1$、0 和 1 产生的。对于基态 $f^1(^2F_{5/2})$，在 LS 耦合基状态下，允许跃迁至终态 ^2D、^2F、^2G，$J=3/2$、5/2 和 7/2。很小的 $5d$ 自旋-轨道相互作用允许原先 $\Delta S=1$ 的禁止跃迁至终态（具有四重自旋 $S=3/2$），该状态由于 $5d$、$5f$ 交换能而具有较低的能量。主峰中劈裂行为是由于 Coulomb 相互作用和自旋-轨道相互作用产生的，并且无法区分这些相互作用。对于 $f^2(^3H_4)$，偶极允许跃迁至 $J=3$、4 和 5 的 ^3G、^3H、^3I 状态。在 IC 耦合机制下，基态是不同 LS 状态的混合，即 88% 的 $^3H_4$、1% 的 $^3F_4$ 和 11% 的 $^1G_4$，对前峰结构的分析表明它主要是三重和五重自旋状态组成的混合体。

对于小于半填充状态的壳层，在较低能量下常常存在高自旋的禁止状态。其原因是对于具有最大自旋 S 的基态 $5f^n$，终态 $5d^9 5f^{n+1}$ 的最大自旋为 $S+1(n\leqslant 6)$ 和 $S(n\geqslant 7)$，不同自旋状态之间的能量间距由交换相互作用确定。尖前峰要求其衰变寿命很长：在高自旋状态下，不存在或者只存在少量状态（具有相同 S）能够衰变，而激发态称为“双禁止”状态。LS 情景中的复杂性源自基态是强烈混合的，比如 $5f^3$ 具有 84% 的 $S=4$ 和 16% 的 $S=2$，$5f^5$ 具有 67% 的 $S=6$ 和 27% 的 $S=4$，如表 5.4 所示。随着原子序数的增加，自旋状态混合行为的增加导致前峰和巨共振峰之间能量间距的减少。

对于从 f^0 到 f^9 的基态构型，在存在（粗线）和不存在（细线）$5d$ 芯自旋-轨道相互作用条件下，计算获得的锕系元素 $O_{4,5}$ 谱如图 5.10 所示，Hartree-Fock-Slater 参数的原子数值采用了 Ogasawara 等数据。相对能是指相对于总终态构型平均能的零能。图中没有考虑导致展宽行为的衰变通道，所有的谱线采用 $\Gamma=0.5$eV 的 Lorentzian 线形进行展宽。前峰区域和巨共振峰区域分别在大约 5eV 的下方和上方。

图中没有考虑引起展宽行为的衰变通道，而是通过 $\Gamma=0.5$eV 的 Lorentzian 线形对所有谱线进行展宽，前峰区域和巨共振峰区域分别低于和高于大约 5eV。当考虑自旋-轨道相互作用时，在低能区出现其他结构，这对应于允许的高自旋状态，这个结论在最高 $n=6$ 都是成立的。对于更高的 n，初始主要峰消失，同时出现低能峰。如上所述，对于 $n\geqslant 7$，终态与基态具有相同的自旋多重度，不存在禁止的自旋跃迁。相同自旋状态被 $5d$ 自旋-轨道相互作用所混合，随着锕系序列原子序数的增加，强度将会增加（ζ_{5d} 从 Th 的

2.70eV 增加为 Cm 的 4.31eV)。

采用巨共振峰的 Fano 线形展宽对图 5.10 中锕系元素 $O_{4,5}$ 吸收谱进行卷积,如图 5.11 所示。对于 $n=0$ 和 1,计算获得 $O_{4,5}$ 边缘中前峰和巨共振峰的形式和强度与 Th $O_{4,5}$ EELS 边缘相似,同时 $n=3$ 时计算获得的 $O_{4,5}$ 边缘与 U 相似。从 $n=5$ 到 6,图 5.11 中 $O_{4,5}$ 边缘宽度减少了大约一半,这个现像是由于 Am 中 $j=5/2$ 能级几乎是完全填满的,这意味着从 Pu 到 Am,$d_{3/2}\rightarrow f_{5/2}$ 转变几乎完全消失。总之,对于 $O_{4,5}$ 边缘,终态接近于 LS 耦合极限,5d 芯自旋-轨道相互作用(远小于静电相互作用)引起了具有高自旋状态的前峰强度(位于较低能量)。

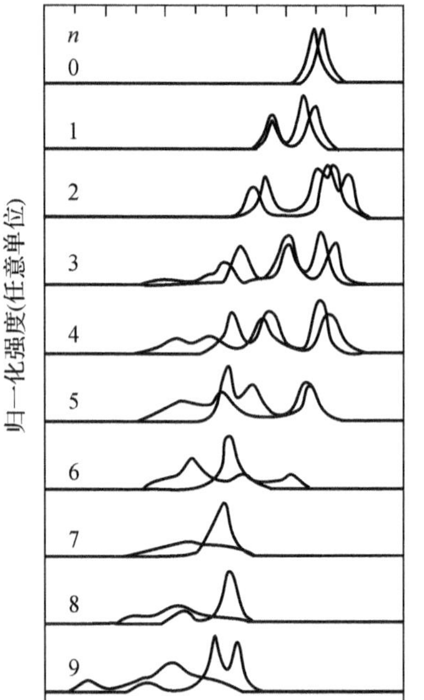

图 5.10　对于 f^0 到 f^9 的基态构型,在考虑(粗线)和不考虑(细线)5d 芯自旋-轨道相互作用情况下,锕系元素 $O_{4,5}$ 吸收谱的计算结果

2. $N_{4,5}(4d\rightarrow 5f)$ 边缘

对于 Th $N_{4,5}(4d\rightarrow 5f)$ 转变,自旋-轨道参数是 $\zeta_{5f}=0.23$eV 和 $\zeta_{4d}=15.38$eV,$4d^9 5f^1$ 终态静电能为 $E(^3D)=-0.055$eV、$E(^3P)=-0.993$eV 和

$E(^1P)=0.267\text{eV}$，这是相对于 $F^0=0$ 构型平均能量的结果。求解式(5.76)中终态哈密顿量获得下述本征值和本征态：

$$\left.\begin{array}{l} E_1=-16.489 \\ \psi_1=0.529\psi(^3D)+0.565\psi(^3P)-0.633\psi(^1P) \\ E_2=-15.058 \\ \psi_2=-847\psi(^3D)+0.3021\psi(^3P)-0.437\psi(^1P) \\ E_3=-22.508 \\ \psi_3=0.056\psi(^3D)+0.767\psi(^3P)-0.639\psi(^1P) \end{array}\right\} \tag{5.78}$$

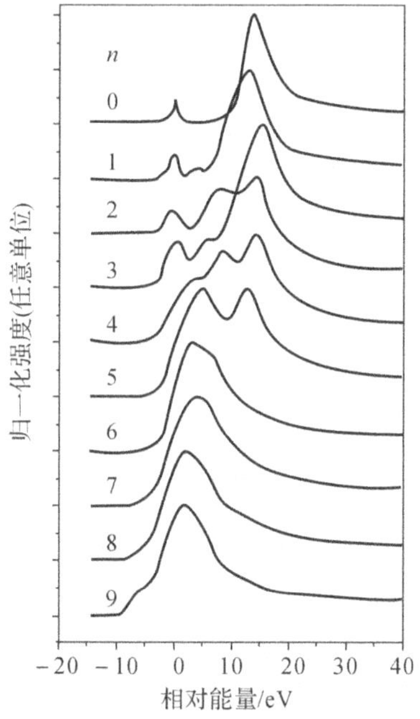

图 5.11　对于 f^0 到 f^9 的基态构型，巨共振峰采用 Fano 线形展宽的条件下，包含 5d 芯自旋-轨道相互作用的锕系元素 $O_{4,5}$ 吸收谱

其中^1P 特征分别给出了强度 40.1%、19.1% 和 40.8%，从而获得了 -16.5eV 和 -15eV 的双峰以及 22.5eV 位置的单峰，这些能量位置接近于纯 $j=5/2$ 和 3/2 能级的预期位置(分别为 $-0.5c\zeta=15.38\text{eV}$ 和 $0.5(c+1)\zeta=23.7\text{eV}$)。因此，可以认为这些峰对应于 N_5 和 N_4 边缘。作为强度比的分支比是 $I(N_5)/[I(N_4)+I(N_5)]=0.592$，接近于比值的统计结果 0.6。因为 f^0 的自旋-轨道相互作用为零，所以这个结果是求和定则的期望值。式(5.78)

中状态与LS量子数强烈地混合，同时在芯-空穴 j 量子数中相当地纯：ψ_1 和 ψ_2 具有 99.99% 的 $d_{5/2}$ 特征，ψ_3 具有 99.99% 的 $d_{3/2}$ 特征，这么高纯度的原因是芯的自旋-轨道相互作用远高于芯-价相互作用。因此，$N_{4,5}$ 边缘是求和定则分析的理想对象，同时需要考虑忽略不计的 jj 耦合作用。

在 IC 耦合机制下，计算获得的 $^{92}U\ 5f^1\ N_{4,5}$ 谱是 f^5，$^{100}\mathrm{Fm}\ 5f^7\ N_{4,5}$ 谱是 f^{13}，通过 2.0eV（对应于固有的寿命展宽）卷积获得的结果如图 5.12 所示。

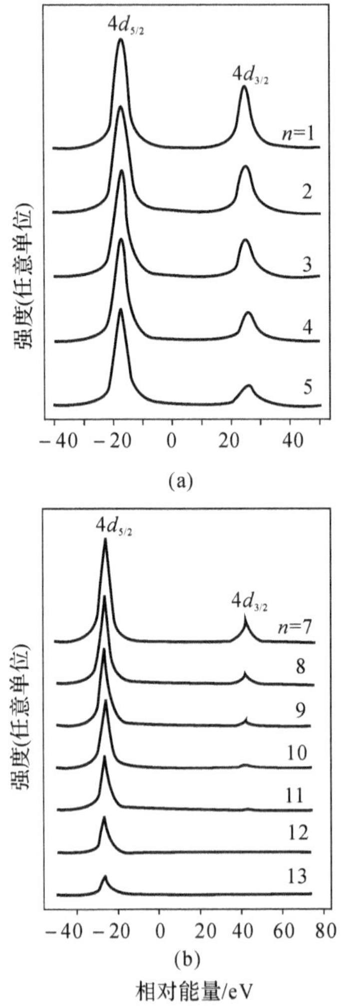

图 5.12　对于 $^{92}U\ 5f^1$ 到 $5f^5$ 和 $^{100}Fm\ 5f^7$ 到 $5f^{13}$ 的 $4d$ 吸收边缘，在 IC 耦合机制下多电子原子理论获得的 XAS 谱

图 5.13(a) 为每个空穴中基态自旋-轨道相互作用$\langle w^{110}\rangle/(14-n_f)-\Delta$与 5$f$ 电子数n_f之间的函数关系，图中显示了三种理论耦合机制：LS，jj 和 IC 耦合机制，图 5.13(b) 显示了在三种耦合机制计算获得的电子占据数$n_{5/2}$和$n_{7/2}$与 5f 电子数n_f之间的函数关系。

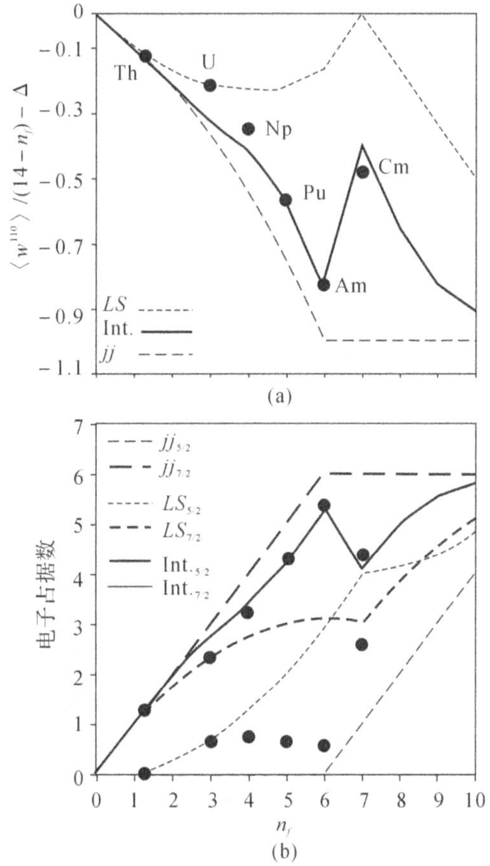

图 5.13　5f 状态中每个空穴的自旋-轨道相互作用，以及 $j=5/2$ 和 7/2 能级的电子占据数

采用上述的理论框架可以获得每一种元素的磁矩。从f^1到f^5，自旋磁矩和轨道磁矩反平行排列，这意味着自旋磁矩和轨道磁矩之间部分抵消。对于f^6，所有三种耦合机制下均不存在自旋或轨道磁矩。对于f^7到f^{13}，自旋磁矩和轨道磁矩平行排列，这意味着产生明显的磁矩。对于f^7，jj 或 IC 耦合机制

下自旋磁矩异常高，这意味着如果对于任意耦合机制，Cm 产生明显的自旋极化，形成很高的磁矩，这是锕系元素 $5f$ 行为发生显著变化的根本原因。实际上，$N_{4,5}$ 边缘与 $M_{4,5}$ 边缘具有相似的行为，通过共振磁性 X 射线散射测量同样可以获得 $M_{4,5}$ 边缘。对于 Th $M_{4,5}$（$3d \to 5f$）转变，自旋-轨道参数是 $\zeta_{5f}=0.23$eV 和 $\zeta_{4d}=66.00$eV，$4d^9 5f^1$ 终态静电能为 $E(^3D)=-0.071$V、$E(^3P)=-0.564$eV 和 $E(^1P)=2.147$eV。式(5.76)中矩阵的对角化可以获得能量为 -66.83、-64.51 和 99.27eV，相对强度分别为 39.6%，19.7% 和 40.7% 的谱峰。

总之，对于 $M_{4,5}$ 和 $N_{4,5}$ 边缘，因为 $3d$ 和 $4d$ 自旋-轨道相互作用远高于芯-价静电相互作用，所以终态接近于 jj 耦合机制，同时谱劈裂为 $j=3/2$ 和 $j=5/2$ 结构。这些结构的分支比与基态自旋-轨道相互作用相关，可以采用分支比来解释锕系元素的角动量耦合机制。

5.4 锕系金属的电子结构

5.4.1 Th

通常假设 $5f$ 状态的行为与稀土元素的 $4f$ 状态相似，后者的 $4f$ 电子处于局域状态，同时是类原子的。为了与 Thorsen 等 de Haas - van Alphen 实验结果一致，Gupta 等在 Th 计算中人为地消除了 $5f$ 状态。然而，Koelling 等认为 $5f$ 状态实际上是离域的，同时与 $6d$，$7s$ 能带发生杂化行为。Veal 等法向入射的反射性测量结果表明，Th $5f$ 状态是离域的成键行为，其行为是类能带的。Weaver 等研究发现 Veal 等光学实验结果不完全正确。然而，目前的研究结果仍然认为 Th $5f$ 状态处于离域状态，与稀土金属的 $4f$ 状态不同。

一般认为在 Th 中 $5f$ 状态不是完全占据的，s、p 和 d 状态具有金属成键行为。Bade 等实验研究工作首次证明了上述结论是错误的，采用 PES 和 BIS 直接探测 Fermi 能级上方和下方的态密度。Th 的 BIS 结果（见图 5.14）很清楚地表明，费米能级上肩部意味着 Th 中存在中等的 $5f$ 占据数，Eckart 进行的相对论自洽计算同样表明在费米能级上存在中等的 f 态密度。因此，实验和理论表明 $5f$ 状态具有很小的电子占据数。

Skriver Johansson 等理论计算验证了 Th $5f$ 状态是离域的，同时与 s，p

和 d 价能带发生杂化行为。Johansson 等研究结果表明 Th 金属不是 4 价 d 过渡金属，这是因为在这种电子构型下应该具有 bcc 晶体结构。这意味着即使 Th 是 fcc 结构，fcc 结构不是其他具有低对称性结构的轻锕系金属的晶体结构。由于杂化作用，所以一些电子权重存在 $5f$ 成键行为。Th 表现出 fcc 结构，但是具有一定电子权重的 $5f$ 离域状态，这个现象有些令人意外，这是因为 α－Ce 同样表现出 fcc 结构，但是只有大约 1 个 $4f$ 电子产生成键行为。

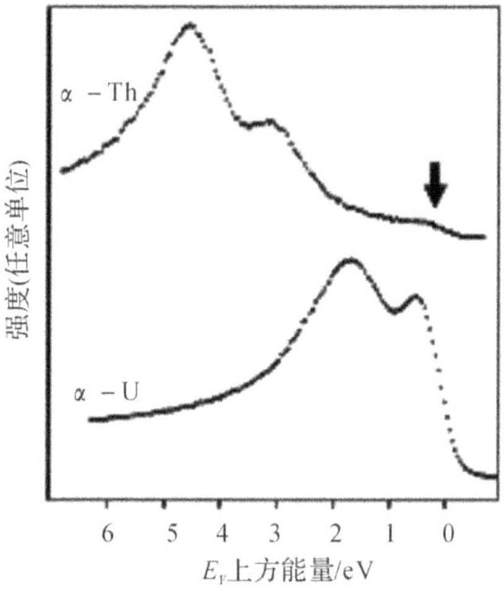

图 5.14　α－Th 和 α－U 韧致辐射等色谱(BIS)，该技术测量了 Fermi 能级上方的未占据状态

为了对 Th 和整个锕系序列进行研究，下面讨论 Th 金属谱。Fuggle 等获得的 Th 价 PES 验证了 Th 具有中等 f 电子数的离域 $5f$ 能带，PES 谱如图 5.15 所示。双峰结构主要由 d 轨道和少量 f 轨道构成。由于 Th 的 Fermi 能级上几乎存在 f 态密度，所以 Th 价带 PES 的强度远小于 U－Am，Freeman 等 Skriver，几乎与实验价带 PES 谱完全相同。

图 5.16 显示了 Moser 等测量获得的 $4f$ PES 谱，谱中包含了反对称的 $4f_{5/2}$ 和 $4f_{7/2}$ 峰，这表明 Th 是离域的锕系金属。

Th 中存在卫星峰，U 中完全消失，而 Np 中强度很弱，在卫星峰应该出现的位置斜率发生变化。α－Pu 开始显示出强烈的卫星峰，δ－Pu 谱主要由卫星峰占据。Am 谱几乎完全由弱屏蔽的卫星峰构成，良屏蔽金属峰应该出现的位置存在非常少量的权重。Th、U 和 Np 的离域度发生变化，那么为什么

Th 金属中存在振荡向下的峰呢？轻锕系元素中明显的屏蔽作用是由离域 $5f$ 电子产生的，由于 Th 具有很少量的 $5f$ 权重，所以芯电子离子化没有产生有效的屏蔽作用。

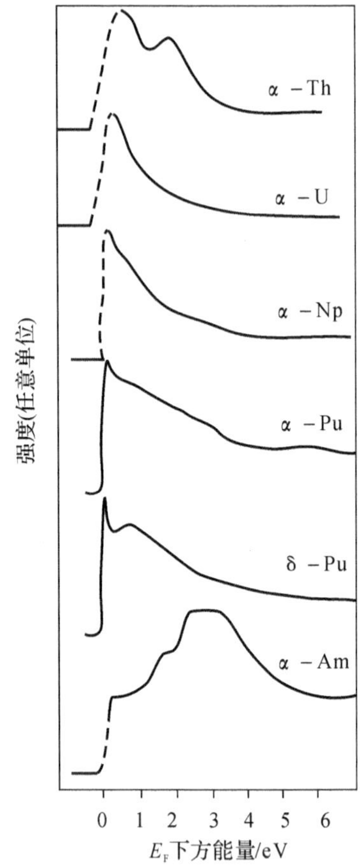

图 5.15 α-Th、α-U、α-Np、α-Pu 和 δ-Pu 价带光电子发射谱

在 $4f_{5/2}$ 和 $4f_{7/2}$ 峰的高能一侧同样存在卫星峰，这些卫星峰同样出现在 McLean 等 Th $4f$ PES 谱中，以及 Sham 等 $5p$ PES 谱中，这意味着存在弱屏蔽作用。从图 5.16 可以看出：卫星峰出现在 Th 中，但是在 U 中完全消失，Np 中几乎完全消失。Th 金属不具有 $5f$ 局域状态，那么为什么存在卫星峰呢？Moser 等认为可能是由于 sd 载流子所致。根据 Schönhammer 等模型，Fuggle 等认为当局域芯能级中产生空穴时，未占据的屏蔽能级将被推到 Fermi 能级以下，因此谱中的肩部来源于电荷从 Fermi 能级转移至未占据能

级过程。U 和 Np 谱中 $4f_{5/2}$ 和 $4f_{7/2}$ 峰的反对称性是由于 Fermi 能级存在很高的 $5f$ 态密度，导致在光电子发射过程中产生大量的低能电子-空穴对。在 Th 中，即使 $5f$ 状态是离域的，Fermi 能级位置仍然不存在足够的 f 态密度来屏蔽芯空穴。从以下事实可以清楚地看出：图 5.15 中 Th 价带 PES 谱几乎完全是 d 状态以及少量的 f 贡献产生的，图 5.14 中 BIS 谱表明大部分态密度位于 Fermi 能级上方。轻锕系元素中明显的屏蔽作用是由离域 $5f$ 电子产生的，但是在 Th 中，不存在足够的 f 电子态密度有效地屏蔽芯空穴，所以出现弱屏蔽的卫星峰。

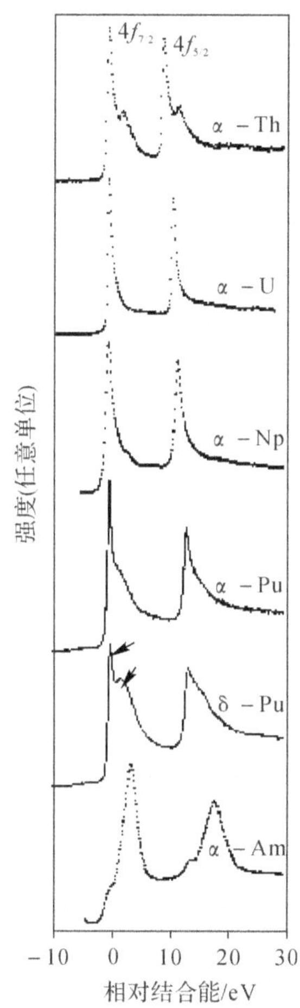

图 5.16 Th、U、Np、α-Pu 和 δ-Pu 的 $4f$ 光电子发射谱，$4f_{5/2}$ 和 $4f_{7/2}$ 峰高能的卫星峰表明存在很弱的屏蔽

$O_{4,5}$和$N_{4,5}$边缘的 EELS 和多电子原子谱计算结果支持了上述的论点，即 Th 处于含有一些 $5f$ 电子权重的离域状态，而 $5f$ 状态中实际的电子数存在一些变化，$5f$ 计数在 0 和 0.5 之间。在 EELS 和多电子原子谱计算中，存在 0.6 或 1.3 个 $5f$ 电子，这依赖于所采用的本底消除方法。Moore 等采用标准的 XAS 本底消除方法和峰拟合方法，获得 $n_f=0.6$，这接近于 Baer 等获得的 0.5。Moore 等随后采用二阶微分本底消除技术获得 $n_f=1.3$。与文献相比，Th $5f$ 电子计数为 1.3 有些高，但这是不产生负 $j=7/2$ 占据的最低计数，所以是没有物理意义的。当分支比接近于统计值 0.6 时，不确定度将会变得更大，所以 f 电子计数接近 0.5 是最准确的，同时与实验和理论结果一致。有趣的是，角动量耦合机制的变化对 0 和 1 之间变化的 f 电子计数没有影响。因此，在最高 $f=1$ 条件下，所有三种角动量耦合机制是等价的，甚至对于 $f=1.3$，所有三种耦合机制几乎是相等的。

金刚石砧实验表明 fcc Th 在最高 63±3GPa 条件下是稳定的，在 63±3GPa 时 Th 将逐渐变形为体心四面体结构（空间群为 $I4/mmm$）。Bain 类型变形使得 fcc 晶体转变为 bcc 结构（或者体心四面体，只在一个轴上发生稍微的变形），其中转变是连续的二阶热力学过程。因此，转变不需要位错运动，晶体结构的变化只是简单的变形。一旦金属上压强达到 63±3GPa，$5f$ 能带将会展宽，f 电子占据数增加，体系具有低对称性晶体结构，这表明存在成键的 f 状态。

5.4.2 Pa

Pa 是轻锕系元素中了解最少的元素，实际上，除了 Friedt 等的 Mössbauer 谱以外，Pa 金属不存在其他的谱，Blank 综述了 Pa 的大量结晶和物理性质。结晶学研究结果表明 Pa 具有体心四面体结构，这与压强作用下 Th 金属晶体结构相同。Pa 金属在 1.4K 时表现出超导性。体心四面体结构的低对称性表明，Pa 的离域 $5f$ 状态参与化学成键过程。对图 5.13(a)中 $N_{4,5}$ EELS 边缘的自旋-轨道分析表明，由于 Pa $5f$ 占据数较低，所以该金属在三种耦合机制下几乎无法分辨。对于 U，图 5.13(a)清楚地显示了纯的 LS 耦合机制，这意味着 U 金属 $5f$ 状态是离域的。由于轻锕系金属中 $5f$ 状态的离域特性，所以可以假设 Pa 中 $5f$ 状态是离域的，同时可以通过 LS 耦合机制进行研究。假设 Pa $5f$ 计数为 2，自旋-轨道期望值大约为 −0.17，这符合 LS 耦合机制。

当金刚石砧腔中压强增加到 77±5GPa 时，Pa 金属将转变为正交 α－U

结构(空间群为 $CmCm$),伴随着这个相变过程,体积发生大约 30%的收缩,这与 Söderlind 等 25GPa(而不是 77GPa)实验现象一致。有趣的是,轻锕系金属的许多高压实验均获得稳定的 α-U 结构,这与稀土金属相似,比如 Ce,Nd 和 Pr。当然在数百 GPa 压强作用下,由于巨大的静电排斥作用消除了更加开放的较低对称性结构,所以同样有利于形成密排金属结构,比如 fcc、hcp 和 bcc 结构,Söderlind 等 Pa 实验观察到这个现象,在压缩条件下变成稳定的 hcp 结构。

5.4.3　U

与其他锕系元素相比,目前对于 U 金属理解得最清楚,主要的原因是其具有技术应用价值。Lander 等对 U 金属进行了详细的综述,下面重点讨论 1994 年以来 $5f$ 状态电子结构以及一些新的物理现象。首先讨论角动量耦合机制、电子填充和金属的共价行为,然后讨论 U 金属中三种电荷密度波(CDWs),及其与 α-Np 和 α-Pu 中可能 CDWs 之间关系。最后讨论 α-U 中固有的局域模式,这个模式代表了材料中所观察到的第一个三维非线性模式,虽然这些不是严格的电子效应,但是电子-声子相互作用使得这些问题变得更加复杂。

1. U 为什么表现出 LS 耦合机制

如上所述,EELS 和多电子谱计算分析结果很清楚地表明 U 金属位于 $5f$ 状态的 LS 耦合曲线上,U 是表现出这个行为的最重锕系元素。α-U 的价带和 $4f$ PES 谱分别如图 5.15 和 5.16 所示,图中显示了该金属具有离域 $5f$ 状态。除了反对称的 Doniach-Sunjic 线形以外,价带 PES 谱没有表现出可以分辨的结构,这意味着 U 是一个离域体系,而 $4f$ PES 谱表现出强烈的反对称 $4f_{5/2}$ 和 $4f_{7/2}$ 峰,同时不存在弱屏蔽的卫星峰。实际上,除非在少于 1 个单层 U 的自由薄膜上(此时结构中出现 $5f$ 局域行为),否则价带和 $4f$ PES 谱仍然是无结构的。图 5.15 中 α-U BIS 谱同样表明费米能级上具有高 f 态密度(离域 $5f$ 状态)。所有这些归结为一个问题:如果 $5f$ 状态表现出强烈的自旋-轨道相互作用,那么为什么可以从 EELS、XAS 和 PES 观察到纯 LS 耦合?

答案如下:U 当然具有强烈的自旋-轨道相互作用,金属 $5f$ 状态足够离域,$j=5/2$ 和 $7/2$ 能级的混合作用产生类 LS 情况。换句话说,即使存在强烈的自旋-轨道相互作用的径向部分,但是 α-U 中离域 $5f$ 状态仍然降低了自旋-轨道相互作用的角向部分。如果自旋-轨道参数落在 jj 曲线上,那么原子具有 jj 耦合机制。然而,如果自旋-轨道参数落在 LS 曲线上,原子具有 LS

耦合机制。存在其他方式耦合自旋磁矩和轨道磁矩，自旋-轨道相互作用减少的大小与LS耦合机制相同。因此，低自旋-轨道值不是产生LS耦合机制的唯一原因。另一方面，对于给定的自旋-轨道值和电子数，分解为 $j=5/2$ 和 $7/2$ 状态是唯一的。杂化作用将会导致这些 j 能级展宽为能带，混合作用不断增加，$j=7/2$ 特征权重增加，并且降低自旋-轨道相互作用。一旦 $5f$ 状态的局域性稍微高于 α-U，那么 $5f$ 状态将表现出强烈的自旋-轨道相互作用，通过离域 f 电子磁性材料和金属的维数约束(引起 $5f$ 状态的局域)可以对这个结论进行验证。

大量的离域 f 电子磁体表现出明显的轨道磁矩和自旋磁矩。中子散射实验很清楚地显示了 f 磁性形成因子的异常行为，这是由于强烈的轨道分量产生的。场致纯 α-U 金属的磁性形成因子随着散射波向量的增加而单调减少，然而，自旋极化电子结构计算表明，当暴露在外部磁场时，U金属的自旋磁矩和轨道磁矩平行排列，这与洪德第三定律相反，后者认为 $5f$ 状态的自旋-轨道相互作用将会导致U中自旋磁矩和轨道磁矩反平行排列。这意味着Hjelm等在 α-U 上进行的自旋极化电子结构计算中采用的磁场已经破坏了洪德定则获得的基态(具有反平行的自旋磁矩和轨道磁矩)，自旋-轨道相互作用将较高 L 和 S 状态混合到基态中，从而服从IC耦合机制。

U/Fe多层中U原子的维数约束导致更加局域的 $5f$ 状态。Wilhelm等采用 $U\ M_{4,5}$ 分支比研究表明，9ML U获得的XAS自旋-轨道期望值为 -0.142，而40ML U获得的自旋-轨道期望值为 -0.215，这与块体 α-U相似。这个结果表明随着多层中U厚度的减少，金属的 $5f$ 电子表现得更加类原子状态，自旋-轨道期望值与IC耦合机制一致。

虽然 α-U 金属表现出LS耦合机制，但是在自由原子形式下，锕系元素明显趋向于 jj 或IC耦合机制。锕系元素的自旋-轨道耦合参数大约是稀土元素的两倍，而静电参数具有相同的大小，如表5.1所示，这导致锕系离子的行为与LS耦合存在明显的区别。Carnall等在 jj 和LS极限条件下计算获得的状态分量结果表明，耦合机制是完全的IC耦合，这是完全局域极限的期望结果。因此，虽然U金属表现出LS耦合机制，但是它实际上具有强烈的自旋-轨道相互作用，这个相互作用被 $5f$ 状态离域性(带宽)所屏蔽。在Mn次单层薄膜中同样观察到分支比的强烈变化。当Mn超薄膜中电子变为局域状态时，X射线吸收中 $L_{2,3}$ 分支比明显增加。然而，需要将这个结果与锕系元素的结果进行对比，因为在Mn中，这些变化来自于终态中 jj 耦合($2p$、$3d$ 静电相互作用产生)，从而影响 $L_{2,3}$ 吸收边缘。当 $3d$ 电子变为离域状态时，$2p$、$3d$ 相互作用明显减少。因为在锕系元素情况下，jj 耦合很小，所以不是由于 $2p$、$3d$ 相互作用的变化而产生，而是来源于 $5f$（离域）局域过程中自旋-轨道相互作用角向部分的变化。

虽然氧化物是与本节讨论的金属不是完全相同，但是两者存在着共同的问题，即 $5f$ 状态的局域化。当离域状态变成局域时，电子从类 LS 变成 IC 耦合机制。一个典型的例子是 $5d$ 过渡金属，该金属具有离域和成键的 $5d$ 状态，如图 5.1 所示，相应地，服从 LS 耦合机制。然而，一旦这些金属形成氧化物，$5d$ 状态将会局域化，服从 IC 耦合机制。Moore 等 EELS 数据可知，α－U 和 UO_2分支比之间的差别为 3.0%，对于 α－Pu 和 PuO_2，金属和氧化物之间分支比的差别降至 1.8%。实际上，Moore 等 EELS 结果表明，在 Th、U、Np、Pu、Am 和 Cm 基态金属相和二氧化物之间分支比的差别中，Th 和 U 具有最大的差别，Np 具有较小的差别，Pu 具有更小的差别，而 Am 和 Cm 则没有差别。Th 和 U 中 $5f$ 电子处于离域状态，Np 离域性降低，Pu 离域性甚至更低，Am 和 Cm 中 $5f$ 电子处于强烈的局域状态。对于图 5.13(a)中锕系序列，$5f$ 金属的耦合机制从 LS 变化为 IC 耦合机制。考虑到 UO_2和 PuO_2价电子计数的目前解释是相互矛盾的。锕系金属和二氧化物之间的分支比差别直接由 EELS 测量数据获得，这个差别对于理解 U、Th、Np、Pu、Am 和 Cm 中 $5f$ 局域度具有重要的意义。最后，Prodan 等 DFT 结果表明 PuO_2、AmO_2和 CmO_2中 $5f$－O $2p$ 轨道简并导致明显的混合和共价行为。与自旋-轨道耦合作用相比，他们的结果同样表明存在强烈的 Hund 定则交换作用，CmO_2 $5f$ 状态中强烈交换相互作用同样出现在 Cm 金属中，如下所述。

Akella 等通过金刚石砧研究了 α－U 中离域性和强烈成键 $5f$ 电子所致稳定性。在这些实验中，α－U 压缩至 100GPa，正交 *CmCm* 晶体结构没有变化，只是正交轴向比稍微发生驰豫行为。考虑到 α－U 晶体结构不断出现在压强作用下稀土和锕系金属中，所以当 $5f$ 占据数大约为 2－4 时，这种晶体结构是 f 电子成键结构。如果这个结论是正确的，那么 U 金属应该是研究强成键 f 电子异常物理行为的标准参考体系，两个典型的例子是电荷密度波和固有局域模型，两者都出现在 α－U 中。

2. Th、Pa 和 U 的超导性

从图 5.6(a)可以看出，Th、Pa 和 U 基态处于超导区域。实际上，Th 超导转变温度 T_c为 1.4K，Pa 为 1.4K，U 根据晶体结构而分别为 0.7K 或 1.8K（正交 α—U T_c=0.7K，fcc γ—U T_c＝1.8K）。在压强作用下，Th 的超导转变温度从 1.4K 降到大约 0.7K。在相反的方式下，压强将 U 的超导转变温度从环境条件下大约 1.0K 增加至(1bar＝10^5 Pa)时 2.3K。

Fowler 等获得的 Th、Pa 和 U 超导转变曲线表明 Pa 和 U 是相似的，而 Th 是不同的。Th 的超导转变温度发生在很窄的温度范围内，而 Pa 和 U 表现出的超导转变温度发生在相当宽的温度范围内，U 的转变温度更加突然，但是仍然没有 Th 快。这是由于 Th 非常洁净，而 Pa 和 U 通常含有杂质(元素或缺陷)，换句话说，它是由产生超导性的状态导致的。如上所述，Th 的离域 $5f$ 状态中只有大约 $0.5f$ 电子，而 Pa 大约为 $5f^2$，U 大约为 $5f^3$。这意味着 Pa 和 U 中超导性可能出现在 $5f$ 状态中，具有足够的电子占据数重现或影响 T_c，而在 Th 中，由于低 f 电子占据数，所以超导性出现在 s、p 或 d 状态中。实际上，在 Th 超导性中没有出现 f 电子，而 Smith 等研究发现 U 超导性与 f 电子密切相关。纯 Np 和 Pu 金属分别在 0.41K 和 0.5K 下不具有超导性。然而，Pu 基化合物 $PuCoGa_5$ 在 18.5K 表现出超导转变温度，实际上 18.5K 已经相当高。同样地，Am 金属在 0.8K 以下具有超导性，与压强相关的 T_c 范围为 0.7～2.2K。

3. α－U、α－Np 和 α－Pu 中电荷密度波

电荷密度波(CDWs)形成准低维材料，同时形成低对称性晶体结构中费米表面，在一维或两维材料中可以观察到这个结构，α－U 是唯一已知的单质体系(形成三维 CDW)。Fisher 等在液 He 温度下进行的弹性常数测量表明，c_{11} 在 43K 是出现明显的变化，在该温度下存在相变行为。在声子色散曲线中可以很清楚地观察到 CDW，冷却至 30K 时将会导致[100]方向上 Σ_4 分支密集或者频率降低。电荷有序化将会导致超晶格反射，而超晶格反射与原子晶格是不通约的。Marmeggi 等进行的中子衍射实验表明存在三个不同的 CDWs，一个在 43K(α_1)，一个在 37K(α_2)，另一个在 22K(α_3)，其中 α_1 和 α_2 与晶格不通约，而 α_3 与晶格通约，Fast 等进行的第一性原理计算表明窄 $5f$ 能带位于 α_1 相的 Fermi 表面上。

考虑到在 α－U(具有低对称性正交晶体的离域锕系金属)中形成 CDWs，可能会有人问正交 α－Np 或单斜 α－Pu 中是否形成 CDWs 呢？Moore 等进行的 TEM 实验表明直到 10K，α－Np 或 α－Pu 没有形成 CDW。采用液 He 样本容器，Np 和 Pu 样品在 TEM 中进行冷却，在电子衍射下没有产生超晶格反射，在单晶区域使用 TEM 可以有效地避免多晶样品导致的问题。α－U 测量(比如比热)结果表明单晶存在清晰的峰，而多晶样品上不存在峰。Chen 等研究表明对于 α－U，通过 TEM 中电子衍射方法可以观察到所有三个 CDWs 的超晶格反射，通过暗场技术可以对所有三个 CDWs 的超晶格反射进行

成像。

4. 固有局域模型

缺陷一般会破坏晶体的周期性，而在没有缺陷的完整晶格中，存在周期性被破坏的原子环境。Sievers 等首先提出了这个想法，完整晶格中存在的四次非谐性导致局域振动模式或者固有局域模型(ILMs)，Minkel 采用很好的近似方法解释了 ILMs。在原子中发生了相似的情况，纳米尺寸的原子区域随着大量的局域能量而振动，这可能只是具有很小的吸引力，但是研究发现 ILMs 可能对锕系和材料的研究产生深远的影响。Manley 等采用非弹性中子和 X 射线散射，在 298～573K 范围内 α－U 单晶上记录了声子散射曲线。测量结果表明在 450K 以上，沿着[00ζ]方向的纵向光学分支表现出软化现象，在相同温度下，沿着[01ζ]方向的 Brillouin 区边界形成新的动态模型，声子谱变化与热容或结构没有明显变化(即不存在相变)是一致的，Manley 等认为这是在三维晶体中形成 ILM 的第一个实验现象。

在 α－U ILMs 中一个令人迷惑的事实是它们发生的温度(450～675K)与金属力学性质的异常行为一致，Manley 等认为 U 物理性质的异常变化受到高温 ILMs 的影响。在正常的金属中，力学应力产生的塑性变形在晶体中导致缺陷的产生和运动，而当存在 ILMs 时，塑性变形将会阻止位错的移动，这与空位、间隙、晶界或二次相相似，LM 或其他缺陷可能使位错移动变慢，从而阻止塑性变形。实际上，与众所周知的 Hall－Petch 关系相似，金属的强度正比于晶界的密度(或反比于晶界的尺寸)，所以金属的力学响应可能正比于 ILMs 的密度。

从物理角度考虑，ILMs 现象表明均匀和无缺陷材料能够自发地累积能量，这将以新的方式影响材料的物理性质，产生新的力学响应机制。那么为什么晶体非谐性将会导致 α－U 具有唯一已知的三维 CDW 和 ILMs 呢？目前仍然无法给出准确的答案。

5.4.4　Np

Zachariasen 首先识别了 Np 的正交晶体结构(空间群为 Pmcn)，随后 Eldered 等在 *Nature* 上发表了名为《Np 金属的一些性质》文章。这篇文章认为 Np 金属的密度在 U 和 Pu 之间，Vickers 硬度为 355。Evans 等详细介绍了 Np 晶体结构的基本物理性质，尤其是金属的三种同素异形体相 α、β 和 γ 相。随后，Dunlap 等采用 γ 射线核磁共振获得了 Mössbauer 谱，研究发现 α－Np 存在各向异性的晶格振动。因此，Np 与 U 不同，5f 状态开始发生变化。

目前普遍认为 Th 到 α-Pu 具有离域 5f 状态，而 Am 到 Lr 具有局域 5f 状态，而实验数据表明在此之前就已经发生离域-局域转变，图 5.13 中 $N_{4,5}$ EELS 数据的自旋-轨道求和定则分析表明 Np 5f 电子已经变得相当局域化。α-U 中观察到纯 LS 耦合机制，而 Np 的自旋-轨道期望值更接近于 IC 耦合机制。在完全局域的锕系材料中（比如氧化物或氟化物），5f 状态表现出 IC 耦合机制。因此，Np 中 5f 状态开始局域化，这个结论得到 Brooks 等计算结果的支持，后者认为虽然最轻锕系元素中 5f 自旋-轨道相互作用可以忽略不计，但是在 Np 中变得很重要。换句话说，Np 中开始发生从 LS 到 IC 耦合机制的转变，同时 Np 是图 5.1 中晶体体积发生突变的 Pu 近邻元素。

PES 谱仪结果进一步验证了 Np 是具有少量 5f 状态局域性的第一种锕系元素。通过对图 5.15 中价带 PES 谱和图 5.16 中 Np 4f PES 谱进行对比可以发现，Np 中已经开始出现精细结构，但是这个特征在 U 5f PES 谱中是不存在的。U 中 5f 状态相当离域化，产生图 5.15 中锯齿状价带 PES 谱。然而，在 Np 价带谱中大约 0.8eV 位置存在一个峰，这个峰在 α-Pu 中更大和更宽，而在 δ-Pu 中更加明显，同样的结果出现在图 5.16 的 4f PES 谱中。U 金属的反对称 $4f_{5/2}$ 和 $4f_{7/2}$ 峰表明其为离域的锕系金属，Np 在这些峰的高能一侧表现出少量的这种结构，这是 4f PES 谱中弱屏蔽卫星峰的特征，α-Pu 变得相当明显，而 δ-Pu 中更加明显。随着金属氧化形成 Np_2O_3，Np 中这些弱屏蔽的卫星峰不断增加。

金属体积模量同样验证了 Np 中 5f 状态开始局域化的事实。轻锕系金属的实验体积模量如图 5.17 所示，实验中压强条件分别是 Th 在 50～72GPa，Pa 在 100～157GPa，U 在 100～152GPa，Np 在 74～118GPa，Pu 在 40～55GPa，Am 在 30GPa，Cm 在 37GPa，Bk 在 35GPa，Cf 在 50GPa。由于 5f 状态具有少量的电子，所以 Th 表现出低体积模量和 fcc 结构。Pa 和 U 表现出最高的体积模量，±5GPa 的误差与金刚石砧腔相同，从 Pa 到 U 体积模量明显下降。根据 EELS、XAS 和 PES 数据，体积模量的下降似乎是由于 5f 状态分数局域度产生的，并且降低了成键强度。Np 具有大约 4 个 5f 电子，这意味着在 $j=5/2$ 能级中开始填充反键状态，同样会降低金属的成键强度。实际上，体积模量对晶体结构相当敏感，所以每一个结构的比较方式是不同的。虽然无法确定何种因子导致体积模量的减少（可能是多种因素的组合），但是已经表明锕系金属序列开始发生变化。

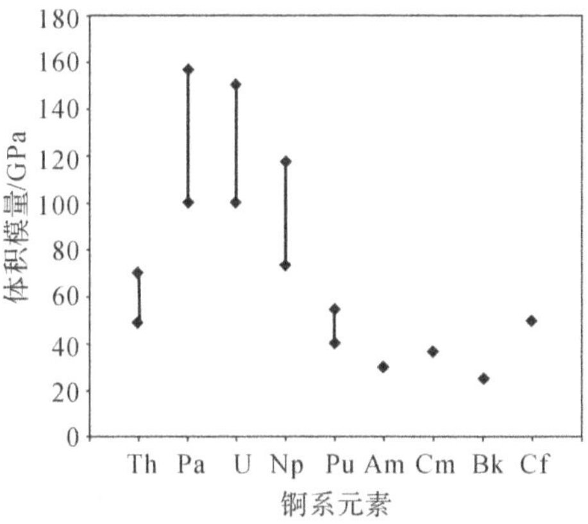

图 5.17　体积模量实验结果与锕系元素之间的函数关系

因为 Np 中 5f 状态仍然是相当离域的，所以能带结构计算能够准确预测 Np 的物理性质，从金属的谱和块体测量结果可以发现 f 电子开始出现局域行为。当采用金刚石砧将实验压强增加到 52GPa 时，Np 中不存在从基态正交结构(空间群 Pmcn)的相变现象。Söderlind 等通过第一性原理电子结构计算从理论上验证了这个结论，他们研究发现 α－Np 在这个压强条件下是稳定的。DFT 计算结果表明，当压强进一步增加时，观察到 α－Np→β－Np→bcc 转变序列，其中第一次转变发生在压缩率 19%，第二次转变发生在 26%压缩率。低对称性锕系元素再次转变为高对称性结构，这是由于价带随着压强的展宽而产生的。一旦达到了异常高的压强，甚至窄 5f 能带也变得足够宽，并且表现出高对称性的 fcc、bcc 和 hcp 结构。

5.4.5　Pu

在绝对零度和熔点之间，Pu 呈现出六种晶体结构，δ 和 δ′相具有负的热膨胀系数，同时对压强、温度和化学组成异常敏感。温度和压强对金属的影响如图 5.18 所示，图中显示了 0 到 10kbar、0～600℃之间的 Pu 相平衡。从图中可以很明显地看出，相当低的压强(大约 2～3kbar)可消除高体积 γ、δ 和 δ′相。在 Pu 金属上进行的许多实验和理论研究工作，基本上集中于基态单斜 α 相和高温 fcc δ 相。进行如此大量研究的原因是 Pu 金属位于局域和离域 5f 状态边界位置，如图 5.1 所示，因此 Pu 及其合金和材料表现出大量有趣的物理性质。本节将详细论述 Pu 的电子结构、磁性结构和晶体结构。首先阐述可获的光谱数据，然后论述密度泛函理论和动力学平均场理论结果，并与实验数据进行对比，最后讨论 Pu 的有趣性质，比如晶体晶格动力学、自辐射损伤所致电子结构变化和超导性。

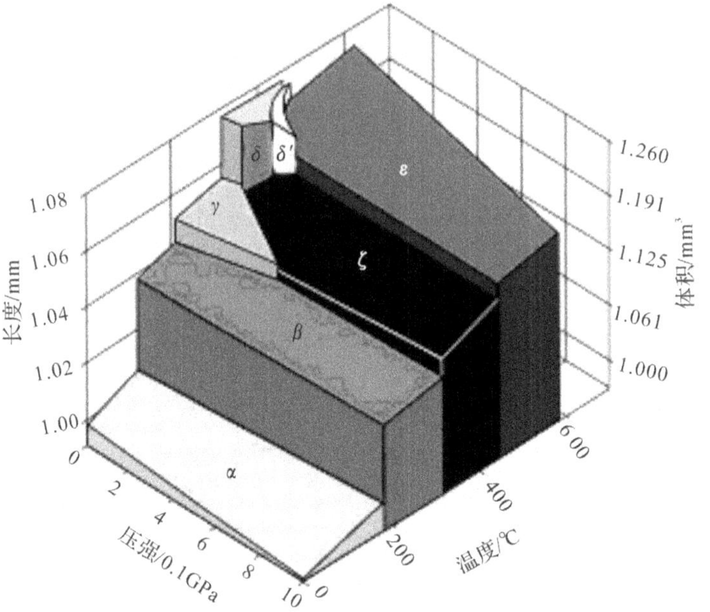

图 5.18　Pu 金属相稳定性与压强和温度之间函数关系的三维图像

1. Pu 基础理论

Pu 金属的实验和理论结果均表明：$5f$ 状态大约包含 5 个电子，$5f$ 状态的角动量耦合机制是接近于 jj 极限的 IC 耦合机制，α 相和 δ 相存在不断变化的电子关联效应，所有 6 个 Pu 金属同素异形体都是非磁的。如上所述，EELS 和多电子原子谱计算结果表明 $5f^5$ 或者接近 $5f^5$ 时产生共价行为，耦合机制是非常接近于 jj 极限的 IC 耦合机制，Moore 等 EELS 结果表明这个结论对于 α - Pu 和 δ - Pu 都是成立的。因此，$N_{4,5}$ 分支比的求和定则分析验证了 $5f$ 状态中存在强烈的自旋-轨道相互作用，同时 IC 耦合机制接近于 jj 极限。即使 f 计数发生一些变化（比如 0.4），研究结果仍然是稳定的，这表明 Pu 中 $5f$ 状态不属于 LS 耦合机制。实际上，对于 LS 耦合的基态，$\langle w^{110} \rangle / n_h$ 低于 −0.23，所以与实验值 −0.565 明显不同。

α - Pu 和 δ - Pu 价带 PES 谱如图 5.15 所示。由于存在 Doniach - Sunjic 锯齿状特征，所以 α - Pu 属于离域金属。然而，进一步的观察可以发现谱中存在精细结构，这个精细结构稍微高于 Np 谱，这意味着 α - Pu 中 $5f$ 状态进一步局域化，但是这个局域度仍然很小。δ-Pu 精细结构变得更加明显，表明 5f 状态进一步局域化。α-Pu 和 δ-Pu 的价带 PES 谱直接与图 5.2 中 Pu 相图相关，其中 α-Pu 和 δ-Pu 之间的体积差别为 25%。表面重构动力学强烈地依赖于温度，当冷却至 77K 时，Pu 薄膜表面仍然处于单斜 α 结构，这个结论得到了第一性原理计算结果的验证，后者研究发现自由键将会导致 α-Pu 表面重构为 δ 相。因此，α-Pu 谱出现在 77K，确保了表面是正确的晶体结构。除了温度以外，Pu 价带 PES 谱同样强烈地依赖于薄膜厚度。而且，在 Pu 中添加 Si 将会导致 5f 状态局域化，并且与 Si 2p 状态杂化。上述研究结果表明，温度、尺寸限制和掺杂元素将会影响 5f 状态的局域度，进一步显示了 Pu 5f 状态的敏感性。

从图 5.16 中 α-Pu 和 δ-Pu 4f PES 可以看出，α-Pu 谱包含两个反对称的 $4f_{5/2}$ 和 $4f_{7/2}$ 峰（相当离域的锕系金属）。然而，因为在每一个主峰的高能一侧清晰地观察到弱屏蔽卫星峰，所以存在局域效应。与价带 PES 谱相似，这些弱屏蔽峰在 δ-Pu 谱变得相当大，这表明 5f 状态进一步局域化，同时存在明显的电子关联效应。当采用 4f PES 谱来分析 Pu 薄膜与厚度之间的函数关系时，一层或少数单层薄膜是类 δ 相的，在良屏蔽峰中强度明显降低，而 Pu 单层产生的谱几乎与图 5.16 中 Am 谱相同。

EELS、XAS 和 PES 很清楚地表明 Pu 金属具有 $5f^5$ 构型，同时表现出接近于 jj 极限的 IC 耦合机制，那么为什么没有在金属的 6 个同素异形体相中观察到磁性呢？因为 Am 具有几乎填满的 $j=5/2$ 能级（总角动量 $J=0$），所以 Am 中明显缺少磁性，因为具有 $5f^5$ 构型，所以在 $j=5/2$ 能级中至少存在一个空穴。一些机制必定会抵消磁矩，比如近腾屏蔽作用或电子配对相关性，如图 5.8 所示。最近，McCall 等磁化率测量结果表明，随着自辐射损伤的累积，Pu 中形成的磁矩为 0.05μ_B/atom 量级，由于 $j=5/2$ 能级存在空穴，所以 Pu 电子结构和磁性结构细致平衡的很小微扰可能破坏或退化磁矩的屏蔽效应。如果 Kondo 屏蔽机制是正确的，那么 Pu 具有 Hubbard 能带（具有很小的 Kondo 峰）中大部分谱权重。这个构型使得在高频率下 EELS 探测的 Pu 是类局域的，这是由于该技术测量了整个价态密度，这同样可以解释 α-Pu 和 δ-Pu 体积相差 25%，但是显示出相似 5f 状态 $N_{4,5}$ EELS 分支比和自旋-轨道分析结果的原因。

电子比热给出了 Fermi 能级上态密度信息，同时直接与电子关联强度相关。因为在图 5.6(a)中离域-局域转变附近（更确切地说是 Pu 位置）存在明显的电子关联效应，所以这些测量数据有助于理解 Pu 5f 状态与其他锕系序列金属之间的联系。通常认为 δ-Pu 中存在电子关联效应，但是 α-Pu 中关联效应很弱或者不存在。然而，实验结果清楚地表明上述这个结果不是正确的。即使 δ-Pu 的电子关联效应明显高于其他相，但是与 Th 相比，α-Pu 表现出明显的电子比热。实际上，通过图 5.15 和图 5.16 中 PES 谱可以进一步研究电子关联效应和局域性。在 α-Np 和 α-Pu 价带 PES 谱中可以观察到尖锐的精细结构，这个结构在 δ-Pu 谱很明显，由于 $5f$ 状态的局域性，所以这种结构的出现表明在 α 相 Np 和 Pu 中开始出现电子关联效应。EELS、XAS、PES 等结果验证了 Pu 金属近似具有 $5f^5$ 构型，表现出接近于 jj 极限的 IC 耦合机制，所以 α 相和 δ 相具有电子关联效应，同时在任何一种同素异形体相中不存在长程序磁性，这些因素强烈影响理论计算结果。

2. Pu 的电子结构

密度泛函理论是计算材料电子结构和成键性质(比如晶体结构、状态方程、体积模量和弹性常数)的基态理论。20 世纪 60 年代中期提出了 DFT 的数学基础，DFT 只依赖于描述特定分量的总电子数，其中复杂的电子相互作用行为常常通过局域密度近似(LDA)进行近似，可以由电子密度给出电子作用势。其最初形式能够处理具有离域 $5f$ 状态的轻锕系金属和简单的晶体结构，但是很难处理 Pu。在 20 世纪 70 年代早期，各种版本的 LDA 已经成功应用于许多研究领域，值得一提的是 Anderson 提出的线性方法概念，并很快被 Skriver 等将其应用于锕系元素。在 20 世纪 70 年代后期，这些方法和体系总能的准确计算方法为研究所有几何结构晶格常数及其与压强之间的关系-状态方程、磁矩和结构性质开辟了一条道路。这些进步有助于采用理论计算方法处理 Pu 电子结构，Skriver 等将 DFT 理论应用于元素周期表中金属，能够准确预测 42 种元素的 35 种基态相。同时，由于相对论自旋-轨道相互作用对磁性和锕系金属中成键行为具有明显的效应，所以构建了包含相对论自旋-轨道相互作用的广义公式。虽然这些应用是相当成功的，但是仍然不能正确地研究 Pu 的弹性常数、变形行为、低对称性晶体结构和复杂的电子结构。

随后提出了不具有电子密度或作用势几何近似的全势方法，可以有效地对锕系进行研究。总体而言，LDA 高估了大多数材料中化学键的强度，轻锕系金属中存在严重的“LDA 收缩”现象。在 20 世纪 90 年代中期提出了电子交换-关联能量泛函，降低了 LDA 计算结果的误差，尤其是改善了锕系元素的描述结果。为了更好地描述非局域行为，广义梯度近似(GGA)包含了对电子密度各种梯度的依赖关系。通过全相对论全势 GGA 方法，理论预测的锕系金属精度可以与测量数据进行对比。然而，仍然难以描述 δ-Pu，非磁

GGA 计算获得的平衡体积比实验值低 30%。Nordström 等研究了 $6p$ 状态中自旋-轨道耦合行为，研究结果表明 $6p$ 状态的处理方式影响 δ－Pu 体积的计算结果。锕系元素中低能 $6p$ 状态的自旋-轨道劈裂行为对于成键性质不太重要，如果包含这些行为，那么将会出现与基函数选择相似的问题。当 GGA 中包含了自旋极化和轨道极化效应时，δ－Pu 体积计算结果与实验值相当一致。Söderlind 等计算方法能够重现所有 6 个同素异形体 Pu 相（除了高温 bcc ε 相，零温度计算获得的能量过大以外）总能和原子体积，计算结果如图 5.19 所示，计算结果可以与图 5.2 中 Pu 实验相图进行比较。由能量计算曲线给出的单位晶胞体积和 Pu 相图一致，从能量曲线可以看出，从 α－Pu 到 δ－Pu存在明显的膨胀行为，随后从 δ－Pu 到 ε－Pu 体积减少，这与图 5.2 中 Pu 相图现象一致。同时，对于大部分 Pu 相而言，这个方法获得的状态方程、体积模量和弹性常数与实验结果一致。

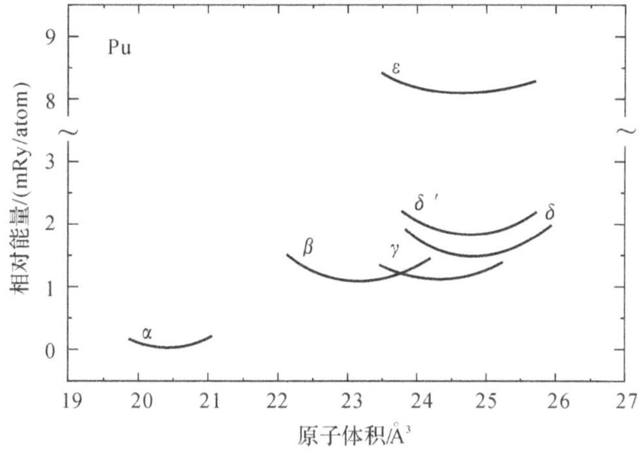

图 5.19　采用 DFT 方法计算获得的 Pu 金属所有 6 个固体同素异形体晶体结构的总能

虽然 Söderlind 等获得了准确的 Pu 体积和体性质，但是预测得到了明显的磁矩，所以该理论的物理机制是存在问题的，并且 DFT 计算获得的大约 $5\mu_B$/atom 磁矩与实验结果不一致。因为在 DFT（比如 GGA 以及 LDA＋U 方法）中采用自旋极化来处理 δ－Pu 的体积膨胀行为，所以普遍存在上述现象。因此 Pu 是非磁的，需要通过合理的理论方法预测 Pu 的非磁解。一种方法是对 $5f$ 电子数超过 5（有时接近或等于 6）的 Pu 进行 LDA＋U 计算，在这种情况下，Pu $5f$ 电子数不是 5 或 6，而是非整数，这意味着 δ－Pu 不具有单 Slater 行列式基态。计算结果解释了价带 PES 中存在的三峰结构以及相对较高的电子比热。然而，等于6或接近于6的5f计数已经完全超出了EELS、XAS和PES谱以及其他理论研究的范围。如上所述，EELS和多电子原子谱计算结果表明5f计数等于5或接近于5。而且，当采用理论方法进行分析时，锕系序列的逆价带PES和4f PES数据表明Pu大约为5f^5构型，并且DFT和DMFT结果很清楚地表明Pu大约具有5f^5构型。因此，EELS、XAS、PES、DFT和DMFT结果均表明5f电子数接近于5，其中5.4是合理的上限，5.5和6之间的5f电子数是不现实的，已经超出了理论和实验研究的范围。如果LDA+U方法获得5f占据数在5.0和5.4之间，那么这与EELS、XAS和PES谱一致。在Am金属中发现5f^6构型，但是无法解释Pu的非磁性。

目前提出了另外两种DFT计算获得非磁性的理论方法：一种方法假设大小相等，但方向相反的自旋磁矩和轨道磁矩相互抵消，总磁矩为零；另一种假设自旋磁矩为零，但是轨道极化和自旋-轨道相互作用是长程的。在第一种方法中，总磁矩为零，但是抵消轨道磁矩所需要的强烈自旋极化与实验现象不一致。从图5.13(a)可以看出，虽然Cm中自旋极化很重要，但是Pu和Am中很弱，而且主要是自旋-轨道相互作用。因此，EELS和XAS实验结果不支持Pu中存在强烈的自旋极化。实际上，需要通过极化作用的绝对测量，比如^{242}Pu样品（因为^{239}Pu容易吸收中子）的X射线磁性圆二色散或极化中子实验，阐明Pu中自旋极化和轨道极化。因为目前还没有进行这些绝对测量工作，所以可获的EELS和XAS实验数据不支持存在强烈的自旋极化作用。

在DFT计算中避免Pu出现磁性的第二种方法是假设自旋磁矩为零，但是轨道极化和自旋-轨道相互作用很强烈。在这个情况下，采用更加合理的电子关联效应可以定量分析自旋极化、轨道极化和自旋-轨道相互作用。通过DFT-GGA的扩展形式可以实现，其中包含了对应于原子中电子构型定则（即洪德定则）的显式电子相互作用。Söderlind等计算表明δ-Pu具有非磁的5f^5构型，体积在误差范围内是正确的，同时单电子谱与Arko等价带PES谱一致。计算结果同样表明，自旋-轨道耦合效应和轨道极化效应远强于自旋极化作用，所以在δ-Pu中更加重要。如上所述，这与EELS和XAS实验结果（即Pu中自旋极化不重要，但是自旋-轨道耦合很重要的实验现象）是一致的。Pu中5f状态的轨道极化是实验未知的，只能通过X射线磁性圆二色散或极化中子才能进行获得。最近在$PuCoGa_5$单晶上进行的极化中子实验表明，Pu中5f状态的轨道极化作用远高于自旋极化作用，这个结论是否适用于Pu金属仍然需要通过实验进行确定。

3.动力学平均场理论(DMFT)

动力学平均场理论(DMFT)的起源可以追溯至无限空间尺度极限下的 Hubbard 模型。随着时间的发展,这个方法已经演变为能够处理强电子关联效应的方法,同时能够避免长程有序磁性问题。简而言之,DMFT 能够描述关联材料的电子结构,并且能够同等地处理 Hubbard 能带和准粒子能带。该技术手段依赖于固态物理中完全多体问题到量子杂质模型的映像,量子杂质模型实际上是少量的量子自由度嵌入在浴中,而浴满足自洽条件。在 DMFT 中,随着位置跳跃和 s、p、d 杂化行为,自旋磁矩和轨道磁矩发生在很短的时间尺度上,如图 5.20 所示。图 5.20(a)自旋磁矩 m_s和图 5.20(b)轨道磁矩 m_l与 $5f$ 电子数 n_f之间的函数关系,总磁矩等于 m_s+m_l(图中没有显示)。图中显示了三种理论角动量耦合机制:LS,jj 和 IC。对于 $n=7$ 的 jj 或 IC 耦合,自旋磁矩异常高,这意味着如果表现出这两个机制中任何一种机制,将会产生很高的自旋极化及其随后的磁矩。图 5.20(c)IC 耦合机制情况下 $n_{5/2}$ 和 $n_{7/2}$电子占据数与 n_f之间的函数关系。EELS 谱自旋-轨道求和定则分析获得的 $n_{5/2}$ 和 $n_{7/2}$电子占据数采用点表示

由于自旋-轨道相互作用,所以 Pu 中自旋磁矩和轨道磁矩几乎是相等的,但是沿着相反的方向排列,所以两种磁矩几乎完全抵消。相似的情况同样出现在 Pu 的 DFT 计算中,自旋磁矩和轨道磁矩接近于完全抵消。在原子计算和 DFT 计算中,自旋磁矩和轨道磁矩是瞬间固定的,属于静态计算结果。另一方面,当进行 DMFT 计算时,不仅 LDA 本征态包含静态项,而且 DMFT 包含了额外的动力学项。最近 Kotliar 等综述了 DMFT 理论方法,并且将 DMFT 方法应用于 Ce 和 Pu 的第一性原理计算。

对于 Pu,DMFT 获得的 α - Pu 和 δ - Pu 结果与实验 PES 一致,预测获得了单晶 δ - Pu 的声子色散曲线,获得的 α - Pu 和 δ - Pu 结果与实验电子比热一致。图 5.21(a)是 Ga 质量含量为 0.6%的 δ 相 Pu - Ga 合金中,声子色散和高对称方向,纵向和横向模式分别采用 L 和 T 表示,实验数据采用包含误差棒的圆圈表示,沿着[0ξξ]方向存在两个横向分支[011]⟨01$\bar{1}$⟩ (T1)和[011]⟨100⟩ (T2)。需要注意的是在晶体动量空间中,趋向于 L 点的 TA [ξξξ]分支中软化现象。δ 相的晶格参数是 $a=0.462\,1$nm。实线是第四近邻 Born - von Karman 模型拟合结果,虚线是基于 Dai 等 DMFT 结果获得的纯 δ - Pu 色散。②通过 DMFT 计算结果中 $N_{4,5}$ 吸收谱推导获得的 α - U、α - Pu、δ - Pu、Am Ⅰ、Am Ⅱ 和 Cm 金属中自旋-轨道相互作用

Dai 等计算获得的 δ - Pu 声子色散曲线如图 5.21(a)中虚线所示,这些结

果与 Wong 等的实验数据点一致。DMFT 计算预测获得了 T_1[011]分支中异常的 Kohn 类型，以及[111]传播模式的明显软化现象。DMFT 的另一个成功之处是能够模拟锕系元素的 $N_{4,5}$ 光谱，推导了白线峰的分支比，同时通过自旋-轨道求和定则进行了分析。在 2006 年《Pu 未来》会议上，Haule 等给出了自旋-轨道相互作用与 f 电子数之间的函数关系，如图 5.21(b)所示，图中显示了 LS、jj 和 IC 耦合曲线，这与原子模型计算相同，数据点对应于 DMFT 计算获得 $N_{4,5}$ 光谱的自旋-轨道分析结果。这幅图可以直接与图 5.21(a)进行比较，图 5.21(a)中显示了 $N_{4,5}$ EELS 数据和原子计算结果，DMFT 和 EELS 结果非常一致。DMFT 结果表明 α - Pu 和 δ - Pu 之间自旋-轨道分析结果之间存在很小的差别，这与 Moore 等结论相似，其中 α 相接近于 LS 极限，而 δ 相更接近于 jj 极限。此外，DMFT 计算获得 α - Pu 的 $5f$ 电子数高于 δ - Pu。由于 f 电子数不是实验输出数据，所以 EELS 和自旋-轨道分析无法对这个结果进行验证。在 DMFT 方法中，$5f$ 电子数实际上是计算的输出结果，变量可以通过 EELS 谱的自旋-轨道分析获得。

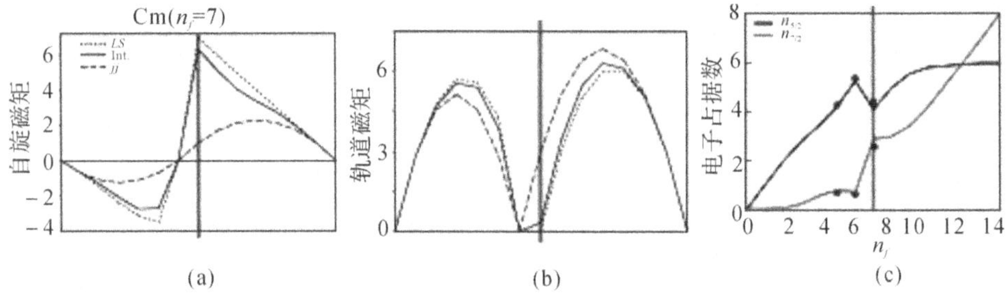

(a) (b) (c)

图 5.20　锕系元素基态原子

Shim 等指出 δ - Pu 中涨落化合价行为的重要性，在 $5f^4$，$5f^5$ 和 $5f^6$ 之间的涨落行为导致 $5f$ 平均占据数为 5.2。实际上，在局域稀土金属中，原子常常处于具有唯一化合价的基态中，然而，这不适用于轻锕系元素，在锕系元素中离域和 $d-f$ 混合行为导致混合价行为的产生。实际上，在 20 世纪 70 年代后期已经解释了这个现象，随后 Brodsky 进行了推广，即基态通常是混合构型，只有在很少的情况下才会出现以下情景：能量几乎相等的 $5f$、$6d$、$7s$ 和 $7p$ 状态相互分离，而基态是单一构型。从 Am 开始，由于 $5f$ 状态的局域化，所以锕系元素表现出独特的基态，Pu 中混合化合价行为导致非单 Slater 行列式的基态。

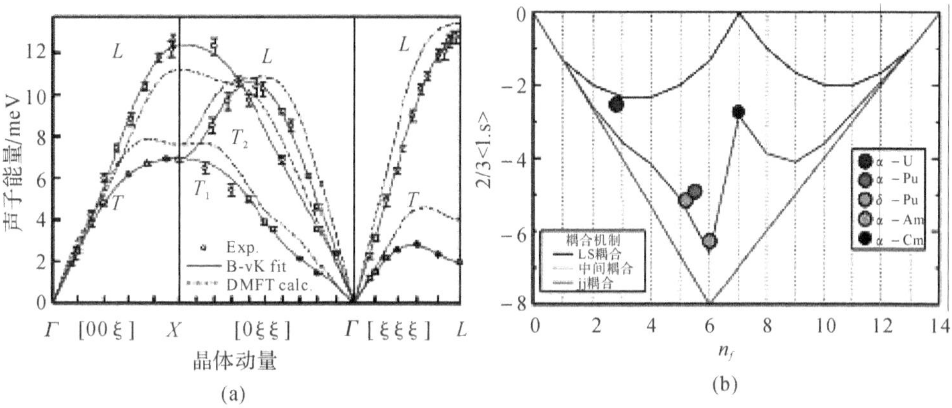

图5.21 采用动力学平均场理论计算获得的δ-Pu声子色散曲线和4*d*-5*f*分支比

DMFT的特性增加了计算的复杂性，首先，DMFT不能处理很大的单位晶胞，这意味着具有许多唯一原子位置的低对称性结构必须假设为对称性结构，或者通过所谓的“赝结构”进行替代，而快速发展的计算能力很快克服了这个局限性。第二，LDA+DMFT存在“双计数”行为。当在哈密顿量中增加电子-电子相互作用时，LDA包含静态项，而DMFT包含了其余的动力学项，因此，修正双计数项对于获得准确的计算结果是必要的。

最后，DFT和DMFT均具有优势和劣势。虽然仍然存在相当多的方法来解释锕系序列中Pu附近局域-离域转变的物理机制，DFT和DMFT都在向这个方向发展。但是，必须能够解释Pu中4个现象：Pu金属近似具有$5f^5$构型；表现出接近于*jj*极限的IC耦合机制；在所有6个同素异形体相中不存在体磁性；在α相和δ相中电子关联效应都非常重要。目前的实验和理论结果能够解释Pu具有$5f^5$构型和接近于*jj*极限的IC耦合机制，但是无法阐述长程磁序。目前正在研究能够解释Kondo屏蔽、电子配对关联性和Mott转变的理论方法。

4. 晶体晶格动力学

下面通过电子结构研究晶体晶格动力学，两个原因如下：首先，fcc δ-Pu单晶声子色散曲线已经开展了数十年的研究工作。其次，Pu金属中强烈的电子-声子相互作用对其电子特性非常重要。比如，Tsiovkin等计算结果表明，电子杂质和电子-声子相互作用之间的干扰导致电阻与温度之间成负系数关系，这是Pu金属的一个异常特征。

一个最令人迷惑的问题是无法为实验制备很大的Pu金属单晶，主要的原因是 Pu 存在 6 个固态同素异形体相。当包含 Al、Ce 或 Ga 等元素时，fcc δ－Pu可以在室温下保持稳定。当从熔融态冷却至固体时，混合物会经历 ε 相，最终导致多晶样品的晶粒不超过几百个微米。相对于产生很大的晶体，LLNL 的一些研究人员选择了其他的方式，即采用具有高度空间分辨率的实验室探针满足单晶的需要。由于 TEM 中 EELS 能够形成 5Å 的探针来收集谱数据，所以常常用于电子结构测量。另一种方法是采用非弹性 X 射线散射（而不是常见的中子衍射方法）记录声子－色散曲线，因为这种方法能够将 X 射线束集中于微米尺寸的单晶上。相应地，非弹性 X 射线散射首次测量获得了 δ－Pu 的完整声子散射曲线，如图 5.21(a)所示。实验中观察到大量的异常特征，比如很高的弹性各向异性，较小的剪切弹性模量，T_1[011]分支中异常的 Kohn 类型，以及[111]传播模式中明显软化现象。DMFT 计算获得的声子色散曲线与实验结果非常一致，同时显示出 δ－Pu 晶体动力学的异常特征，采用 Ga 稳定和 Al 稳定 δ－Pu 多晶样品进一步验证了金属相的高度各向异性和异常行为。最后，Lookman 等采用 δ－Pu 的声子色散曲线解释了 3 个位移转变序列中(fcc→三角→六角→单斜)产生 fcc δ→单斜 α 的转变。

5. 老化效应

如上所述，自辐射损伤导致许多 $5f$ 金属性质发生变化，尤其是 Pu 金属。在“新”和“老化”Pu 材料上进行了 2 份 $5f$ 状态的光谱研究，但是都无法可靠地探测局域 Pu $5f$ 状态变化与老化之间的函数关系。Chung 等研究表明，在新和老化 Pu 之间 $5d$→$5f$ 共振价带光电子发射谱 PES 存在明显的差别，根据 Dowben 获得的 $La_{0.65}Ca_{0.35}MnO3$ 磁性体系结果，他们认为这种差别是老化的信号。Dowben 研究表明当材料从低温金属相变为高温非金属相时，水锰矿的共振 PES 中发生变化。一旦产生非金属相，由于其余的原子衰变通道，所以可以观察到很明显的共振现象。然而，根据 Tobin 等共振光电子发射实验获得的 α－Pu 数据，α－Pu 和 δ－Pu 之间实际上不存在差别。假设 Dowben 观点是正确的，那么为什么新和老化 δ－Pu 的共振 PES 存在明显的差别，而 α－Pu 和 δ－Pu 实际上是相同呢？体积收缩单斜 α－Pu 和体积膨胀 δ－Pu 之间的差别应该能够反映出新和老化 δ－Pu 之间的一些差别，两者之间唯一的区别是自辐射行为对晶格的损伤效应。众所周知，由于自由化学键的作用，α－Pu 表面重构为 δ－Pu，所以 Tobin 等 α－Pu 谱含有表面重构 δ－Pu 的贡献，而 Havela 等研究发现避免这个贡献的唯一方式是在低温下（大约 77K）开展研究，从而可以避免热阻止重构行为，但是仍然需要其他技术手段来分辨具有 δ 重构表面的 α－Pu 和纯 δ－Pu。因此，α－Pu 和 δ－Pu 的共振光电子发射之间实际上是存在差别的，但是没有没有观察到这个现象，这就产生了关于Chung等结果如何解释的问题。

Moore等采用TEM中EELS研究表明，在α-Pu、新的δ-Pu和老化δ-Pu之间的分支比和$N_{4,5}$边缘的自旋-轨道相互作用存在很小的变化。对于不断变化的f电子局域性，实验数据是期望的结果，α-Pu中f电子是最离域的，老化δ-Pu是最局域的，而新δ-Pu在这两者之间。因此，EELS是探测Pu 5f状态与老化晶格损伤之间函数关系的一种稳定和可信的方法。在实验光谱的不确定度范围内，新Pu和老化Pu之间的差别很小，所以无法进行探测。换句话说，可能需要更多的老化样品来观察效应，或者需要在前三个月中晶格常数快速变化的非常新样品。对块体更加敏感的测量仪器可能是检验Pu电子性质和物理性质随着老化而变化的最理想手段。Fluss等在Ga稳定δ-Pu中自辐射所致损伤的等时退火过程中测量了电阻的变化，这个方法能够清楚地显示电阻随着低温累积损伤的变化过程，实验获得了5个缺陷动力学阶段。有趣的是，Fluss等实验结果表明α衰变中U反冲产生的大部分损伤在室温以下就能很好地退火，这个结果表明绝大部分自辐射损伤在室温时已经退火，所以在低温下可以更清楚地观察到晶格损伤所致Pu电子结构变化。

6.18.5K 超导性

近些年来，Pu科学中一个令人迷惑的发现就是$PuCoGa_5$在18.5K时存在超导性。本节主要研究锕系金属和$PuCoGa_5$，然后考虑其对锕系和5f状态行为的影响。$PuCoGa_5$结构是已知的115群，其中数字表示化学当量特征$X_1Y_1Z_5$。$PuCoGa_5$与fcc Pu-Ga相似，沿着z轴拉长为四方晶体，可以容纳一层Co原子。$PuCoGa_5$电子比热系数为77mJ·K^{-2}·mol^{-1}，这个数值高于δ-Pu实验值35～64 mJ·K^{-2}·mol^{-1}。因此，在δ-Pu金属和超导体之间存在很小的准粒子质量增加。

电子结构计算结果可以用于理解$PuCoGa_5$中d和f状态对超导性的影响方式。Opahle认为超导性是5f状态中Cooper配对的直接结果。考虑到$UCoGa_5$和$URhGa_5$是非超导体，而$NpCoGa_5$在47K以下成反铁磁排列，所以上述观点是相当奇怪的，更有趣的是，同构化合物$PuRhGa_5$在8.5K以下具有超导性。上述的5f元素115化合物表明Pu存在一些独特的性质，可能是由于接近于图5.6(a)中离域-局域转变的原因，而不是5f状态导致超导性。如果这个观点是正确的，那么Ce 115化合物应该具有相似的行为，实际上，Ce和Pu 115化合物非常相似，比如$PuIrGa_5$和$CeIrGa_5$都不是超导体。Pu和Ce

的相似性表明 115 超导体的磁性可能源于 f 电子状态接近于局域-离域转变，因此很容易通过温度、压强和化学组成进行调节。为了深入理解 115 化合物的超导性，仍然需要开展大量的研究工作。然而，$PuCoGa_5$ 的超导状态是细致平衡的，很容易受到杂质的影响。自辐射损伤导致 $PuCoGa_5$ 的超导转变温度每个月下降大约 0.2K，速率的减慢程度与缺陷随着时间而累积的方式相同。

5.4.5 Am

从科学角度考虑，Am 是锕系序列的一个挑战性元素，其 $5f$ 状态从离域和成键行为转变为局域行为，这与稀土金属相似，如图 5.1 和图 5.3 所示。从 Pu 到 Am 的物理性质发生明显的变化，比如图 5.1 中晶格常数或原子体积、内聚能、超导性、高压行为、熔点和晶体结构(结构为双六角密排结构，而不是 Pa、U、Np 和 Pu 的低对称性结构，如图 5.3 所示。与温度无关的磁化率表明 Am 具有 $5f^6$ 构型，由于 $5f$ 电子的耦合作用，所以 Am 是 $J=0$ 的非磁状态。价带紫外 PES 表明，由于强局域 $5f$ 状态，所以 Am 是第一种类稀土的锕系元素，如图 5.15 所示。随着精细结构的不断变化，U、Np 和 Pu 表现出锯齿状价带谱。然而，在 Am 中，Fermi 能级上 $5f$ 电子占主要贡献的态密度被谱中大约 2eV 位置的特征所掩盖，这种结构可能是 UPS 表面敏感性产生的表面产生的，而谱可能包含表面和块体贡献。Johansson 等将 1.8eV 位置的小峰解释为二价(spd^2)表面层产生，这与 Sm 相似。对于 AmN、AmSb 和 Am_2O_3，1.8eV 位置的峰可以归咎于 $5f^6$ 基态的光电子发射屏蔽行为，而 2～3eV 位置的峰值是由于弱屏蔽行为产生的。在不考虑峰值的条件下，价带谱清楚地表明 Am 的大部分特征由局域 $5f$ 状态组成，在 Naegele 等文章中进行了解释，同时讨论 1 253.6eV 条件下 PES 谱。采用 X 射线的 PES 谱实际上与采用 He Ⅱ获得的谱(具有很少的精细结构)是相同的。

图 5.16 中 Am $4f$ PES 谱同样表明金属中存在明显的 $5f$ 局域度。在这个谱中，$4f_{5/2}$ 和 $4f_{7/2}$ 峰结构发生变化，几乎完全是弱屏蔽峰，作为弱特征的良屏蔽行为位于前缘。当然，良屏蔽峰的消失是由于 $5f$ 状态局域化产生的，但是无法获得局域化 $5f$ 状态来有效地屏蔽光电子发射过程产生的芯空穴。La、Ce、Pr 和 Nd 的 $3d$ PES 谱表现出相似的行为，进一步验证了 Am 的类稀土行为。有趣的是，虽然 Am 金属谱中存在少量的良屏蔽峰，但是在 AmH_2 中没有出现，从金属相到杂化相，这可以视为 $5f$ 状态离域度消失的特征。换句话说，在 $4f_{5/2}$ 和 $4f_{7/2}$ 峰前缘上的很小良屏蔽峰表明 Am 金属只存在很弱的 $5f$ 成键行为。

EELS、XAS和自旋-轨道求和定则分析结果表明，Am具有非常强烈的自旋-轨道相互作用，$5f$状态的$j=5/2$能级容纳了6个电子，在最高为Am的锕系金属中，优先填充5/2状态。对于Am，自旋-轨道相互作用通过$j=5/2$能级的填充而起着稳定的作用。实际上，Am中仍然存在交换相互作用，并与自旋-轨道相互作用相互竞争，导致$5f$状态的IC耦合机制。然而，Am中$5f$状态的IC耦合机制非常接近于jj极限，这意味着在$j=7/2$能级中只能观察到很小的电子占据数。Moore等EELS和自旋-轨道结果同样表明Am具有$5f^6$构型，PES、输运测量、热力学测量、DFT和DMFT结果支持这个结论。从与温度相关的锕系元素电阻可知：α-Pu达到峰值，然后在Am位置开始下降。降低的原因是$5f$状态开始局域化，不再对与温度相关的电阻曲线产生明显的贡献。在与温度相关的电阻中，Schenkel等研究了50K时异常行为，在相同温度下Am金属比热数据中同样出现了这个异常行为。由于Am金属具有dhcp晶体结构，而CDWs有利于低对称性结构的形成，同时可以观察到Fermi表面，所以不可能是电荷密度波，在60K时Pu中可以观察到相似的异常行为。因此，在与温度相关的电阻和比热可知，Am在50K时异常行为可能是人为因素造成的。必须强调的是，对于掺杂稳定δ-Pu的低温测量而言，大约140K时开始形成α'相，在最低大约110K时继续形成α'相，这将导致稳定δ-Pu的低温电阻曲线中出现一个或更多峰。

自辐射损伤将会导致电阻的增加。当Am金属在4.2K时保持738h，大约150h后，金属将从2.44$\mu\Omega\cdot$cm变为15.85$\mu\Omega\cdot$cm饱和值。与Fluss等Pu研究工作相似的是，Müller等在Am上进行了等时退火过程，通过能量的释放过程观察缺陷演变的各个阶段。与较轻锕系元素相比，自辐射损伤效应的降低可能是Am中缺少强烈的$5f$成键行为产生的。然而，这再次表明自辐射损伤将会导致锕系金属的变化，尤其是低温条件下。

因为Am是可以通过$5f^6$构型的局域$5f$电子和几乎填满$j=5/2$能级进行描述的第一种锕系金属，所以Am是压强研究的模型体系。成键行为主要是离域spd能带产生的，并且形成dhcp基态结构。换句话说，对Am和具有较高原子序数的锕系金属进行压缩，就可以观察到金属物理行为随着$5f$成键过程而产生的变化。Heathman等通过最高100GPa的Am金刚石砧腔实验发现，在四个晶体结构之间存在三种相变：Am Ⅰ(dhcp)、Am Ⅱ(fcc)、Am Ⅲ(正交结构，空间群Fddd)和Am Ⅳ(正交结构，空间群Pnma)，Am金属相对体积与压强之间的函数关系如图5.22所示。金刚石砧腔实验结果表明最高100GPa时，Am金属在四个晶体结构(Am Ⅰ(dhcp)、Am Ⅱ(fcc)、Am Ⅲ

(正交结构,空间群 Fddd)和 Am Ⅳ(正交结构,空间群 Pnma))之间存在三个相变过程。插图:通过金属相对体积给出的 Am 超导转变温度 T_c 与压强之间的函数关系。从 0.8K 变化为 2.2K 的 T_c 存在两个极大值

Am Ⅲ与 γ-Pu 具有相同的结构,除了围绕[111]轴的旋转以外,Am Ⅳ接近于正交 α-Np 结构 Pmcn。根据晶体结构的对称性,5f 成键行为对于 Am Ⅲ和 Am Ⅳ很重要,这意味着压强导致 5f 状态产生成键行为。而且,在两个转变之间离域 5f 成键行为将会发生变化,Am Ⅱ到 Am Ⅲ是 fcc→正交转变,体积减少 2%,Am Ⅲ到 Am Ⅳ是正交→正交转变,体积收缩 7%。Am Ⅳ是最不可压缩的,这表明压强所致晶格结构的变化与 α-U 相似。采用 DFT 和 DMFT 可以构建 Am 的压强所致相变模型,这两种方法获得的状态方程与实验结果非常一致。

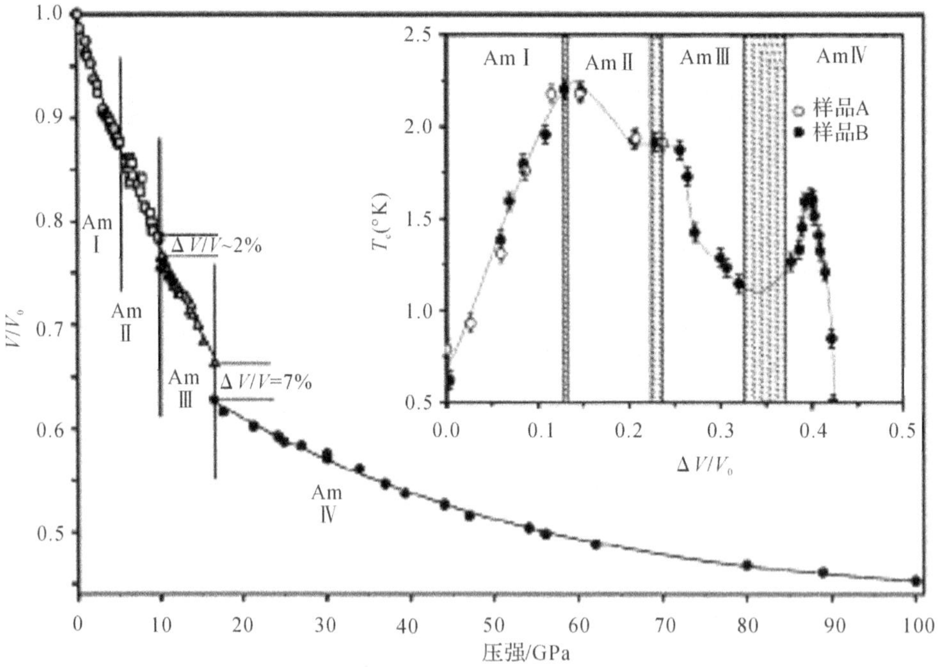

图 5.22 Am 金属相对体积与压强之间的函数关系

在环境压强下,Am 金属在 0.8K 以下是超导体。考虑到锕系序列中 Am 之前的两种金属(即 Np 和 Pu)不存在超导性,而 Am 之后的两个元素(即 Cm 和 Bk)具有磁矩,所以这个现象有些意外。而且,金刚石砧腔研究结果表明,

与压强相关的超导性转变温度相当异常(范围为 0.8～2.2K)。Am 超导性转变温度 T_c 与相对体积之间的函数关系如图 5.22 中插图所示，T_c 与金属体积(压强)之间的关系存在有趣的现象，即存在两个极大值。在较轻的锕系元素中，没有观察到电阻与压强之间强烈的依赖关系。Grivean 等研究表明，当 f 电子处于局域状态，或者处于离域状态对输运过程产生贡献时，散射 spd 载流子中占有重要的作用。

Am Ⅰ和Ⅱ可以视为局域体系，$5f$ 电子没有强烈地参与成键过程。然而，Am Ⅲ和 Am Ⅳ具有明显的 $5f$ 成键行为，这可以由体积模量从 Am Ⅰ的大约 30GPa 增加到 Am Ⅳ的大约 100GPa 可以看出，Am Ⅳ表现出的正交晶体结构同样表明存在 f 电子成键行为。因此，图 5.22 插图中两个极大值必定是由不同影响因素产生的，其中一个极大值位于 Am Ⅰ- Am Ⅱ转变位置，另一个在转变为 Am Ⅳ之后。在 T_c 与压强之间的函数关系中，第一个极大值接近于 Am Ⅰ- Am Ⅱ相变，其中 $5f$ 状态是局域的，离域的 spd^3 形成了金属中成键行为。随着压强的增加，另一个构型的能量接近于费米能级，并且开始与基态混合，这解释了 Am Ⅰ- Am Ⅱ相变附近的 T_c 极大值。当 $5f^6$ 和 $5f^5sd^1$ 构型(或费米能级上 $5f^6sd^1$ 和 $5f^7$ 构型)变成简并状态时，就会发生混合价涨落行为。$\Delta V/V_0=0.4$ 时第二个 T_c 极大值显示在图 5.22 的插图中，这个极大值刚好在体积收缩之后，可以通过 Grivean 等给出的两种效应进行描述：在较低压强下，f 电子处于局域状态，不参与超导性行为，只是起着散射 spd 载流子的作用；在较高压强下，因为 f 动能与配对相互作用相当，所以超导转变温度降低，$\Delta V/V_0=0.4$ 时 T_c 极大值发生在这两个效应之间。

近年来，人们普遍认为超导性是声子的中间行为，而磁性完全与库柏配对电子是不相容的。然而，在 $CeCu_2Si_2$ 和 UPt_3 中同时观察到的超导和自旋涨落现象对这个观点提出了质疑。传统理论认为磁性通过翻转配对电子中一个电子的固有自旋而破坏超导性，从而破坏了 Cooper 对。然而，在 UPt_3 中，磁力将载流子束缚进入 Cooper 对，而不是产生电子-声子相互作用。随后，发现和验证了更多的“重费米子”化合物，比如 $CeCoIn_5$，进一步揭示了超导性和磁性相结合的可能性。最近研究发现 $PuCoGa_5$ 的超导转变温度为 18.5K。根据非传统的配对机制，Pu 基超导体是磁性的，这与重 Fermi 子超导体相似。然而，Jutier 等通过 Eliashberg 理论分析了 $PuCoGa_5$ 的行为，其中假设电子-声子耦合行为，他们发现在不引入自旋涨落的情况下可以出现所有可获的实验结果，尤其是他们重现了带隙的 d 波对称性、超导相的局域自旋磁化率、自旋晶格驰豫速率、T_c 上方的电阻、临界场和渗透深度，这些结论与磁性涨落在这些化合物的超导性中所起的作用是相互矛盾。因此，必须考虑下述问题——磁性在 115 化合物超导性中的作用是什么？

Am 金属中超导转变温度依赖于 f 电子成键程度的事实是令人迷惑的，进一步验证了锕系序列中 $5f$ 状态接近于局域-离域转变是 $PuCoGa_5$ 超导体的一部分，这是图 5.6(a)中离域—局域转变附近的一个范例。这些元素中价电子的“可调节性”使得材料的电子结构很容易随着温度、压强和化学组成的变化而变化。而且，由于载流子局域性和离域性之间的相互竞争，所以所有这些元素是具有量子临界点材料的很好替代品，同时局域和离域之间的平衡可能对磁性和超导性的共存具有关键的作用。

5.4.7 Cm

由于 $5f$ 状态的角动量耦合机制明显趋向于类 LS 机制，所以 Cm 是表现出磁性的第一种锕系金属。根据 Hund 定则，这将产生强烈的自旋极化作用，在 Cm 金属中形成大约 $8\mu_B$/atom 的有效磁矩。Pu、Am 和 Cm 都表现出 IC 耦合机制，然而，Pu 和 Am 表现出强烈的自旋-轨道相互作用，而 Cm 趋向于 LS 极限，这可以从 EELS 谱的自旋-轨道求和定则可以看出，如图 5.13(a)所示。

图 5.13(a)中自旋-轨道期望值突然变化的源头是由最优自旋-轨道稳定性转变为最优交换相互作用稳定性产生的。在 jj 耦合中，电子首先填充 $f_{5/2}$ 能级(容纳的电子数不超过 6 个)，然后开始填充 $f_{7/2}$ 能级。因为 $f_{5/2}$ 能级是填满的，所以 Am f^6 构型获得了 jj 耦合机制下最高能量。然而，对于 Cm f^7，至少有 1 个电子进入 $f_{7/2}$ 能级。当 $f_{5/2}$ 能级含有 6 个电子、$f_{7/2}$ 能级含有 1 个电子时，将会消耗大量的能量。因此，通过交换相互作用可以获得 f^7 构型的最高能量稳定性，其中半填充 $5f$ 壳层的自旋是平行的，这只能在 LS 耦合机制下才能实现。由于从 f^6 的最优自旋-轨道稳定性转变为 f^7 的最优交换相互作用稳定性，所以 Cm 附近的锕系电子性质和磁性质发生明显的变化。在所有情况下，自旋-轨道和交换相互作用相互竞争，产生 IC 耦合机制。然而，当 f 电子数从 6 增加为 7 时，在有利于交换相互作用的平衡状态中出现很明显的移动行为，所以图 5.13(a)中 IC 耦合曲线期望值发生显著的移动。与 Am 相比，这个效应很明显，所以不是 1 个而是 2 个电子转移到 Cm 的 $f_{7/2}$ 能级，如图 5.13(b)和表 5.4 所示。与此一致的是，表 5.4 显示了从 f^6 到 f^7，IC 耦合基态中高自旋特征的明显变化，即从 f^6 的 44.9% 7 重自旋到 f^7 的 79.8% 8 重自旋。因此，$5f$ 状态角动量耦合机制的变化对于 Cm 金属晶体结构具有明

显的意义。

Heathman 等对 Cm 金刚石砧腔研究表明在五个不同晶体结构 Cm Ⅰ～Cm Ⅴ之间存在四个相变过程。这些结构如图 5.23(a)所示，其中原子结构如下：Cm Ⅰ(dhcp)，Cm Ⅱ(fcc)，Cm Ⅲ(单斜结构，空间群 $C2/c$)，Cm Ⅳ(正交结构，空间群 $Fddd$)和 Cm Ⅴ(正交结构，空间群 $Pnma$)。图 5.23(a)为 Cm Ⅰ到 Cm Ⅴ相的原子模型，其中结构可以视为通过根据其空间方位指定的 A、B、C 和 D 密排六角平面构成。dhcp 结构的 Cm Ⅰ为 A－B－A－C，fcc 结构的 Cm Ⅱ为 A－B－C。Cm Ⅲ相可以通过 A－B－A 序列表示，其中密排六角平面具有稍微的矩形变形。空间群为 $Fddd$ 的正交 Cm Ⅳ结构可以通过序列 A－B－C－D 表示，其中平面稍微变形。最后，空间群为 $Pnma$ 的 Cm Ⅴ可以通过具有堆积序列 A－B－A 的准六角平面进行表示。Cm Ⅲ、Ⅳ和Ⅴ中平面都具有变形平面，其对称性从六角降至正交(Cm Ⅳ和 Cm Ⅴ)或者单斜(Cm Ⅲ)。图 5.23(b)为α－U、Am 和 Cm 的相对体积 V/V_0 与压强之间的函数关系。对于每一种金属，垂直线表示 Am 和 Cm 每个相的压强范围，每个相之间的百分数表示原子体积收缩的尺寸。插图：从头算方法计算获得的 Cm Ⅱ、Cm Ⅲ、Cm Ⅳ和 Cm Ⅴ结构之间的总能差别与体积之间的函数关系。Cm Ⅱ相的能量视为参考水平，显示为零位置上水平线。垂线虚线表示每个相的相交点

Cm Ⅳ结构与 Am Ⅲ相同，Cm Ⅴ结构与 Am Ⅳ相同。然而，在任何其他锕系元素中没有观察到 Cm Ⅲ的 $C2/c$ 结构，其他的单斜结构是 α－Pu 的 $P2_1/m$ 结构和β－Pu 的 $C2/m$ 结构。每一个相变的压强以及每个结构之间相关的体积收缩如图 5.23(b)所示。在大约 90GPa 的压强范围和数个相中，很容易观察到从巨大体积金属转变为很小体积金属。在 Am 中可以观察到相同的现象，如图 5.23(b)所示。与此形成明显对比的是，在 0～100GPa 范围内，α－U 仍然保持其正交结构。

Heathman 等同样采用从头算方法获得了 Cm Ⅱ、Cm Ⅲ、Cm Ⅳ和 Cm Ⅴ结构的总能差别与体积之间的函数关系，如图 5.23(b)中插图所示。这些计算结果表明，为了获得合适的相与压强之间关系，必须存在磁性相互作用，而且计算结果表明 Cm Ⅲ相只有通过自旋极化作用才能稳定，换句话说，金属的固有磁性稳定了原子几何结构。5f 状态的角动量耦合机制是磁性温度 Cm 相的根本原因，IC 耦合曲线从 Pu 和 Am 的接近于 jj 极限移动到 Cm 的接近于 LS 极限。为了更好地理解这个现象，必须重新进行原子计算，原子计算获得的自旋磁矩 m_s 和轨道磁矩 m_l 与 n_f 之间的关系如图 5.14(a)～(b)所

示。在每一幅图中显示了三种不同的角动量耦合机制：LS，jj 和 IC。从图中可以看出：对于一些元素而言，耦合机制的选择对于自旋磁矩和轨道磁矩具有明显的影响，Cm($n_f=7$)表现得最明显，图 5.14(a)表明 jj 耦合极限下自旋磁矩很平稳，但是 LS 和 IC 耦合却很大。由于 Cm 的 IC 耦合曲线明显恢复为 LS 极限，所以 IC 耦合的自旋磁矩几乎与 LS 极限相同。Cm 的 IC 耦合曲线明显移向 LS 耦合极限，为了容纳交换相互作用，导致 $f_{5/2}$ 和 $f_{7/2}$ 能级的电子占据数发生明显的变化，如图 5.14(c)所示。这幅图复制了图 5.13(b)，但是删除了 Th、Pa、U 和 Np 的 EELS 数据以及 LS 和 jj 极限的耦合曲线。因为 Pu、Am 和 Cm 非常接近，所以只保留了 IC 耦合曲线。在图 5.14(c)中显示了 $n_{5/2}$ 和 $n_{7/2}$ 占据数的计算结果，同时显示了实验 EELS 谱的自旋-轨道分析结果。图 5.14(a)～(c)表明，如果 Cm 的 IC 耦合曲线仍然接近于 jj 极限，那么自旋(以及总)磁矩将会远小于实验磁矩值(大约 $8\mu_B$/atom)。这些结果表明自旋极化作用是 Cm 计算中不可缺少的部分，但是 Pu 和 Am 中自旋极化作用较弱。实际上，最近的 DFT 和 DMFT 已经重现了这个现象，并且计算结果表明在 Am 和 Cm 之间，角动量状态占据数存在明显的变化。许多研究工作中采用自旋极化作用来模拟 Pu 的电子关联效应，获得了实验中没有观察到的长程序。然而，EELS 和自旋-轨道分析结果表明 Pu 中自旋极化作用不是非常强烈。

稀土金属的高压研究对 f 电子成键行为具有启示的作用，同时为研究磁性与 $5f$ 成键行为之间的函数关系指明了方向。在金刚石砧腔研究中，Maddox 等将 Gd 加压到 113GPa，采用共振非弹性 X 射线散射和 X 射线发射谱仪分析了 59GPa 时体积收缩行为。在稀土序列中，Gd 具有 f^7 构型，与锕系序列中具有 f^7 构型的 Cm 相似。X 射线发射谱仪数据表明，随着金属的压缩和体积的收缩，在 59GPa 以上 $4f$ 磁矩仍然处于高密度相，其中一些 f 电子开始离域化。由于 $4f$ 状态和芯状态之间的原子间交换相互作用，所以低能卫星峰出现在 $4d\rightarrow 2p\ L\gamma_1$ X 射线发射谱中，与主峰相关的卫星峰强度反映了 $4f$ 磁矩的大小。Maddox 等在最高 106GPa 条件下没有发现卫星峰发生明显的变化，这表明在 59GPa 体积收缩过程中仍然存在磁矩。Murani 等和 Maddox 等基于 α-Ce 的高能中子散射结果，裸 $4f$ 磁矩和磁化率中的任何磁矩损失必定来自价电子的屏蔽作用。在 Cm 上进行相似的金刚石砧腔实验，在局域-离域转变过程中对金属进行压缩，可以为 $5f$ 状态磁性行为的研究工作提供重要的指导意义。考虑到 Cm 金属的类 $5f^5$ 构型，这样的实验研究可能更加深入地理解 Pu 中应该存在的磁矩作用势屏蔽作用。

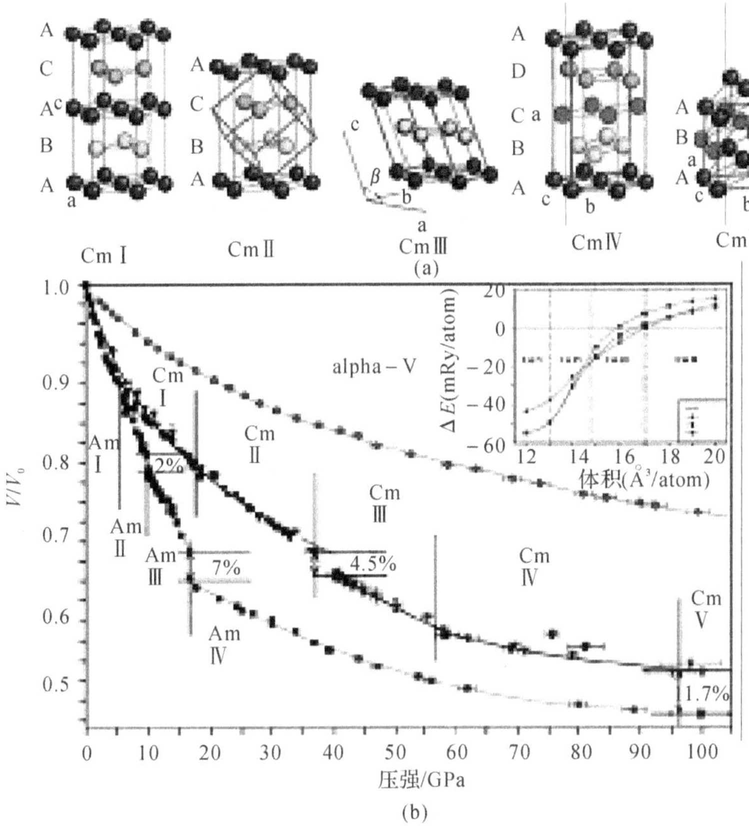

图 5.23　Cm 金属的高压行为

5.4.8　Bk

多电子原子谱计算结果表明 Bk 应该具有与 Cm 相似的磁性行为，但是强度稍微较弱。从 Pu 到 Cm 的锕系元素服从 5f 状态的 IC 耦合曲线，假设 Bk 同样服从这个曲线。图 5.1 中原子体积进一步支持了这个假设条件，即 Bk 具有局域的 5f 状态，这与 Am 和 Cm 相同，基态 dhcp 晶体结构同样支持这个结论，同时 dhcp 晶体结构显示了 d 成键状态。在确定 Bk 5f 状态为 IC 耦合机制后，重点关注图 5.13(a)。在 IC 耦合机制下，Bk 几乎完全位于 jj 和 LS 耦合极限的中间，这意味着自旋-轨道和交换相互作用同等重要。从图 5.14(a)～(b)中 Bk f^8 自旋磁矩和轨道磁矩可知，Bk 的磁矩与 Cm 不存在非常明显的差别，自旋磁矩大约为 5μ_B/atom，而轨道磁矩大约为 2μ_B/atom。

由于 $5f$ 状态的自旋-轨道相互作用，所以自旋磁矩和轨道磁矩平行排列，总磁矩大约为 $7\mu_B$/atom。与 Cm 相比，原子理论研究结果表明 Bk 具有稍微较小的总磁矩，主要的贡献来自轨道磁矩。实际上，Bk 金属的磁化率测量结果表明有效磁矩大约 $8\mu_B$/atom。图 5.14(c)和表 5.3 中 $j=5/2$ 和 $7/2$ 能级的电子占据数表明从 Cm f^7 构型到 Bk f^8 构型，$j=5/2$ 能级的权重高于 $j=7/2$ 能级，这是从 Cm 到 Bk 元素 IC 耦合曲线逐步恢复为图 5.13(a)中 jj 极限的原因。

当采用金刚石砧腔进行压缩时，Bk 在最高 57GPa 条件下表现出 3 个不同的结晶相，体积模量为 35±5GPa。当压强为 8GPa 时，环境条件下 dhcp 相(Bk Ⅰ)转变为 fcc 相(Bk Ⅱ)，然后在 22GPa 时转变为开始被认为是 α－U 晶体结构的 Bk Ⅲ(空间群为 *Cmcm*)，该结构是不确定的。此外，与 α－U Cmcm 结构相比，电子结构计算结果表明 Bk Ⅲ 可能是 Cm Ⅳ 结构，这意味着压强条件下 Bk 与 Am 非常相似，在数个相变过程中具有很小的体积收缩，而不是单个相。换句话说，从局域到离域 $5f$ 状态的转变发生在很大的压强范围内和数个晶体结构中。这与 Johansson 等理论预测结果相反，他们认为当 $5f$ 电子从强烈局域状态转变为强烈离域和成键状态时，Bk 将会经历很大的体积收缩。采用金刚石砧腔实验同样对 Bk－Cf 和 Cm－Bk 合金进行了研究，每一个合金所表现出的压强所致相变行为与纯 Bk 和 Cf 相似。

由 PES 谱可以看出从 Np 到 Am 存在缓慢的转变，所以图 5.1 中 Pu 金属发生的局域-离域转变是相当突然的，而 Np、α－Pu 的价带 PES，$4f$ PES 以及 EELS 谱都表明 $5f$ 状态开始出现局域化效应。$N_{4,5}$ EELS 谱的分支比和自旋-轨道求和定则分析表明，Np 位于 LS 和 IC 耦合机制之间，而 α－Pu 位于(或靠近)接近于 jj 极限的 IC 耦合机制。此外，Am $4f$ PES 数据表明在 $4f_{5/2}$ 和峰前缘存在很小但是可见的良屏蔽峰，这说明在 Am 金属中残留很弱的 $5f$ 成键行为。当在金刚石砧腔中压缩 Am、Cm 和 Bk 时，在很宽的压强范围内和数个晶体结构之间存在从局域到离域 $5f$ 状态的转变，其中不存在明显和突然的体积收缩行为，而是随着很小的体积收缩而发生变化。在许多元素中存在从离域和成键 $5f$ 电子转变为局域和类原子的转变行为，换句话说，在 Pu 中观察到明显的结晶学和体积效应，Np 中开始出现 $5f$ 局域性的变化，而 Am 中局域性仍然很弱，局域-离域转变及其在 Np、Pu 和 Am 同素异形体相中发生方式对于理解 $5f$ 状态的变化极其重要。

当自旋-轨道相互作用弱于静电相互作用时，LS(或 Russell－Saunders)耦合是合适的，在 U 金属中观察到这个现象，其中离域 $5f$ 状态表现出 LS 角动量耦合机制。虽然 Cm 5f 状态表现出 IC 耦合，但是由于交换相互作用而明显移向 LS 极限。因此，在 U 和 Cm 中，静电相互作用与自旋-轨道相互作用相比具有明显的作用。另一方面，Pu 和 Am 中可以观察到强烈的自旋-轨道相互作用，通过 EELS、原子谱和自旋-轨道分析可以进行验证。因为自旋-轨道相互作用和交换相互作用相互竞争，产生 IC 耦合机制，所以 IC 耦合机制适用于大部分锕系金属的 5f 状态。然而，存在一些例外情况，比如 α-U，EELS 谱的自旋-轨道求和定则分析获得纯 LS 耦合机制。

由于 3d 和 4d 芯能级与 5f 价状态之间存在很小的交换相互作用，所以采用 EELS 或 XAS 对 5f 材料的自旋-轨道求和定则分析适用于锕系元素的 $M_{4,5}$ 和 $N_{4,5}$ 边缘。计算结果表明轻锕系元素的 B_0 在 0.59 和 0.60 之间变化，非常接近于统计值 0.60，这意味着 EELS 和 XAS 分支比几乎完全依赖于每个空穴的 5f 自旋-轨道期望值，有助于理解锕系材料中 5f 自旋-轨道相互作用。与 5d 自旋-轨道相互作用相比，由于 5d 芯能级和 5f 价状态之间存在很高的交换相互作用，所以采用锕系元素的 $O_{4,5}$ 边缘对 5f 状态进行自旋-轨道分析更加困难。对于复杂的边缘而言，仍然有可能分析边缘与成键环境之间的函数关系。

Pu 金属不存在磁性是令人迷惑的。在不考虑 5f^5 构型产生的磁矩是否受到 Kondo 屏蔽、配对相关性、自旋涨落或者其他机制作用的条件下，仍然需要通过实验来阐明这个问题，通过自旋极化共振光电子发射可以检验 Kondo 屏蔽的假设。$d \rightarrow f$ 共振 PES 存在两种可能性：包含 5d 状态的 $O_{4,5}$ 边缘，以及包含 4d 状态的 $N_{4,5}$ 边缘，而包含 3d 状态的 $M_{4,5}$ 边缘大约位于 3.5keV 位置，这远高于合理的能量分辨范围。由于 $h\upsilon \approx 100$eV，所以共振光电子发射中采用 $O_{4,5}$ 边缘将会导致谱被表面效应所破坏。然而，由于 N_4 和 N_5 边缘的 $h\upsilon$ 分别为 795eV 和 840eV，所以 $N_{4,5}$ 边缘的共振光电子发射对块体是非常敏感的，Sekiyama 等通过 $CeRu_2Si_2$ 和 $CeRu_2$ 的 3d 和 4d 共振光电子发射可以观察到上述现象。在这个情况下，Ce 元素是理想的测试对象，其 $N_{4,5}$ 边缘（$4d \rightarrow 4f$）和 $M_{4,5}$ 边缘（$3d \rightarrow 4f$）的能量与 Pu 的 $O_{4,5}$ 和 $N_{4,5}$ 边缘几乎相同。当 $h\upsilon =$ 120eV，由 Ce 的 $N_{4,5}$ 边缘收集共振价带 PES 谱时，由于表面电子结构而观察到很高的 f^0 峰（自由化学键导致局域 4f 状态）。然而，当在 880eV 时由 Ce 的 $M_{4,5}$ 收集共振价带 PES 谱时，获得的谱对应于块体电子结构。按照这个思路，Pu 的最佳实验是采用接近 800eV 的 $N_{4,5}$ 自旋分解共振光电子发射，这个实验能量足以探测块体的电子结构，同时自旋分辨率能够探测 5f 状态的瞬态自旋极化作用。而且，通过圆极化 X 射线的非共振光电子发射可以测量 4d

芯能级的磁性圆二色散。由于 $4d$、$5f$ 静电相互作用，所以在 $4d$ 多重结构中可能出现 $5f$ 电子的磁性极化行为。

Pu 中磁矩的本质可能是动态的，采用非弹性中子散射可进行实验测量，Murani 等已经在 Ce 中进行了相似的实验工作。然而，在很小的能量尺度上无法开展磁矩测量，那么磁矩是否可以出现在非常高的能量尺度上呢？实际上，对于高 T_c 材料而言，一个有趣的现象是 Cu 的自旋动力学，实验研究结果有助于理解 Pu 的电子结构，通过角度分解光电子发射实验可以测量磁性。

采用 Andreev 等反射实验可以测试自旋配对相关性的假设。如果两种常见金属吸附在一起，比如接近于自由电子的 Al 金属，穿过界面的电流将会出现很小的破坏现象。然而，如果正常金属与具有配对电子的材料吸附时，将会发生不同的情况。与电流穿过金属-超导体界面相似的是，比超导体带隙能量低的金属入射电子时，入射电子将会在金属-超导体界面转变为空穴，然后相对于电流向后移动。由于在金属-超导体界面产生一个空穴，同时在金属中向后移动，因此电流 $2e^-$ 将在超导体中向前移动。由于界面上发生电子-空穴的转变，所以超导体一侧的测量结果为 2 倍电流。这个技术可用于 Pu，通过构建 Al－Pu－Al“三明治”结构，电流由 Al 侧向 Pu 侧移动。如果 Pu 中不存在自旋配对相关性，那么电流将不会发生改变。然而，如果 Pu 中存在自旋配对相关性，由于 Al－Pu 界面存在电子-空穴的转变，所以电流将变成 2 倍或者至少会明显增加。

对于 Pu 以后的锕系元素，必须强调其磁性构型，尤其是 Cm 和 Bk 具有明显的有效磁矩，如图 5.13 和图 5.14 所示，一个可行的实验方案是在金刚石砧腔中研究这些金属磁化率与压强之间的函数关系。Heathman 等确定了 Cm 结晶学结构与压强之间的函数关系，Moore 等采用磁性和非磁 DFT 方法计算了 Cm 相稳定性与压强之间的函数关系。然而，实验中需要知道磁性变化与压强之间的函数关系。实际上，从 Cm Ⅲ到 Cm Ⅴ，$5f$ 状态从局域转变为离域状态，这意味着可以从局域-离域转变过程中分析金属的磁性结构，当然这需要进一步对 Pu 进行研究。实际上需要进行大量的低温实验，包括单晶样品的 de Haas－van Alphen 实验，可以采用 de Haas－van Alphen 实验数据分析金属 Fermi 能级上能带结构的轮廓线。de Haas－van Alphen 实验的一个优点是可以在 $100\mu g$ 量级的单晶上进行实验，而角度分解光电子发射需要较大的单晶样品。

下面讨论与 Np 或 Pu 相关的量子临界点。考虑到 Np、α－Pu 和 δ－Pu 的电子比热很高，所以其有效电子质量很高。Doniach 等认为由于屏蔽局域 f

电子磁矩的 Kondo 耦合与磁性交换相互作用之间的竞争，所以磁性交换相互作用由周围极化电子云的相邻 f 电子磁矩产生。如果交换相互作用占支配地位，那么存在长程磁序，但是磁矩明显受到屏蔽作用，所以材料在低温条件下仍然是顺磁的。相应地，0K 时可能存在的有序—无序转变过程将分离两个基态。在锕系序列中，这个现象最可能发生在 Pu 晶格中，或者受到压缩的 Am 晶格中。因此，Pu - Am 合金是观察量子临界点的理想对象。而且，在整个组成范围内，Pu - Am 形成 fcc 固溶体，降低了相变过程产生的额外复杂性。磁场是另一个可能的选项，然而，考虑到 Kondo 能量大约为 800 K，所以 H 是一个很高的量级。

如上所述，温度、压强和化学组成都会明显影响锕系金属的状态和行为，所以通过改变块体性质的几何构型（比如薄膜和多层）可以用于锕系元素研究。由于减少的尺寸和维数将会导致表面或界面能更接近于块体能量，从而产生新的热力学平衡。Gouder 等在 Pu 薄膜上研究工作分析了薄膜厚度对 $5f$ 状态局域度的影响方式，随后 Gouder 等研究发现在 Pu 中添加 Si 将会导致 $5f$ 状态局域化，同时与 Si $3p$ 状态产生杂化作用。目前，采用 dhcp 结构的纯 U 金属对 U 薄膜的结晶学结构和磁性结构进行研究。Rudin 等采用 DFT 研究发现在纳米尺度 Pb - Pu 超晶格中，在离域和局域 $5f$ 电子之间存在两个被 Mott 转变所分开的相互竞争相。

除了在锕系材料上进行实验以外，还应该考虑替代材料。这不仅会避免材料处理问题，而且能够扩展至更广阔的研究领域。比如，半金属 Bi 在许多方面可以作为 Pu 的合理替代品。随着自旋-轨道相互作用的变化，Bi 的比热明显发生变化，这意味着热力学性质受到成键电子自旋-轨道相互作用的影响。考虑到许多锕系金属（尤其是 Pu 和 Am）中 $5f$ 自旋-轨道相互作用很强烈，因此理解其对材料物理性质的影响方式很重要。从 U 到 Np 以及从 Np 到 Pu，电子比热的增加与图 5.13(a)中自旋-轨道相互作用的增加趋势是一致的。虽然 $5f$ 状态具有强烈的自旋-轨道相互作用，Am 的电子比热仍然是下降的，但是在这种情况下 $5f$ 电子大部分变成局域状态。在替代材料上进行实验研究不仅可以节省时间、精力和财力，同时能够从锕系元素以外的角度来评价物理行为。然而，仍然需要继续开展锕系元素的实验研究，目的是更加真实地理解锕系材料以及 $5f$ 电子的独特性质。此外，由于 $5f$ 状态对温度、压强和化学组成的极端敏感性，所以在锕系序列中可以观察到许多异常的材料行为。这些研究成果不仅可以用于分析下一代核反应堆的核燃料行为，而且可应用于核武库的安全性检测。

5.5 锕系化合物性质的第一性原理计算

目前,密度泛函理论(DFT)是凝聚态物理研究领域的重要计算方法,通过该理论方法可以预测大多数材料的物理化学性质,并且计算结果与实验数据相当一致。然而,对于作为强关联体系的锕系材料而言,传统的DFT无法进行合适的描述,计算结果与实验数据之间存在明显的差别,有时甚至获得了截然相反的结论。两者之间不一致的主要原因是锕系材料属于强关联体系,其 $5f$ 电子之间具有很强的库仑相互作用,传统的理论计算方法无法进行有效的描述。DFT之所以难以处理强关联体系,主要是由于该理论本质上仍然属于Hartree-Fock近似,即采用简单的交换-关联势描述复杂的电子-电子相互作用。当电子-电子相互作用较弱时,DFT是合理的,但是当该相互作用较强时,DFT就无法进行合适的描述。因此,为了能够更好地描述锕系材料和其他强关联体系(比如 $3d$ 过渡金属及其氧化物)的电子结构,必须对传统理论方法进行改进。到目前为止,国内外的研究人员已经提出了DFT的多种修正形式,比如杂化密度泛函hybrid DFT、GW、Coulomb相互作用修正方法DFT+U(U 是描述强关联相互作用的Hubbard参数)、自相互作用修正方法(SIC-LSDA)、LDA+Gutzwiller变分方法和动力学平均场理论方法(DMFT)等方法研究锕系材料的电子结构。

5.5.1 传统密度泛函理论

对于轻锕系材料的成键行为,DFT是适用的,原子体积的DFT计算结果与实验数据一致。晶体结构同样是DFT理论计算中一个很好的测试对象,因为它强烈地依赖于电子结构,特别是费米能级附近位置,而原子体积的计算结果能够反映成键和反键状态,而无法重现电子结构的细节。之前研究结果表明,DFT理论适用于轻锕系元素Th～Pu,费米能级附近的窄 $5f$ 能带导致类Peierls变形,使得低对称性晶体结构处于稳定状态,因此出现类似单斜晶体结构的异常相。由于晶体对称性导致电子态简并度的消失,同时能量降低,所以这种变形是有利的。在静水压力条件下,这些窄能带变宽,Peierls变形消失,而马德隆原子间作用力导致原子呈高对称性排列方式。因此,对于锕系元素,通常能够观察到压力导致从低对称性到高对称性晶体结构的相变过程。各个相Pu的DFT计算结果如图5.19所示,考虑自旋-轨道耦合、轨道极化和自旋极化作用后能够重现 Pu 的复杂相图。虽然能量计算结果与相图基本一致，但是仍然无法很好地处理电子关联效应，尤其是磁性问题。

虽然 DFT 方法准确地重现了锕系材料的许多性质，但是 Pu 和 Am 的磁性计算结果仍然是有问题的，这是因为 DFT 在描述原子间非磁性 $5f$ 状态是失效的，而 DFT+U 和 DMFT 方法更适合于处理 $5f$ 电子完全局域化的体系。此外，锕系元素在熔化前都是高温体心立方 bcc 相，DFT 理论的一个重要问题是无法描述这个相。标准 DFT 理论基于玻恩-奥本海默近似，即将原子冻结在零温度，并且无零点运动，零温度 DFT 方法预测获得高温 bcc 相是力学不稳定的，这表明 DFT 方法在计算这个相时是存在问题的。$5f$ 电子是否参与成键行为是当前争论的焦点，针对这个问题开展了大量的 DFT 研究。大多数研究结果表明，锕系元素的 $5f$、$6d$ 轨道都参与化学反应，随着锕系元素原子序数的增加，$5f$ 轨道对成键行为的贡献逐渐降低。因此，对于三价氧化状态的 Pu、Am 和 Cm 原子，$5f$ 轨道是空的，$6d$ 轨道贡献大部分电子。对于锕系分子化合物而言，考虑到锕系元素的开壳层特性，所以 DFT 理论无法合适地描述激发态性质和能量变化行为。

5.5.2 密度泛函理论+U

大多数轻锕系材料中 $5f$ 状态的带宽只有几个 eV，并且主要位于费米能级(E_F)附近或者 E_F 以下，这意味着 DFT+U 方法能够描述这类材料的电子结构。在该方法中，对 f 电子引入额外的在位库仑相互作用，通过库仑参数 U 和洪德交换参数 J 进行表示，减去双计数项的目的是避免在标准 DFT 理论中已经包含的平均场 Coulomb 相互作用。库仑参数 U 从离域电子的 0.0eV 变化到 5.0eV 左右，比如锕系氧化物和 f 电子局域化的重锕系元素，通过约束局域密度近似(cLDA)方法可以估算这个参数值。

目前，DFT+U 方法已经成功地应用于大量锕系化合物计算，特别是锕系氧化物的计算，准确地重现了一些典型的锕系氧化物的能带结构和态密度。比如 Jomard 等采用 LDA、GGA、LDA+U 和 GGA+U 计算获得的体积 V_0、体积模量 B_0 和带隙值 Δ 如表 5.8 所示，态密度如图 5.24 所示。通过将从头算 0K 时状态方程拟合为 Birch - Murnaghan 方程获得了单位晶胞体积和体积模量。所有这些结果与 Prodan 和 Sun 等计算结果非常相近，磁性、电子性质和结构性质定性和定量都非常一致，研究结果表明标准的 DFT 无法描述 PuO_2 的基态，如图 5.19 左上方所示。

表 5.8 PuO_2和 Pu_2O_3平衡性质的计算结果

化合物	计算方法	磁性	V_0(Å^3)	B_0/GPa	Δ/eV	$E_{FM}-E_{AFM}$/meV	$\mu_{mag}(\mu_B)$
PuO_2	LDA	FM	36.57	231	0.0	−285	3.81
	PBE	FM	39.06	190	0.0	−276	3.96
	LDA+U	AFM	38.03	232	2.1	19	3.80
	PBE+U	AFM	40.34	199	2.2	14	3.89
	LDA+U[a]	AFM	38.50	208	1.7	>0	
	GGA+U[a]	AFM	40.92	184	1.7	>0	
	LDA[b]	FM	36.76	229	0.0	−310	
	PBE[b]	FM	39.34	189	0.0	−259	
	PBE0[b]	AFM	39.04	221	3.4	14	
	HSE[b]	AFM	39.28	220	2.7	14	
	Exp.		39.32[c]	178[d]	1.8[c]		
Pu_2O_3	LDA	FM	68.13	166	0.0	−127	4.40
	PBE	FM	73.43	131	0.0	−219	4.59
	LDA+U	AFM	71.51	124	1.1	18	4.68
	PBE+U	AFM	78.08	110	1.7	4	4.74
	LDA[a]	AFM	75.75		0.0	<0	
	GGA[a]	AFM	70.50		0.0	<0	
	LDA+U[a]	AFM	76.60		2.0	>0	
	GGA+U[a]	AFM	76.60		2.2	>0	
	Exp.[f]		75.49−76.12		>0	>0	

图 5.24 重现了 Prodan 等和 Sun 等研究结果，四方反铁磁 PuO_2的能带结构如图 5.25 所示，宽能带表明能带具有混合的 O-p 和 Pu-f 特征。当U取典型值 4.0eV 时，LDA+U 和 PBE+U 方法获得的带隙分别为 2.1eV 和 2.2eV，如图 5.24 所示。因为 PuO_2包含两种粒子激发，所以与实验电导率的带隙不能很好地吻合。采用 HSE 的杂化泛函计算获得较大的带隙(0.9eV)，而采用 PBE0 的杂化泛函计算获得的带隙为 3.4eV，如表 5.8 所示。LDA+U 和 PBE+U 都获得 AFM 基态，其中 Pu 原子的净磁矩大约为 3.9μ_B，接近

于完全离子化的极限值 4.0μ_B。

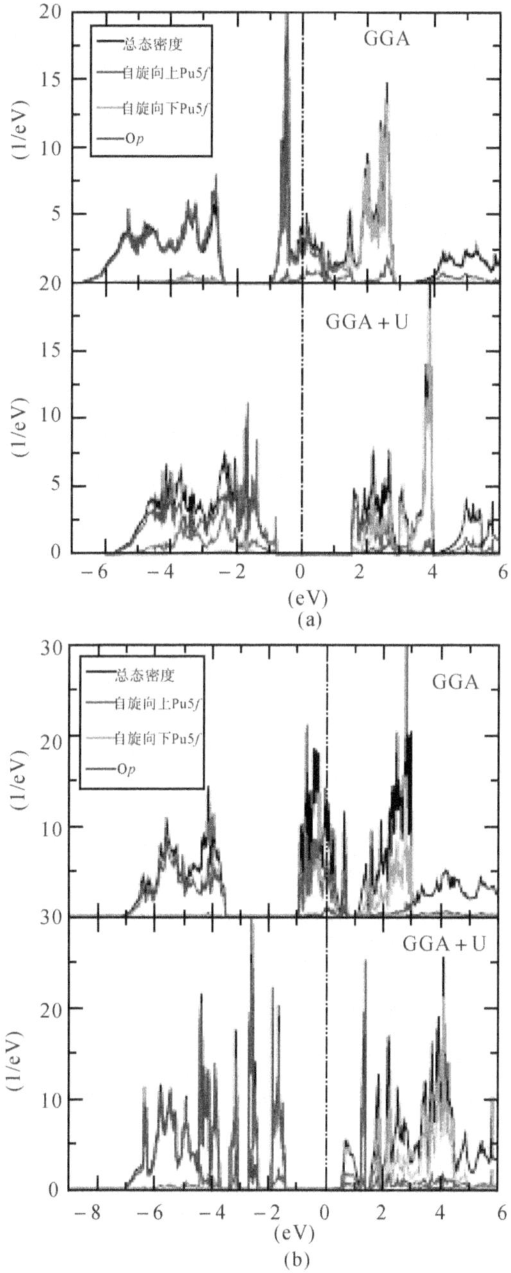

图 5.24　GGA 和 GGA+U 计算的态密度

(a)PuO_2基态的总态密度和偏态密度；(b)Pu_2O_3基态的总态密度和偏态密度

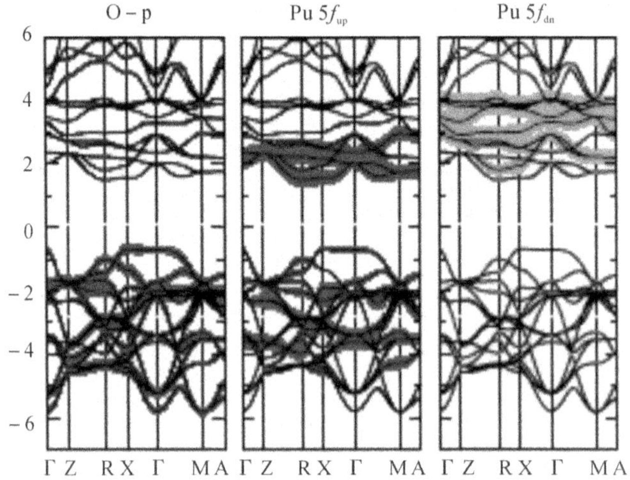

图 5.25 采用 GGA＋U 计算获得的四方反铁磁 PuO_2 的能带结构

Jomard 和 Sun 等计算结果之间的主要区别是 V_0 与 U 之间的演化过程，如图 5.26 所示。这个演化过程是典型的，对于 LDA＋U 和 PBE＋U 而言，V 随着 U 的增加呈函数关系增加。因为 U 值的增加将会增强 f 电子的局域化，降低晶体的内聚性，所以导致晶格参数的增加。Sun 等获得了相同的趋势，但是在他们的研究中体积变化的幅度较高，这种差别可能是由于所采用的交换-关联泛函，或者所采用 PAW 原子数据的空间延展性产生的。

对于 δ 相 Pu，当 U＝3.0～4.0eV 时，DFT＋U 计算方法自洽收敛到非磁基态。对于其他 Pu 化合物，相对论 DFT＋U 方法同样获得了非磁基态，一个典型的范例是重 Fermi 超导体 $PuCoGa_5$。

5.5.3 密度泛函理论＋动力学平均场理论(DFT＋DMFT)

DFT＋DMFT 方法是最近提出的一种第一性原理计算方法，特别适合于具有强关联电子的真实材料电子结构计算，比如过渡金属及其氧化物、镧系和锕系元素等。该方法既考虑了传统能带结构计算方法 DFT 近似的优点，又结合了现代多体物理方法 DMFT 的优势。近年来研究结果表明，DFT＋DMFT 方法是研究强关联电子体系的强大技术手段，这是传统第一性原理电子结构计算方法所无法比拟的。该方法的特点是：采用 DFT(LDA、GGA、FPLAPW 等)描述哈密顿量中弱电子关联部分，即 s、p 轨道电子，以及 d、f 轨道电子的长程相互作用，而使用 DMFT 方法描述 d、f 电子中局域 Coulomb 相互作用产生的强关联效应。

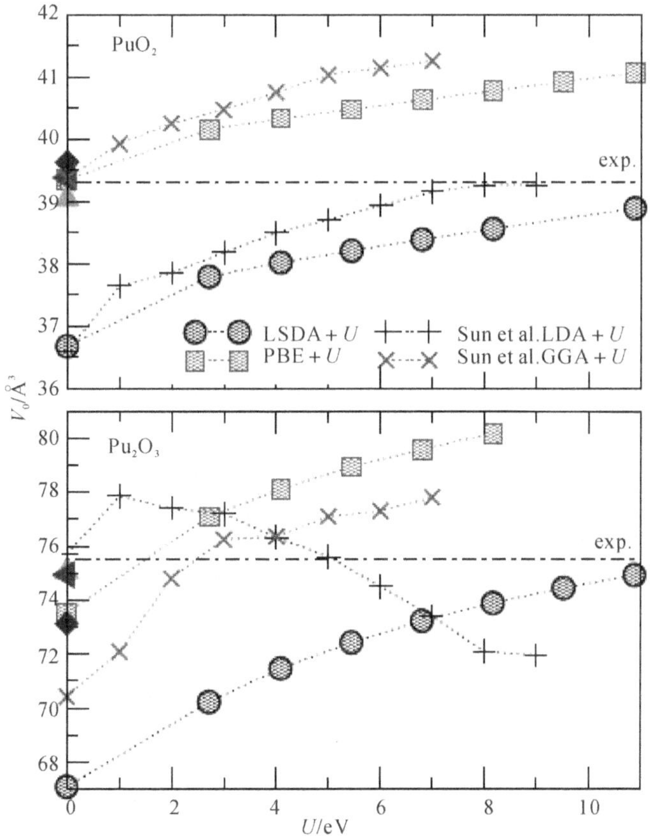

图 5.26　采用 LSDA+U 和 GGA+U 计算获得 PuO_2 和完全驰豫 Pu_2O_3 的平衡体积与参数 U 之间的函数关系

DMFT 能够成功地描述锕系材料，比如，δ-Pu 声子谱的理论预测结果被随后的非弹性 X 射线衍射测量结果所验证，如图 5.21(a)所示，考虑到计算中采用的近似方法，以及通过少量 Ga 元素的稳定 δ-Pu，计算结果和实验数据是相当一致的。δ-Pu 光电子发射谱(PES)的理论结果同样与实验数据一致，如图 5.27 所示。从图中可以看出，理论和实验谱中都存在相干和非相干谱权重。Pu 及其化合物表现出准粒子多重谱线(低能准粒子峰位置伴随结构)，这是 Pu 多重化合价的特征，目前已经解释了准粒子多重谱线的物理本质及其与 Pu 化合物混合化合价之间的关系。

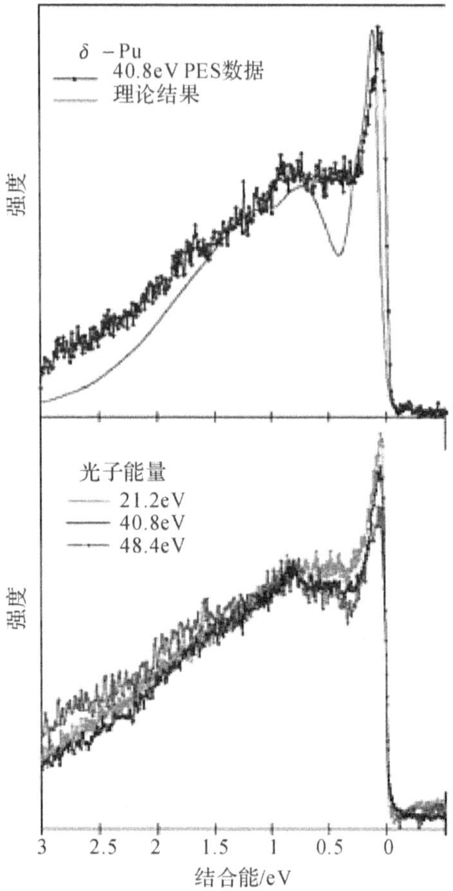

图 5.27　δ - Pu 的实验和理论光电子发射谱 PES

DFT+DMFT 方法重现了接近于 E_F 的峰，0.5 eV 和 2.0eV 结合能之间的较宽特征，以及这两个特征之间的谷底。E_F 位置的峰是杂化 $5f-6d$ 电子状态产生。在理论谱中，0.5eV 结合能位置的倾斜比实验现象更加明显，这可能是由于散射电子本底产生的。与实验结果相比，E_F 位置的峰稍微移向较高的结合能(50meV)，这种差别在计算方法的误差范围内。当改变光子能量时，E_F 位置的峰由杂化 $5f$ 和价带状态构成，这与实验数据一致。随着光子能量的增加，$5f$ 状态的截面将会增加，$6d$ 状态的截面降低。在实验谱中，包含 $6d$ 特征的任何特性将降低 $5f$ 状态的权重，在实验数据中，费米能级位置的峰确实出现这个现象，完全基于局域电子状态的分析方法无法描述这个行为。

非自旋极化能带计算结果重现了 E_F 位置的实验峰，但是无法描述 0.5eV 结合能的特征。反铁磁构型或者无序局域磁矩构型的自旋极化计算方法改进了与实验 PES 之间的一致性。基于 LDA+U 近似的计算方法获得了 1.5eV 结合能位置的宽峰，这与实验结果不一致。最后，DMFT 谱在 E_F 位置存在宽度大约为 1.0eV 的峰，在较高的结合能位置存在非常小的谱特征，这个结果与实验结果之间的一致性仍然是有限的。

同时，由于在 DFT+DMFT 方法中引入松原频率（与温度相关），所以可以考虑温度对电子、物理和力学性质的影响，比如 232K 时 Pu 氮化物（PuN）态密度、5f 电子占据数和动量分解电子谱函数如图 5.28～图 5.30 所示。

如图 5.28(a)所示，费米能级附近出现一个尖峰，这表明 PuN 是一种金属，这与 Wen 等 HSE 和 PBE+U 计算结果一致，该峰主要来自 Pu 5f 5/2 的贡献，而 0.6eV 和 1.6eV 结合能位置的峰主要来自 Pu 5f 7/2 状态。这个 DOS 表明 Fermi 表面附近 5/2 和 7/2 分量具有不同的贡献，而主要贡献来自 5/2 状态，而且 Fermi 能级附近出现一个赝带隙〔见图 5.28(b)〕。实际上，费米能级附近的两个尖峰可以视为相干准粒子峰，而两个宽峰主要来自类原子特征，即下方和上方 Hubbard 能带。除了 Pu 5f 状态以外，在高能价带和导带中（即 −5.0～0.0eV 和 2.5～10.0eV 能量范围内），N 2p 状态在总 DOS 中同样占有重要的作用，这意味着 Pu 5f 状态与 N 2p 状态强烈地杂化/混合。Pu 5f 5/2 和 7/2 PDOS〔见图 5.28(b)〕是由杂质 Green 函数的虚部除以 −π 获得的，通过 muffin - tin 球内部归一化投影子计算 Green 函数（谱的积分等于 1），而 Pu 5f 状态谱函数的积分是通过非归一化投影子计算的，所以 5/2 和 7/2 Green 函数计算获得的 PDOS 加和不等于 Pu 5f PDOS。

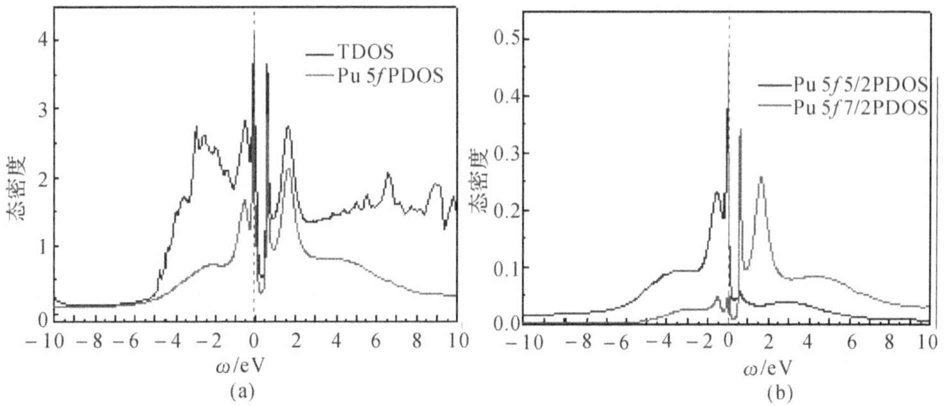

图 5.28　PuN 的 LDA+DMFT 计算结果

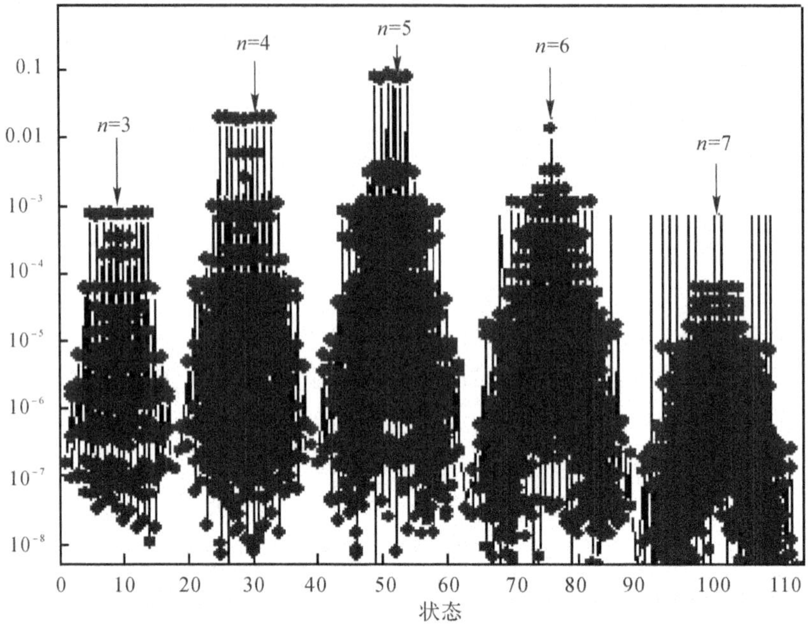

图 5.29 PuN 的 $5f^n$($n=3\sim7$)电子占据数的 LDA+DMFT 结果

通过 $5f^n$ ($n=3-7$)电子构型计算结果可知，占据数 $n=5$ 的概率为 0.635 426 501，远高于其他占据数 $n=3$(0.012 9)、$n=4$(0.254)、$n=6$(0.094 511 52)和 $n=7$(0.003 025 253)，如图 5.29 所示。因此，PuN 中 $5f$ 电子占据数为 4.823，这与 Havela 等 Pu 反应溅射实验研究结果一致，而与之前 Petit 等自相互作用修正局域自旋密度近似(SIC - LSDA)计算结果(获得 PuN 基态是 $5f^3$ 构型)不同。从图 5.30 中可以看出，费米能级附近及其上方 0.6 eV 位置存在平的明亮区域，这对应于 Pu $5f$ 5/2 和 7/2 状态的准粒子峰，并且与图 5.28(b)一致。

总之，通过 DFT+DMFT 方法可以描述具有开放电子壳层(比如 δ - Pu 中 $5f$ 电子)的强关联体系电子结构，该理论方法很好地重现了 δ - Pu 的实验光电子发射谱 PES，而之前计算方法无法重现这个谱。DMFT 理论方法考虑了 $5f^4$ 单态中多体自旋和轨道耦合效应的重要性，而自旋配对能是最重要的(洪德第一定则)。考虑自旋极化效应的电子结构方法确实考虑了一些相互作用，所以基于这个方法的理论谱重现了 δ - Pu 的一些实验特征。然而，DFT+DMFT 计算非常耗时，并且随着研究体系复杂程度的增加而增加。目前的

DMFT 计算主要局限于一些晶体结构对称性较高的锕系体系，很少开展复杂晶体结构的锕系材料计算。最近，研究人员已经成功地将 FP - LAPW + DMFT 方法应用于具有复杂晶体结构的单斜 α - Pu 研究。

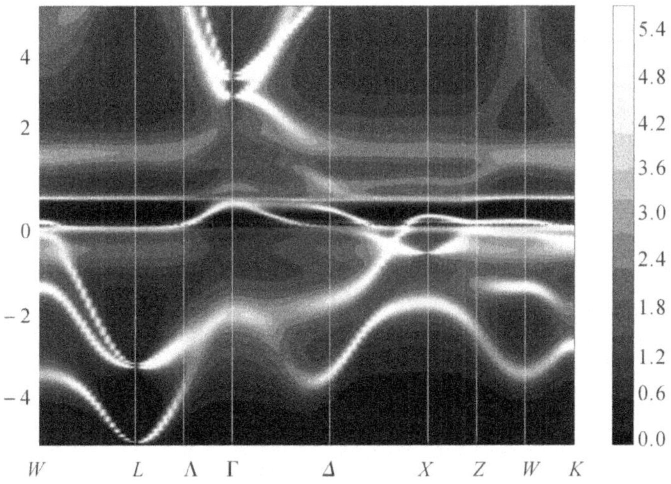

图 5.30　在 T=232K 时，采用连续时间量子 Monte Carlo(CT - QMC)杂质求解器和 LDA+DMFT 方法计算获得的 PuN 动量分解电子谱函数

附　　录

附录 A　傅里叶变换、平面波、倒易晶格和布洛赫定理

A.1　Fourier 变换

函数 $f(t)$ 的 Fourier 变换是在频域中进行的,其定义为

$$F(\omega)=F\{f\}=\int_{-\infty}^{\infty} f(t)\mathrm{e}^{-\mathrm{i}\omega t}\,\mathrm{d}t \tag{A.1}$$

$$f(t)=F^{-1}\{F\}=\frac{-1}{2\pi}\int_{-\infty}^{\infty} F(\omega)\mathrm{e}^{\mathrm{i}\omega t}\,\mathrm{d}\omega \tag{A.2}$$

如果想通过增加不同的函数 $\mathrm{e}^{\mathrm{i}\omega t}$ 来构建 $f(t)$,那么 $F(\omega)$ 将会包含每个函数的权重。比如,当 $f(t)=\cos(\omega_0 t)$ 时,如图 A.1 所示。

$$F(\omega)=\frac{1}{2}\delta(\omega_0+\omega)+\frac{1}{2}\delta(\omega_0-\omega) \tag{A.3}$$

因此,$\cos(\omega_0 t)$ 必须等于两个 $\mathrm{e}^{\mathrm{i}\omega t}$ 函数的和,权重如上所述:

$$\cos(\omega_0 t)=\frac{1}{2}\mathrm{e}^{\mathrm{i}(-\omega_0)t}+\frac{1}{2}\mathrm{e}^{\mathrm{i}\omega_0 t} \tag{A.4}$$

考虑如下的定义:

$$\mathrm{e}^{\mathrm{i}\omega t}=\cos(\omega t)+\mathrm{i}\sin(\omega t) \tag{A.5}$$

在这个例子中,存在 ω 值的离散序列,其中 $F(\omega)$ 非零。总体上任何周期性函数都是真实的:在离散的频率下,其 Fourier 变换是非零的。因此,周期性函数可以写成函数 $\mathrm{e}^{\mathrm{i}\omega t}$ 的和。如果 $f(t)$ 是非周期的,$F(\omega)$ 在连续的无限范围内是非零的,那么 $f(t)$ 只能写成整数。

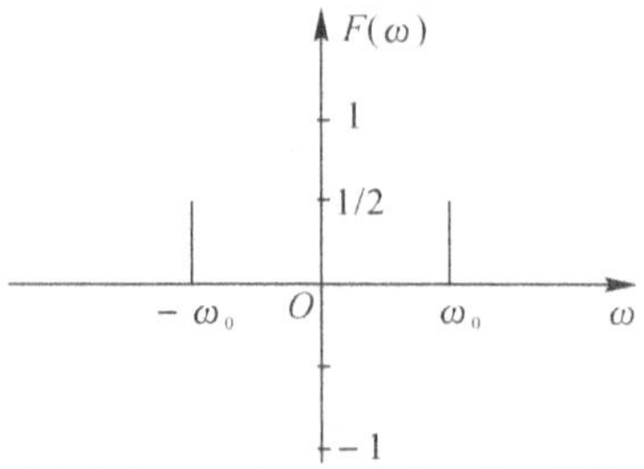

图 A.1　$\cos(\omega_0 t)$ 的 Fourier 变换

A.2 平面波

Fourier 变换的思想可以解释为在实空间中采用函数 $f(\boldsymbol{r})$ 进行变换。ω 的作用是替代尺寸为 1/ 长度的倒易向量 $\boldsymbol{g}$，这与无限位置向量连续填充实空间相同，所以无限的倒易向量连续填充倒易空间。实空间和倒易空间之间的 Fourier 变换和 Fourier 逆变换的定义为

$$F(\boldsymbol{g})=F\{f\}=\int f(\boldsymbol{r})\mathrm{e}^{-\mathrm{i}\boldsymbol{g}\cdot\boldsymbol{r}}\mathrm{d}^3\boldsymbol{r} \tag{A.6}$$

$$f(\boldsymbol{r})=F^{-1}\{F\}=\frac{-1}{2\pi}\int F(\boldsymbol{g})\mathrm{e}^{\mathrm{i}\boldsymbol{g}\cdot\boldsymbol{r}}\mathrm{d}^3\boldsymbol{g} \tag{A.7}$$

实空间中一种特定函数是平面波，其定义为

$$f(\boldsymbol{r})=\mathrm{e}^{\mathrm{i}\boldsymbol{g}_0\cdot\boldsymbol{r}} \tag{A.8}$$

其中 $\boldsymbol{g}_0$ 是倒易空间中的任意向量。必须确定平面波是空间中的周期性函数，其中波向量为 $\boldsymbol{g}_0$（如果沿着与 $\boldsymbol{g}_0$ 平行的距离 $2\pi/\boldsymbol{g}_0$ 运动，波向量具有相同的数值），对于垂直于 $\boldsymbol{g}_0$ 的任意平面，在该平面中具有相同的数值。只有在倒易空间中单点 $\boldsymbol{g}_0$ 上，平面波的 Fourier 变换是非零的：

$$F(\boldsymbol{g})=\int \mathrm{e}^{i(\boldsymbol{g}_0-\boldsymbol{g})\cdot\boldsymbol{r}}\mathrm{d}^3\boldsymbol{g} \tag{A.9}$$

$$=\delta(\boldsymbol{g}_0-\boldsymbol{g}) \tag{A.10}$$

上述是符合逻辑的，因为只需要一个在 $\boldsymbol{g}=\boldsymbol{g}_0$ 时权重为 1 的函数 $\mathrm{e}^{-\mathrm{i}\boldsymbol{g}\cdot\boldsymbol{r}}$ 来构建 $\mathrm{e}^{\mathrm{i}\boldsymbol{g}_0\cdot\boldsymbol{r}}$。平面波在实空间中周期越短，标识为 $\boldsymbol{g}_0$ 的点与倒易空间的原点距离越远。

在实空间中具有周期性的函数，在倒易空间（可能含有无限个点）中，只有在离散点上其 Fourier 变换才不为零。对于实空间中的非周期性函数，在倒易空间的连续体积内 Fourier 变换将为非零。

A.3 倒易晶格

到目前为止，还没有分辨实空间或倒易空间中不同点之间的差别。需要注意的是：不要混淆空间和晶格的概念，它们具有明显不同的意义。

现在，引入实空间中特定的无限和正则 Bravais 晶格的概念，称之为实晶格或直接晶格。比如下面的基向量：

$$\boldsymbol{a}=(5,0,0)\quad |\boldsymbol{a}|=5 \tag{A.11}$$

$$\boldsymbol{b}=(5\sqrt{2},5\sqrt{2},0)\quad |\boldsymbol{b}|=10 \tag{A.12}$$

$$\boldsymbol{c}=(0,0,1)\quad |\boldsymbol{c}|=1 \tag{A.13}$$

沿着晶格的 XY 平面截断如图 A.2(a) 所示。在倒易空间中，采用三个基

向量来构建特定点的晶格的方式如下：

$$\boldsymbol{a}^* = 2\pi \frac{\boldsymbol{b}\times\boldsymbol{c}}{\boldsymbol{a}\cdot(\boldsymbol{b}\times\boldsymbol{c})} \qquad \boldsymbol{a}^* = \frac{2\pi}{5/\sqrt{2}}\left(\frac{\sqrt{2}}{2}, -\frac{\sqrt{2}}{2}, 0\right) \qquad \frac{2\pi}{|\boldsymbol{a}^*|} = \frac{5}{\sqrt{2}} \approx 3.536 \tag{A.14}$$

$$\boldsymbol{b}^* = 2\pi \frac{\boldsymbol{c}\times\boldsymbol{a}}{\boldsymbol{b}\cdot(\boldsymbol{c}\times\boldsymbol{a})} \qquad \boldsymbol{b}^* = \frac{2\pi}{10/\sqrt{2}}(0,1,0) \qquad \frac{2\pi}{|\boldsymbol{b}^*|} = \frac{10}{\sqrt{2}}7.071 \tag{A.15}$$

$$\boldsymbol{c}^* = 2\pi \frac{\boldsymbol{a}\times\boldsymbol{b}}{\boldsymbol{c}\cdot(\boldsymbol{a}\times\boldsymbol{b})} \qquad \boldsymbol{c}^* = 2\pi(0,0,1) \qquad \frac{2\pi}{|\boldsymbol{c}^*|} = 1 \tag{A.16}$$

在倒易空间中，采用这些基向量定义的特定点晶格称为对应于实晶格的倒易晶格。通过倒易晶格向量 **K** 来标识这些特定点。在图 A.2(a) 中，穿过实晶格和倒易晶格 XY 平面的截断相互叠加，图 A.2(b) 显示了靠近原点的倒易空间详细信息。

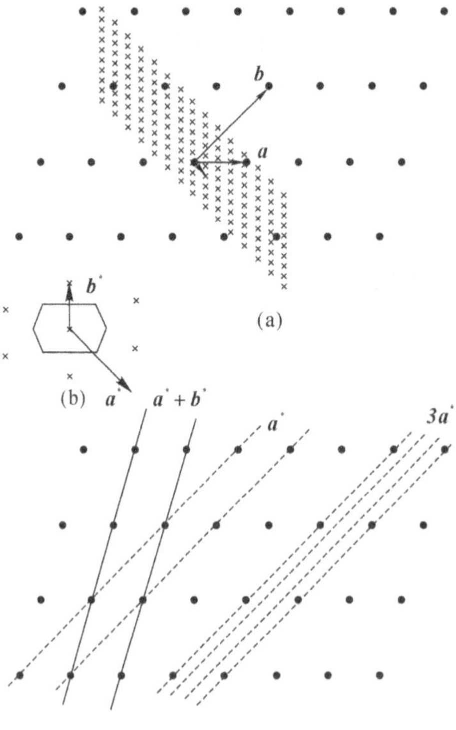

(c)

图 A.2　空间和晶格示意图

(a) 晶格和倒易晶格；(b) 第一布里渊区；(c) 与实晶格可约的平面波的波阵面

描绘的图形依赖于所选择的长度单位：如果在实空间中 $a=5\text{mm}$，那么在倒易空间中 $a^*=(2\pi)/(5/\sqrt{2})\approx1.78\ \text{mm}^{-1}$。在图 A.2(a) 中，这将表示为 1.78mm。如果 a 的单位是米，$a=0.05\text{m}$ 对应于 177.7m。这种奇怪的行为是由于希望采用真实世界中的量纲(需要采用真实的长度来绘制线条)，通过逆长度来显示倒易晶格。图 A.2 采用的是任意长度单位，其中 $\boldsymbol{a}$ 长度为 5，而 $\boldsymbol{b}$ 长度为 10。这个行为只影响图像的显示，而不会影响物理结果：无论采用何种单位，波长(具有长度的量纲)是相同的。

对于倒易空间的任意点，倒易晶格点对应于实空间中的平面波。图 A.2(c) 显示了对应于 $\boldsymbol{a}^*$，$3\boldsymbol{a}^*$ 和 $\boldsymbol{a}^*+\boldsymbol{b}^*$ 的三个波的波阵面。很明显的是，对应于倒易空间的平面波具有特殊的性质：它们与实晶格是可约的。这意味着，如果位于特定的波阵面，沿着任意 $n\boldsymbol{a}+m\boldsymbol{b}+p\boldsymbol{c}$ 产生位移，就可以精确的相同数值在波阵面上结束。因此，倒易晶格的另外一种定义为：在倒易空间中，对应于与实晶格可约的平面波的所有点的集合。

对于任意晶格，可以为倒易晶格定义多个等价的元胞。一种选择是包含倒易空间中更接近原点和倒易晶格任意其他点的所有点，如图 A.2(b) 所示。元胞的这种选择称为第一布里渊区。相似地，第二布里渊区包含的所有点满足：倒易晶格的原点是其第二近邻。倒易空间中任意点唯一地属于第 n 个布里渊区。通过"单位晶胞" 概念的定义，采用倒易晶格的向量，可以将任意点(位于第 n 个布里渊区) 与第一布里渊区中的点联系起来。

A.4 Bloch 定理

如上所述，量子力学哈密顿量本征函数的离散设置常常可以通过量子数进行标识。对于具有晶格周期性的哈密顿量，布洛赫定理说明了实现的方法。定理如下：任意本征函数 $\psi(\boldsymbol{r})$ 可以写成具有晶格周期性的函数 $\mu_g(\boldsymbol{r})$，以及倒易空间中具有任意向量 $\boldsymbol{g}$ 的平面波 $e^{i\boldsymbol{g}\cdot\boldsymbol{r}}$ 之间的乘积：

* 严格来说，只有无限大的晶格才允许任意向量 $\boldsymbol{g}$。如果采用有线晶体和周期性边界条件，允许的 $\boldsymbol{g}$ 在倒易空间中形成密集的网格：在第一布洛赫区中，存在的允许 $\boldsymbol{g}$ 数量与有限(实) 晶格中含有的单位晶胞数量相同。对于宏观尺寸的晶体而言，这是一个巨大的数量。对于任意 $\boldsymbol{g}$，在其附近存在一个允许的 $\boldsymbol{g}$，因此为了实际的目的，假设所有的 $\boldsymbol{g}$ 都是允许的。允许 $\boldsymbol{g}$ 与非允许 $\boldsymbol{g}$

之间的区别是后者所对应的平面与有限晶体的边界是可约的。

$$\psi(\boldsymbol{r})=\mu_g(\boldsymbol{r})e^{i\boldsymbol{g}\cdot\boldsymbol{r}} \tag{A.17}$$

因为在倒易空间中存在无限个向量，所以哈密顿量具有无限个本征状态。倒易向量 $\boldsymbol{g}$ 作为本征态的标识(量子数)，因此可以将 $\psi(\boldsymbol{r})$ 重新定义为 $\psi_g(\boldsymbol{r})$。

然而，这种方式常常不能够精确地实现。每一个 $\boldsymbol{g}$ 可以写成第一 Brillouin 区中一个向量(称为 $\boldsymbol{k}$) 和倒易晶格向量 $\boldsymbol{K}$ 的和；$\boldsymbol{g}$ 用于任意倒易向量，$\boldsymbol{K}$ 用于倒易晶格向量，$\boldsymbol{k}$ 用于第一 Brillouin 区的向量。

$$\boldsymbol{g}=\boldsymbol{k}+\boldsymbol{K} \tag{A.18}$$

Bloch 定义可以重写为

$$\psi_g(\boldsymbol{r})=\{u_g(\boldsymbol{r})e^{i\boldsymbol{K}\cdot\boldsymbol{k}}\}e^{i\boldsymbol{k}\cdot\boldsymbol{r}} \tag{A.19}$$

因为 $e^{i\boldsymbol{K}\cdot\boldsymbol{k}}$ 与晶格可约，括号中的函数仍然具有晶格的周期性。可以将其重命名为 $\mu_k^n(\boldsymbol{r})$，其中 n 表示 $\boldsymbol{g}$ 所在 Brillouin 区的数量。实际上，n 和 $\boldsymbol{k}$ 含有与 $\boldsymbol{g}$ 相同的信息，因此可以被用作标识的替代方式。对于 $n=1$，$\boldsymbol{k}$ 和 $\boldsymbol{g}$ 是相同的。对于第二布洛赫定理区中的 $\boldsymbol{g}$，重新使用了 $\boldsymbol{k}$ 的相同设置，但是 n 增加至 2。对于每一个 $\boldsymbol{k}$，无限量 n 是可能的，参数 n 称为能带指数。

因此，Bloch 定理可以重新表述为最常使用的形式：任意本征函数 $\psi_k^n(\boldsymbol{r})$ 可以写成具有晶格周期性的函数 $\mu_k^n(\boldsymbol{r})$，以及第一布洛赫定理区中具有任意向量 $\boldsymbol{k}$ 的平面波 $e^{i\boldsymbol{k}\cdot\boldsymbol{r}}$ 之间的乘积：

$$\psi_k^n(\boldsymbol{r})=\mu_k^n(\boldsymbol{r})e^{i\boldsymbol{k}\cdot\boldsymbol{r}} \tag{A.20}$$

实际上，将一个已知的部分 $e^{i\boldsymbol{k}\cdot\boldsymbol{r}}$ 从本征态中分离处理，只需要确定剩下未知的 $\mu_k^n(\boldsymbol{r})$。一个重要的优势是这个部分具有晶格的周期性，而 $\psi_k^n(\boldsymbol{r})$ 不具有这个性质。如果采用平面波基组，它可以写成具有这个相同周期性的平面波之和，而平面波对应于倒易晶格向量：

$$\mu_k^n(\boldsymbol{r})=\sum_{\boldsymbol{K}}c_{\boldsymbol{K}}^{n,k}e^{i\boldsymbol{K}\cdot\boldsymbol{r}} \tag{A.21}$$

采用相同基组对 $\psi_k^n(\boldsymbol{r})$ 展开为

$$\psi_k^n(\boldsymbol{r})=\sum_{\boldsymbol{K}}c_{\boldsymbol{K}}^{n,k}e^{i(\boldsymbol{k}+\boldsymbol{K})\cdot\boldsymbol{r}} \tag{A.22}$$

需要寻找的是系数 $c_{\boldsymbol{K}}^{n,k}$。

附录B　量子数和态密度

B.1　引言

在量子力学中，需要研究的每一个物理情况完全由哈密顿量 $\hat{H}$ 进行定义。这些问题的每一个静态解都可以通过状态(对应哈密顿量 $\hat{H}$ 的本征态)进行描述，方程的解对应于本征值 E_k：

$$\hat{H}\psi_k = E_k\psi_k \tag{B.1}$$

上式称为与时间无关的Schrödinger方程。在一个物理情况中，常常存在边界条件，这限制了可能的本征值，只存在离散但是无限的 E_k。符号 k 表示用于标识不同本征函数和本征值(满足边界条件)的一个或更多量子数。

一维谐振量子振荡器

质量为 M 的一个(光)粒子在一维谐振势场 $V(x)=cx^2/2$ 中运动，薛定谔方程为

$$\underbrace{\left(-\frac{\hbar^2}{2M}\frac{\mathrm{d}^2}{\mathrm{d}^2x}+\frac{Cx^2}{2}\right)}_{\hat{H}}\psi_n(x)=E_n\psi_n(x) \tag{B.2}$$

边界条件是粒子处于束缚状态，即粒子在 $x\to\infty$ 处出现的概率为零。本征值 E_n 和本征函数 $\psi_n(x)$ 的离散设置可以通过唯一的量子数 n 进行标识：

$$E_n=\left(n+\frac{1}{2}\right)hv \tag{B.3}$$

$$\psi_n(x)=\sqrt{\frac{1}{\sqrt{\pi}\,2^n n!}}\,\mathrm{e}^{-\varepsilon^2/2}H_n(\varepsilon) \tag{B.4}$$

振动频率 v 完全由 C 和 M 确定。变量 $\varepsilon=\sqrt{\alpha}x$，其中 α 完全由 C 和 M 确定。$H_n(\varepsilon)$ 是 n 阶厄米特多项式。

图B.1显示了本征值与量子数之间的函数关系，称为本征值谱。在相同的图形中，能量的函数如下：

$$g(E)=\sum\delta(E-E_n) \tag{B.5}$$

其中 δ 是Dirac δ 函数。函数 $g(E)$ 称为态密度(DOS)。当 E 等于本征值时，DOS是非零的。如果两个本征值是简并的，DOS将会提高1倍。如果在一些能量区域存在许多本征值，DOS在该区域中的许多位置上将是非零的。很明显的是，本征值谱包含问题的完全物理信息。DOS含有的信息量少于本征值

谱，但是仍然带有问题的特征。在本征值谱很难识别的问题中，DOS 起着问题"指纹"的作用。构建一个虚本征值谱，该谱能够产生与图 B.1 完全相同的 DOS。

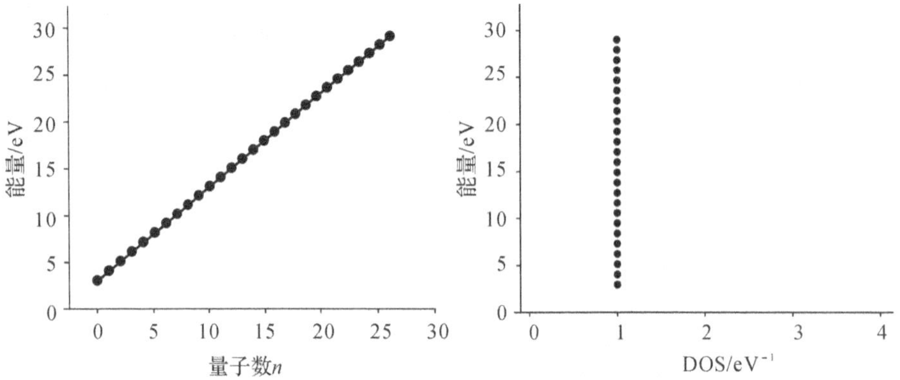

图 B.1　左边：对于谐振荡器，本征值与标识 n(量子数) 之间的函数关系。右边：对于谐振振荡器，DOS 与能量之间的函数关系，为了与左图的能量轴进行比较，该图旋转了 90°

单电子轨道(给定原子核具有无限质量)

该例子的处理过程详见附录 D。哈密顿量由方程(D.1) 和(D.2) 给出。三个分离微分方程的边界条件是单值的解在任何地方都是单值的，当 $r \to \infty$ 时消失。本征函数和本征值采用量子数 n，l 和 m 标识。

图 B.2 显示了与谐振荡器明显不同的本征值谱。对于给定的 n，l 范围为 0 到 $n-1$，由于 m 是简并的，所以这些 l 是 $2l+1$ 重简并的。因此对于每一个 n，其为 $\sum_{l=0}^{n-1}(2l+1)$ 重简并，表现为不断增加的 DOS 数值。DOS 不为零的能量同样不是均匀分布的。

长度为 L 的一维箱中自由粒子

薛定谔方程为

$$\underbrace{\left(-\frac{\hbar^2}{2M}\frac{\mathrm{d}^2}{\mathrm{d}^2 x}\right)}_{H}\psi_{\mathrm{p}}(x)=E_{\mathrm{p}}\psi_{\mathrm{p}}(x) \tag{B.6}$$

其中 M 是粒子的质量。边界条件是粒子不能离开这个箱子。本征值和本证态采用量子数 p 标识：

$$p=\frac{2\pi N}{L} \tag{B.7}$$

式中，N 为任意整数。本征值和本征态为

$$E_{\mathrm{p}}=\frac{\hbar^2 p^2}{2M} \tag{B.8}$$

$$\psi_{\mathrm{p}}(x)=\frac{1}{\sqrt{L}}\mathrm{e}^{\mathrm{i}px} \tag{B.9}$$

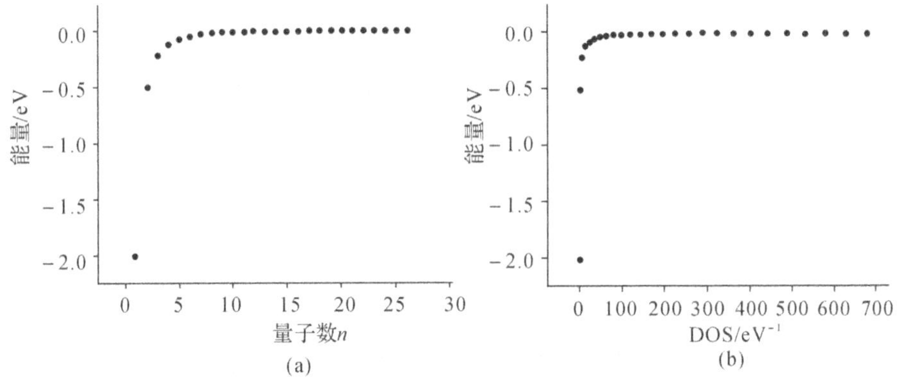

图 B.2　本征值谱的量子数和态密度表示方法

(a) 对于自由单电子原子(状态具有相同的 n 和不同的 l,m 是简并的),本征值与标识 n(量子数) 之间的函数关系;

(b) 对于自由单电子原子,DOS 与能量之间的函数关系

本征值谱和DOS如图B.3所示。除了 $\psi_{p=0}$ 以外,所有状态是双简并的。当能量较高时,本征值之间的间距将会变大。

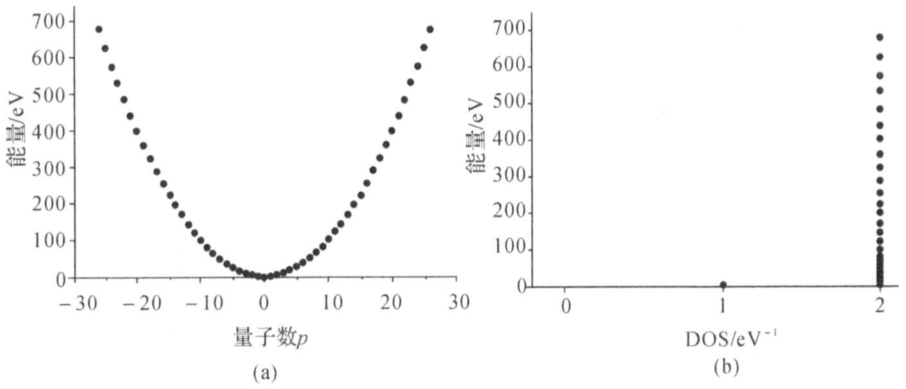

图 B.3　量子数和态密度表示

(a) 对于一维箱中的粒子,本征值与标识 p(量子数) 之间的函数关系;

(b) 对于一维箱中的粒子,DOS 与能量之间的函数关系

B.2 结晶固体

结晶固体的一个普遍性质是原子核产生的势场是周期性的：

$$V(\boldsymbol{r}+\boldsymbol{R})=V(\boldsymbol{r}) \tag{B.10}$$

其中,$\boldsymbol{R}$ 是 Bravais 晶格的任意向量。对于哈密顿量的动态部分,这个条件常常是满足的。因此,如果作用势周期性的,那么总哈密顿量也是周期性的。

* Bravais 晶格在晶体晶格对称性下含有所有必要信息。

现在讨论周期性边界条件用于宏观晶体的情况:通过复制晶体周期性地填充空间,从而建立了无限固体,如图 B.4 所示。在这些条件下,周期性哈密顿量的本征值和本征函数可以采用量子数 n 和 $\boldsymbol{k}$ 进行标识,$n=1,2,3,\cdots$,$\boldsymbol{k}$ 是对应于宏观晶体可约平面波的第一布里渊区中任意向量,如图 B.4 所示。对于每一个有效的 $\boldsymbol{k}$,出现所有的 n 值。对于真实固体,这个数量是巨大的。因此,$\boldsymbol{k}$ 向量相互之间非常接近,可以假设它们连续地填充第一布里渊区。注意 $\boldsymbol{k}$ 向量与 A.3 节中定义倒易晶格的 $\boldsymbol{K}$ 向量之间的区别:$\boldsymbol{K}$ 向量对应于晶体单位晶胞可约平面波,而在第一布里渊区内部选取的特定 $\boldsymbol{k}$ 向量与整个宏观晶体是可约的。本征函数和本征值分别写为 ψ_k^n 和 ε_k^n(或 E_k^n)。

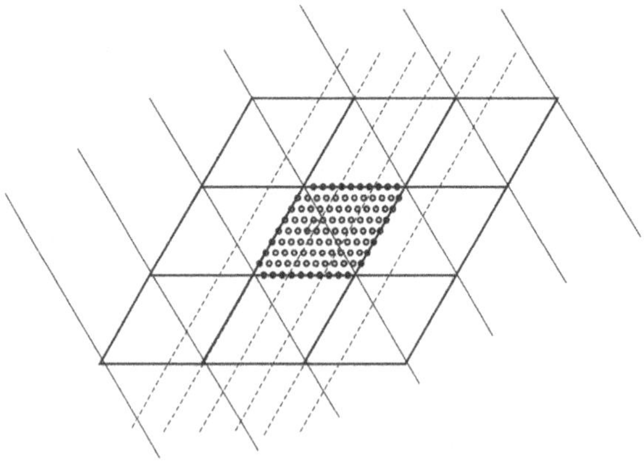

图 B.4　周期性边界条件,以及与整个晶体可约的平面波的波阵面

当需要可视化本征值谱时,遇到一个问题:通过 4 个独立的数量(n,k_x,k_y,k_z)来标识本征值,因此需要 5 维来绘制图像,这明显是无法实现的。一种替代流程是穿过第一布里渊区选择一条路径,对于每一个 n,绘制落在这条路径上 $\boldsymbol{k}$ 向量的能量 ε_k^n,如图 B.5 所示。采用常规的方式选择路径,路径的间距采用传统的大写希腊字母进行命名,第一布里渊区中特定点采用传统的大写

拉丁字母进行命名。图 B.5 代表了本征值谱的大部分信息。

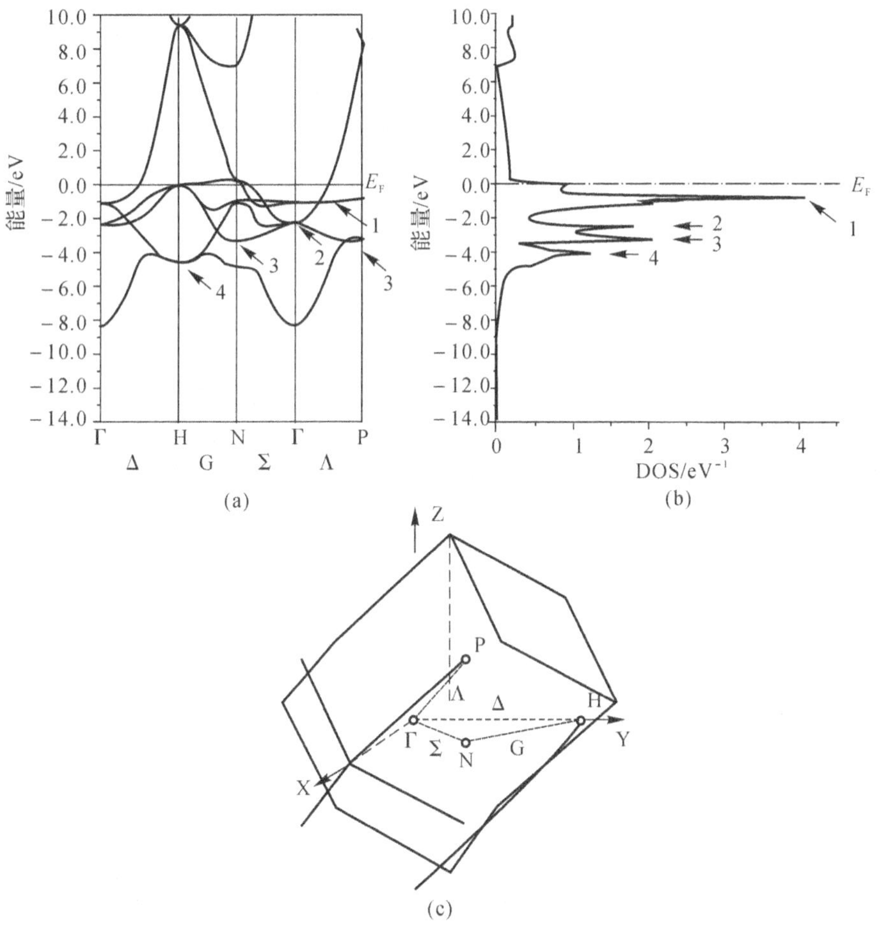

图 B.5　能带结构，态密度和第一布里渊区示意图

(a) 对于一些 bcc 化合物(bcc-Fe，自旋向上)，绘制了沿着路径的所有 k 向量的本征值；

(b) 相同材料的 DOS，其中能量尺度与能带结构图中能量尺度匹配；

(c) 采用四个高度对称性点(Γ，H，N 和 P) 标识的 bcc 晶格的第一 Brillouin 区

如前所述，DOS 只是能量的函数，所以维数不是太高。由于大部分连续附加量子数 $\boldsymbol{k}$ 的存在，所以 DOS 的定义可以扩展为

$$g(E)=\frac{2}{V_{BZ}}\sum_{n}\int\delta(\varepsilon-\varepsilon_{\boldsymbol{k}}^{n})\,\mathrm{d}\boldsymbol{k} \tag{B.11}$$

其中，V_{BZ} 是第一布里渊区的体积，在整个第一布里渊区上进行积分。考虑到

简并自旋，所以包含因子2。由于 $\boldsymbol{k}$ 向量的连续性，所以作为连续函数的DOS如图B.5所示。当绝缘图像中存在平坦区域时，许多 $\boldsymbol{k}$ 向量具有相同的能量，在DOS中表现为一个尖峰。

附录C 本征值问题

C.1 本征值和本征向量

考虑基组为 $(\boldsymbol{e}_1, \boldsymbol{e}_2)$（不需要是正交的）的一个向量空间（$R^n$，为了简化起见 $n=2$）。对于这个基组，每一个向量 $\boldsymbol{x}$ 可以唯一地通过两个数 (x_1, x_2) 进行刻度。定义作用在 $\boldsymbol{x}$ 上的一个算符 $\hat{H}$，从而获得一个新的向量 $\boldsymbol{y}=(y_1, y_2)$：

$$\hat{H}\boldsymbol{x} = \boldsymbol{y} \tag{C.1}$$

通过 $\hat{H}$，所有在 $\hat{H}$ 作用下的 $\boldsymbol{x}$ 向量变换为与其平行的向量：

$$\hat{H}\boldsymbol{x} = \lambda\boldsymbol{x} \tag{C.2}$$

采用基向量对这个条件进行重新定义，然后寻找 (x_1, x_2) 满足：

$$\hat{H}(x_1\boldsymbol{e}_1 + x_2\boldsymbol{e}_2) = \lambda(x_1\boldsymbol{e}_1 + x_2\boldsymbol{e}_2) \tag{C.3}$$

采用 $\boldsymbol{e}_1$ 左乘这个方程：

$$x_1\boldsymbol{e}_1\cdot(\hat{H}\boldsymbol{e}_1) + x_2\boldsymbol{e}_1\cdot(\hat{H}\boldsymbol{e}_2) = \lambda(x_1\boldsymbol{e}_1\cdot\boldsymbol{e}_1 + x_2\boldsymbol{e}_1\cdot\boldsymbol{e}_2) \tag{C.4}$$

采用 $\boldsymbol{e}_2$ 进行相同的操作：

$$x_1\boldsymbol{e}_2\cdot(\hat{H}\boldsymbol{e}_1) + x_2\boldsymbol{e}_2\cdot(\hat{H}\boldsymbol{e}_2) = \lambda(x_1\boldsymbol{e}_2\cdot\boldsymbol{e}_1 + x_2\boldsymbol{e}_2\cdot\boldsymbol{e}_2) \tag{C.5}$$

采用矩阵表示法可以将式(C.4)-(C.5)表示为

$$\begin{bmatrix} \boldsymbol{e}_1\cdot(\hat{H}\boldsymbol{e}_1) & \boldsymbol{e}_1\cdot(\hat{H}\boldsymbol{e}_2) \\ \boldsymbol{e}_2\cdot(\hat{H}\boldsymbol{e}_1) & \boldsymbol{e}_2\cdot(\hat{H}\boldsymbol{e}_2) \end{bmatrix} \begin{bmatrix} x_1 \\ x_2 \end{bmatrix} - \lambda \begin{bmatrix} \boldsymbol{e}_1\cdot\boldsymbol{e}_1 & \boldsymbol{e}_1\cdot\boldsymbol{e}_2 \\ \boldsymbol{e}_2\cdot\boldsymbol{e}_1 & \boldsymbol{e}_2\cdot\boldsymbol{e}_2 \end{bmatrix} \begin{bmatrix} x_1 \\ x_2 \end{bmatrix} = \begin{bmatrix} 0 \\ 0 \end{bmatrix} \tag{C.6}$$

第一个矩阵的第 ij 个元素 H_{ii} 是一个数，如果已知 $\hat{H}$ 在基向量上的作用，那么这个矩阵完全是确定的。

* 采用矩阵后，$\hat{\boldsymbol{H}}\boldsymbol{x} = \boldsymbol{y}$ 可以表示为

$$\begin{bmatrix} H_{11} & H_{12} \\ H_{21} & H_{22} \end{bmatrix} \begin{bmatrix} x_1 \\ x_2 \end{bmatrix} = \begin{bmatrix} y_1 \\ y_2 \end{bmatrix}$$

如果已知 H_{ij}，通过简单的矩阵乘法可知 $\hat{\boldsymbol{H}}$ 对于任意向量 $\boldsymbol{x}$ 的效应。

第二个矩阵 S_{ij} 由基组确定，这个矩阵称为重叠矩阵。采用这个表示法，式(C.4)式(C.5)求解过程变成：

$$\begin{bmatrix} H_{11}-\lambda S_{11} & H_{12}-\lambda S_{12} \\ H_{21}-\lambda S_{21} & H_{22}-\lambda S_{22} \end{bmatrix} \begin{bmatrix} x_1 \\ x_2 \end{bmatrix} = \begin{bmatrix} 0 \\ 0 \end{bmatrix} \tag{C.8}$$

除了参数 λ 以外,左边的矩阵是完全已知的。对于每一个 λ,式(C.8) 可以求解 x_1 和 x_2。对于大部分 λ,矩阵行列式不等于零。式(C.8) 将只有一个唯一解,即(0, 0)。这个向量以平凡的方式平行于原始的 $\boldsymbol{x}$。另外,只有当行列式等于零时,(C.8) 才有非零解:

$$\begin{vmatrix} H_{11}-\lambda S_{11} & H_{12}-\lambda S_{12} \\ H_{21}-\lambda S_{21} & H_{22}-\lambda S_{22} \end{vmatrix} = 0 \tag{C.9}$$

上述方程称为 $\hat{H}$ 的久期方程,它是 λ 的多项式方程,最高阶数等于空间的维度 n(本例中为 2)。久期方程的根称为 $\hat{\boldsymbol{H}}$ 的本征值。

* 该方程最多有 n 个根。在所有情况下,精确存在 n 个根。

如果 $\lambda=\lambda_1$ 是一个本征值,$[\boldsymbol{H}-\lambda_1\boldsymbol{S}][\boldsymbol{x}]=[\boldsymbol{0}]$ 将具有无限个解。实际上,如果($x_1=a$,$x_2=b$ 是一个解,对于任意实数 β,(βa,βb) 也是一个解。如果 $\hat{H}$ 将 $\boldsymbol{x}$ 变换为与其平行的向量,对于任意向量 $\beta\boldsymbol{x}$ 同样如此。这些向量称为属于本征值 λ_1 的 $\hat{H}$ 本征向量,常常采用这些向量中的单位向量来表示这个向量组,属于不同本征值的本征向量是相互垂直的。因此,属于 n 个不同本征值的单位向量可以视为向量空间的一个正交基($\boldsymbol{e}_1^{\lambda_1}$,$\boldsymbol{e}_2^{\lambda_2}$)。

* 如果代表算符的矩阵是厄米特矩阵,那么算符是一个"良"算符。

在这个新基组中,算符 $\hat{H}$ 的矩阵表示可以写成什么呢? 根据式(C.6),矩阵元素为

$$\hat{\boldsymbol{H}} = \begin{bmatrix} \lambda_1 & 0 \\ 0 & \lambda_2 \end{bmatrix}$$

这是一个对角阵,其中本征值位于对角线上:

$$\hat{\boldsymbol{H}} = \begin{bmatrix} \lambda_1 & 0 \\ 0 & \lambda_2 \end{bmatrix} \tag{C.13}$$

现在采用如上所述的方法来求解算符 $\hat{H}$ 在这个新基组中的本征值和本征向量。很明显的是,将找到与前面相同的 λ_1 和 λ_2,本征向量为(1, 0) 和(0, 1)(即原来本征向量现在变成基向量)。这表明本征值和本征向量是算符的固有性质,而不会依赖于基组的选择。如果初始采用的基组是正交的,重叠矩阵将变为单位矩阵,从而可以对式(C.6) 进行简化。

在有些情况下,久期方程的两个根相等。在这种情况下,本征值将会导致本征向量平面,而不是本征向量直线。然后就可以在这个平面中自由选择两个相互垂直的基向量,但是仍然平行于其他不同本征值的本征向量。

C.2 基变换

在含有归一化，但不一定正交的基组($\boldsymbol{e}_1^\alpha,\boldsymbol{e}_2^\alpha,\cdots\boldsymbol{e}_n^\alpha$)的向量空间中，考虑具有矩阵表示 $\boldsymbol{A}$ 的算符 $\hat{A}$。这个算符将每一个向量变换为一个新向量，同时变换了基向量，$\boldsymbol{A}$ 的第 j 行元素是采用原始基组表示变换后第 j 个基向量的系数

$$\begin{bmatrix} \cdots & a_{1j} & \cdots \\ \cdots & \cdots & \cdots \\ \cdots & a_{jj} & \cdots \\ \cdots & \cdots & \cdots \\ \cdots & a_{nj} & \cdots \end{bmatrix}_{n\times n} \begin{bmatrix} e_{1j}^\alpha=0 \\ \cdots \\ e_{jj}^\alpha=1 \\ \cdots \\ e_{nj}^\alpha=0 \end{bmatrix}_{n\times 1} = \begin{bmatrix} a_{1j} \\ \cdots \\ a_{jj} \\ \cdots \\ a_{nj} \end{bmatrix}_{n\times 1} \tag{C.14}$$

上式提供了寻找算符矩阵表示的一种可行方法，该算符可以通过新基组 $\boldsymbol{e}_j^\beta$ 对基向量 $\boldsymbol{e}_j^\alpha$ 进行变换，即在旧基组 $\boldsymbol{e}_j^\alpha$ 中表示每一个 $\boldsymbol{e}_j^\beta$。需要注意的是采用这个方式可以将非正交基组变换为正交基组。如果两个基组都是正交的，那么矩阵 $\boldsymbol{A}$ 将具有特殊的性质(单元矩阵)。

$*\hat{\boldsymbol{A}}$ 是一个普遍的算符，并不一定等于前面讨论的 $\hat{\boldsymbol{H}}$，但是 $\hat{\boldsymbol{A}}$ 的任何情况均适用于 $\hat{\boldsymbol{H}}$。

相反地，逆矩阵 $\boldsymbol{A}^{-1}$ 的第 j 行含有在新基组 $\boldsymbol{e}_j^\beta$ 中表示旧基组向量 $\boldsymbol{e}_j^\alpha$ 的系数，比如图 C.1 中算符：

$$\boldsymbol{A}=\begin{bmatrix} \frac{\sqrt{2}}{2} & -\frac{\sqrt{2}}{2} \\ \frac{\sqrt{2}}{2} & \frac{\sqrt{2}}{2} \end{bmatrix},\quad \boldsymbol{A}^{-1}=\begin{bmatrix} \frac{\sqrt{2}}{2} & \frac{\sqrt{2}}{2} \\ -\frac{\sqrt{2}}{2} & \frac{\sqrt{2}}{2} \end{bmatrix} \tag{C.15}$$

将 R^2 中每一个向量顺时针旋转 45°，采用新基组($\boldsymbol{e}_1^\beta,\boldsymbol{e}_2^\beta$)对旧基组($\boldsymbol{e}_1^\alpha,\boldsymbol{e}_2^\alpha$)进行变换。在这两种情况下，这四个向量的坐标见表 C-1。

表 C-1　基组变换坐标

	old	new
$\boldsymbol{e}_1^\alpha$	(1,0)	$\left(\frac{\sqrt{2}}{2},-\frac{\sqrt{2}}{2}\right)$
$\boldsymbol{e}_2^\alpha$	(0,1)	$\left(\frac{\sqrt{2}}{2},\frac{\sqrt{2}}{2}\right)$
$\boldsymbol{e}_1^\beta$	$\left(\frac{\sqrt{2}}{2},\frac{\sqrt{2}}{2}\right)$	(1,0)
$\boldsymbol{e}_2^\beta$	$\left(\frac{-\sqrt{2}}{2},\frac{\sqrt{2}}{2}\right)$	(0,1)

采用这个表和图 C.1 来检验下述的表达式：

$$\mathbf{AX} = \mathbf{Y} \tag{C.16}$$

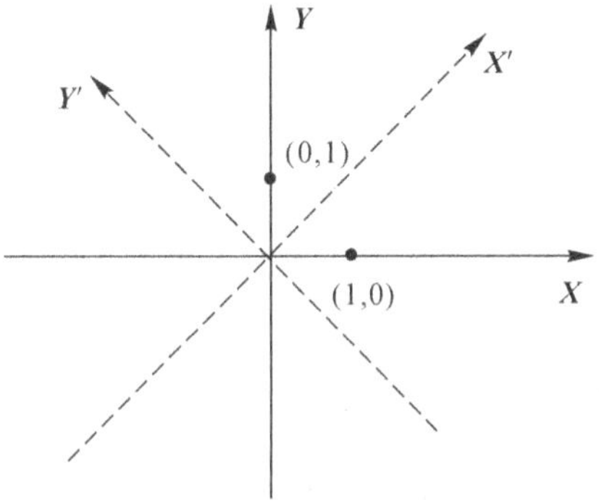

图 C.1　算符 $\hat{A}$ 将每个向量顺时针旋转 45°，旋转后原始基向量所形成的新坐标轴系统（X 和 Y 都是 $n \times 1$ 矩阵）

通过两种不同的方式可以解释图 C.1：

第一种解释：$\mathbf{X}$ 含有采用旧基组表示任意向量的系数，$\mathbf{Y}$ 含有在算符 $\hat{A}$ 作用下，通过原来基组对 X 进行变换的系数。

第二种解释：$\mathbf{X}$ 含有采用新基组表示任意向量的系数，$\mathbf{Y}$ 含有采用原来基组表示相同向量的系数。

相似地，可以通过两种方式解释下述表达式

$$\mathbf{A}^{-1}\mathbf{X} = \mathbf{Y} \tag{C.17}$$

第一种解释：$\mathbf{X}$ 含有在算符 $\hat{A}$ 作用下，通过旧基组对任意向量进行变换的系数。$\mathbf{Y}$ 含有采用旧基组对原始向量（即变换前的向量）进行表示的系数。

第二种解释：$\mathbf{X}$ 含有采用旧基组对任意向量进行表示的系数。$\mathbf{Y}$ 含有采用新基组对相同向量进行表示的系数。

C.3　寻找本征值和本征向量的步骤

对于具有归一化，但不一定正交基组的向量空间 R^n 而言，希望寻找给定算符 $\hat{H}$ 的 n 个本征值和本征向量。算符的矩阵表示 $\mathbf{H}$ 和基组的重叠矩阵 $\mathbf{S}$ 的矩阵元素 H_{ii} 和 S_{ii} 可以采用如上所述的方法获。两者都是 $n \times n$ 矩阵。需要确定的是采用给定基组对第 j 个归一化本征向量进行表示的系数 c_{ij}。需要 $n \times n$ 个 c_{ij} 来定义所有的本征向量，它们可以排列在一个 $n \times n$ 的矩阵 $\mathbf{C}$ 中，式(C.8)可以扩展为

$$HC = SCE \tag{C.18}$$

其中 E 是一个 $n\times n$ 对角阵，其第 j 个对角元素是第 j 个本征向量所对应的本征值。在式(C.18)中，n^2 个系数 c_{ij} 是未知的，同时 n 个本征值 E_{jj} 也是未知的。式(C.18)表示了 n^2 个相互独立的方程，需要确定(n^2+n)个未知量。剩余的 n 个方程来自每一类本征向量的归一化过程

$$\begin{bmatrix} C_{1j} & C_{2j} & \cdots & C_{nj} \end{bmatrix}_{1\times n} \begin{bmatrix} S_{ij} \end{bmatrix}_{n\times n} \begin{bmatrix} c_{ij} \\ c_{2j} \\ \cdots \\ c_{nj} \end{bmatrix}_{n\times 1} = 1 \tag{C.19}$$

由式(C.18)、式(C.19)可以求解上述的问题。

需要注意的是：描述第 j 个归一化本征向量的系数构成 $\boldsymbol{C}$ 的第 j 行。

对于 $n=2$，(C.18)式实际上等价于(C.8)式的两倍，本征值/本征向量的一倍。

在正交基($\boldsymbol{S}$ 是一个单位矩阵)中，这个方程等价于向量长度平方的更熟悉公式。

式(C.18)左乘一个 $n\times n$ 矩阵 $\boldsymbol{A}^{-1}$，在其他两个位置，乘以一个单位矩阵 $\boldsymbol{II}=\boldsymbol{AA}^{-1}$：

$$\underbrace{\boldsymbol{A}^{-1}\boldsymbol{HA}}_{H_0}\ \underbrace{\boldsymbol{A}^{-1}\boldsymbol{C}}_{H_0}=\underbrace{\boldsymbol{A}^{-1}\boldsymbol{SA}}_{S_0}\ \underbrace{\boldsymbol{A}^{-1}\boldsymbol{CE}}_{C_0} \tag{C.20}$$

对于一个“表现良好”的算符 $\hat{H}$，常常可以建立一个矩阵 $\boldsymbol{A}$，使得 $\boldsymbol{H}_0=\boldsymbol{A}^{-1}\boldsymbol{HA}$ 是一个对角阵。在这种情况下，对角线上的元素必定是 $\hat{H}$ 的本征值，因此 $\boldsymbol{H}_0=\boldsymbol{E}$。如果 $\boldsymbol{H}_0$ 是对角阵，它必定可以由包含其本征向量的基组表示。因此，算符 $\hat{A}$ 必须将原始基组变换为本征向量的新基组。因为 $\boldsymbol{C}$ 含有本征向量在旧基组中的未知系数，所以 $\boldsymbol{C}_0=\boldsymbol{A}^{-1}\boldsymbol{C}$ 含有采用本征向量基组对本征向量进行表示的系数，$\boldsymbol{C}_0$ 必须是对角阵。由式(C.18)可知，$\boldsymbol{C}_0$ 应该含有本征向量的系数，而不是归一化本征向量的系数，所以 $\boldsymbol{C}_0$ 不一定是单位矩阵。式(C.20)等价于式(C.18)，但是采用本征向量的新基组进行表示

$$\boldsymbol{H}_0\boldsymbol{C}_0=\boldsymbol{S}_0\boldsymbol{C}_0\boldsymbol{E} \tag{C.21}$$

其中 $\boldsymbol{H}_0=\boldsymbol{E}$ 和 $\boldsymbol{C}_0$ 是对角阵。因为本征向量是相互正交的，所以这个新基组是正交的，$\boldsymbol{S}_0$ 是一个单位矩阵。因为对角阵之间的乘法是可约的，所以最终的表达式为

$$\boldsymbol{EC}_0=\boldsymbol{C}_0\boldsymbol{E} \tag{C.22}$$

如果可以找到使得 $\boldsymbol{H}$ 对角化的矩阵 $\mathbf{A}$，那么由其对角线可以获得本征值，然后本征向量的计算公式如下

$$\boldsymbol{C}=\boldsymbol{A}\boldsymbol{C}_0 \tag{C. 23}$$

通过仍然未使用的归一化条件——式(C. 19)可以确定 $\boldsymbol{C}_0$ 对角线上 n 个未定数值。对哈密尔顿矩阵的对角化过程是求解本征值问题的关键，存在大量的标准数值方法来进行对角化过程。其中一个重要的普遍特征是运行所需要的计算时间正比于 n^3。

附录 D　薛定谔方程径向部分的解本征值问题

电荷为 $-e$，质量为 m_e 的单电子在电荷为 Ze 和无限质量的原子核库仑势场中的薛定谔方程：

$$-\frac{\hbar^2}{2m_e}\nabla^2\psi(r,\theta,\phi)+V(r)=E\psi(r,\theta,\phi) \tag{D. 1}$$

其中

$$V(r)=-\frac{Ze^2}{4\pi\varepsilon_0 r} \tag{D. 2}$$

$$\nabla^2=\frac{1}{r^2}\frac{\partial}{\partial r}(r^2\frac{\partial}{\partial r})+\frac{1}{r^2\sin^2\theta}\frac{\partial^2}{\partial\phi^2}+\frac{1}{r^2\sin\theta}\frac{\partial}{\partial\theta}(\sin\theta\frac{\partial}{\partial\theta}) \tag{D. 3}$$

这个微分方程可以分解为三个相互独立的微分方程，每一个微分方程分别只含有 r,θ 或 ϕ。式(D. 1)的通用解具有如下形式：

$$\psi(r,\theta,\phi)=u(r)\Theta(\theta)\Phi(\phi) \tag{D. 4}$$

含有 $\Phi(\phi),\Theta(\theta)$ 和 $u(r)$ 的三个微分方程为

$$\frac{\mathrm{d}^2\Phi}{\mathrm{d}\phi^2}=-m^2\Phi \tag{D. 5}$$

$$-\frac{1}{\sin\theta}\frac{\mathrm{d}}{\mathrm{d}\theta}(\sin\theta\frac{\mathrm{d}\Theta}{\mathrm{d}\theta})+\frac{m^2\Theta}{\sin^2\theta}=l(l+1)\Theta \tag{D. 6}$$

$$\frac{1}{r^2}\frac{\mathrm{d}}{\mathrm{d}r}(r^2\frac{\mathrm{d}u}{\mathrm{d}r})+\frac{2m_e}{\hbar^2}(E-V(r))u=l(l+1)\frac{u}{r^2} \tag{D. 7}$$

其中 l 和 m 是无量纲参数。为了获得表现良好的解，$l=0,1,2,3,\cdots,m=-l,-l+1,\cdots,l-1,l$。$\Theta(\theta)$ 和 $\Phi(\phi)$ 的乘积称为球谐函数 $Y_m^l(\theta,\phi)$

$$Y_m^l(\theta,\phi)=\Theta(\theta)\Phi(\phi) \tag{D.8}$$

在不同位置上，对于许多$(l,\ m)$而言，可以通过制表的方法获得球谐函数。(D.1) 式的完整解可以写为

$$\psi(r,\theta,\phi)=u_l(r)Y_m^l(\theta,\phi) \tag{D.9}$$

$u_l(r)$ 是具有合适 l 值的方程(D.7) 解。式(D.7) 是径向薛定谔方程。

采用如下的变量变换：

$$\rho=2\beta r \tag{D.10}$$

$$\beta^2=-\frac{2m_eE}{\hbar^2} \tag{D.11}$$

$$\gamma=\frac{m_eZe^2}{\hbar^2\beta} \tag{D.12}$$

因此解具有如下形式：

$$u_l(r)=e^{-\rho/2}\rho^lG_\gamma(\rho) \tag{D.13}$$

其中 $G_\gamma(\rho)$ 由上述的关系进行定义。对于所考虑的自由原子，径向方程的边界条件是：当 $r\rightarrow\infty$ 或者等价地 $\rho\rightarrow\infty$ 时，$u_i(r)\rightarrow 0$，实际上只有当 $\gamma=n$ 时才是可能的，n 是任意整数：

$$n=l+1,l+2,l+3,\cdots \tag{D.14}$$

对于这些特定的 γ 值，$G_\gamma(\rho)$(现在写成 $G_n(\rho)$) 称为拉盖尔关联函数。径向解 $u(r)$ 具有两个指数 $n_l(u_{nl}(r))$，整个 Schrödinger -式(D.1) 的解可以通过 n，l 和 m 标识

$$\psi_{nlm}(r,\theta,\phi)=u_{nl}(r)Y_m^l(\theta,\phi) \tag{D.15}$$

相应的离散能量为

$$E_{nlm}=E_n=-\frac{m_eZ^2e^4}{\hbar^2n^2},\quad n=1,\ 2,\ 3,\ 4,\cdots \tag{D.16}$$

这两个能量的简并度为 l 和 m。

在 APW，LAPW＋LO 和 APW＋lo 方法中，将使用式(D.7) 的解作为径向函数 $n_l(r)$。需要的是位于 muffin－tin 球内部的这些函数，而不需要 $r\rightarrow\infty$ 时的行为，因为不采用在 $r\rightarrow\infty$ 区域的这些函数。因此，不需要无限远处 $u_l(r)$ 为零的边界条件，同时不需要 γ 必须是整数(导致离散能量)。如果没有采用边界条件，可以获得每一个 E 时的解 $u_l(r)$。需要注意的是去掉下标 n，因为在没有边界条件的情况下，n 没有任何意义。

附录 E　均匀电子气

均匀电子气或凝胶模型是一种假想的固体，其中所有原子核的电荷均匀分布在整个空间中。这种材料完全是各项同性的，在每一个长度尺度上都是相等的，因此电子密度是常数

$$\rho(\boldsymbol{r}) \equiv \rho \equiv \frac{N}{V} \tag{E.1}$$

式中，N 是材料中电子数；V 是其体积。为了完全定义特定均匀电子气，唯一要确定的参数只有 ρ。

如果电子之间不产生相互作用，这是自由电子气的情况，可以采用直接的方式进行解析求解。对于相互作用电子气而言，这个问题更加复杂。采用量子蒙特卡罗方法可以对总能进行数值计算。总能减去非相互作用动能和哈特里能量就可获得交换-相关能量 ε_{xc}。如果在数个密度 ρ 下进行计算，就可以获得函数 $\varepsilon_{xc}(\rho)$。必须注意 ε_{xc} 是 ρ 的函数而不是泛函。

附录 F　泛　　函

F.1　定义和例子

如果说 F 是一个函数 $f(\tau)$ 的泛函，那么意味着 F 是一个数，其数值依赖于函数 $f(\tau)$ 的形式。换句话说：对于每一个函数 f（定义在相同的区域，由 τ 给出），泛函 $F(f)$ 返回一个唯一数：

$$F:\boldsymbol{F}\mapsto R:f\mapsto F[f] \tag{F.1}$$

其中 $\boldsymbol{F}$ 是函数空间，因此，泛函是“函数的函数”。

F.2　泛函微分

函数 $f(x)$ 微分 $\mathrm{d}f(x)/\mathrm{d}x$ 的一般化是泛函 $F[\rho]$ 的泛函微分 $\delta F[\rho]/\delta\rho$。比如，计算了第一章中总能泛函原子核-电子部分的泛函微分，相同的方法同样可以计算其他形式的泛函。

考虑如下泛函：

$$E_{V_{\mathrm{ext}}}^{n-\mathrm{e}}[\rho]=\int_a^b \rho(x)V_{\mathrm{ext}}(x)\mathrm{d}x \tag{F.2}$$

其中 $V_{\text{ext}}(x)$ 是一个给定的函数，积分在一维体积 $[a,b]$ 上进行。

$E_{V_{\text{ext}}}^{n-e}[\rho]$ 相对于其自变量 $\rho(x)$ 为：

$$\delta E_{V_{\text{ext}}}^{n-e}[\rho]=E_{V_{\text{ext}}}^{n-e}[\rho+\delta\rho]-E_{V_{\text{ext}}}^{n-e}[\rho]= \tag{F.3}$$

$$\left(\int_a^b\rho(x)V_{\text{ext}}(x)\mathrm{d}x+\int_a^b\delta\rho(x)V_{\text{ext}}(x)\mathrm{d}x\right)-\int_a^b\rho(x)V_{\text{ext}}(x)\mathrm{d}x= \tag{F.4}$$

$$\int_a^b\delta\rho(x)V_{\text{ext}}(x)\mathrm{d}x \tag{F.5}$$

在标准计算中，函数 $f(\boldsymbol{x})$ 的微分 $\mathrm{d}f$ 依赖于 n 维域，由下述的链式法则给出：

$$\mathrm{d}f=\sum_{i=1}^{n}\frac{\partial f}{\partial x_i}\mathrm{d}x_i \tag{F.6}$$

在泛函的计算中，域 $\boldsymbol{F}$ 的维数是无限的。如果将区间 $[a,b]$ 分成足够小的子区间，区间的上下限由 $\{x_1=a,x_2,\cdots x_{n-1},x_p=b\}$ 定义，因此变分 $\delta\rho(x)$ 在每一个区间上近似为常数，式(F.5) 由下式近似给出：

$$\delta E_{V_{\text{ext}}}^{n-e}[\rho]=\sum_{i=1}^{p}V_{\text{ext}}(x_i)[\delta\rho(x_i)\Delta x] \tag{F.7}$$

在 $p\to\infty$ 极限下，重新获得了式(F.5)。通过式(F.5) 与式(F.6) 的比较可知：

$$\mathrm{d}x_i\to\delta\rho(x)\mathrm{d}x \tag{F.8}$$

$$\frac{\partial f}{\partial x_i}\to V_{\text{ext}}(x)=\frac{\delta E_{V_{\text{ext}}}^{n-e}[\rho]}{\delta\rho} \tag{F.9}$$

将其推广至泛函为：

$$E_{V_{\text{ext}}}^{n-e}[\rho]=\int_{\text{vol}}\rho(\boldsymbol{r})V_{\text{ext}}(\boldsymbol{r})\mathrm{d}\boldsymbol{r} \tag{F.10}$$

采用泛函 $\rho(\boldsymbol{r})$ 的定义为：$R^3\to R$ 产生如下的泛函微分：

$$\frac{\delta E_{V_{\text{ext}}}^{n-e}[\rho]}{\delta\rho}=V_{\text{ext}}(\boldsymbol{r}) \tag{F.11}$$

参 考 文 献

[1] HECKER S S. Plutonium - an element never at equilibrium[J]. Metall Mater Trans A, 2008, 39:1585 - 1592.

[2] BACKET N, OUDOT B, GRYNSZPAN R, et al. Self - irradiation effects in plutonium alloys[J]. J Alloys Compd, 2007, 444 - 445: 305 - 309.

[3] CHUNG B W, THOMPSON S R, WOODS C H, et al. Density changes in plutonium observed from accelerated aging using Pu - 238 enrichment[J]. J Nucl Mater, 2006, 355:142 - 149.

[4] DREMOV V, SAPOZHNIKOV P, KUTEPOV A, et al. Atomistic simulations of helium dynamics in α plutonium lattice[J]. Phys Rev B, 2008, 77:224 - 306.

[5] SCHWARTZ A J. Plutonium metallurgy: The materials science challenges bridging condenseCaturlad - matter physics and chemistry [J]. J Alloys Compd, 2007, 444 - 445:4 - 10.

[6] AO B Y, WANG X L, HU W Y, et al. Atomistic study of small helium bubbles in plutonium[J]. J Alloys Compd, 2007, 444 - 445: 300 - 304.

[7] MOORE K T, VAN DER LAAN G. Nature of the 5f states in actinide metals[J]. Rev Mod Phys, 2009, 81:235 - 298.

[8] LANATÀ N, STRAND U R, DAI X, et al. Efficient implementation of the Gutzwiller variational method[J]. Phys Rev B, 2012, 85: 035133.

[9] DENG X Y, WANG L, DAI X, et al. Local density approximation combined with Gutzwiller method for correlated electron systems: Formalism and applications[J]. Phys Rev B, 2009, 79:075114.

[10] DENG X Y, DAI X, FANG Z. LDA + Gutzwiller method for correlated electron systems[J]. Europhysics Letters, 2008, 83: 37008.

[11] CATURLA M J, SONEDA N, DE LA RUBIA DIAZ T, et al.

Kinetic Monte Carlo simulations applied to irradiated materials: The effect of cascade damage in defect nucleation and growth[J]. J Nucl Mater, 2006, 351:78 - 87.

[12] JOMARD G, AMADON B, BOTTIN F, et al. Thermodynamic, and electronic properties of plutonium oxides from first principles[J]. Phys Rev B, 2008, 78:075125.

[13] CHUNG B W, THOMPSON S R, LEMA K E, et al. Evolving density and static mechanical properties in plutonium from self - irradiation[J]. J Nucl Mater, 2009, 385:91 - 94.

[14] FREIBERT F J, DOOLEY D E, MILLER D A. Formation and recovery of irradiation and mechanical damage in stabilized δ - plutonium alloys[J]. J Alloys Compd, 2007, 444 - 445:320 - 324.

[15] ROBINSON M, KENNY S D, SMITH R, et al. Simulating radiation damage in δ - plutonium[J]. Nucl Instru Meth Phys Res B, 2009, 267: 2967 - 2970.

[16] WOLFER W G. Radiation effects in Plutonium [J]. Los Alamos Sci, 2000, 26:274 - 285

[17] HECKER S S, TIMOFEEVA L F. A tale of two diagrams[J]. Los Alamos Sci, 2000, 26:244 - 251.

[18] HECKER S S, MARTZ J C. Aging of Plutonium and its alloys[J]. Los Alamos Sci, 2000, 26:238 - 243.

[19] HASCHKE J M, ALLEN T H, MORALES L A. Surface and corrosion chemistry of Plutonium[J]. Los Alamos Sci, 2000, 26:252 - 273.

[20] HASCHKE J M, ALLEN T H, MORALES L A. Reaction of Plutonium Dioxide with water: formation and properties of PuO_{2+x} [J]. Science, 2000, 287:285 - 287.

[21] ALLEN T H, HASCHKE J M. Hydride - Catalyzed corrosion of Plutonium by air: initiation by Plutonium Monoxide Monohydride [J]. LANL Report, 1998, LA - 13462 - MS.

[22] FYNN R A, RAY A K. Ab initio full - potential fully relativistic study of atomic carbon, nitrogen, and oxygen chemisorption on the (111) surface of δ - Pu [J]. Phys Rev B, 2007, 75:195112.

[23] FYNN R A, RAY A K. Density functional study of the actinide

nitrides[J]. Phys Rev B, 2007, 76:115101.

[24] HUDA M N, RAY A K. Functional study of atomic Hydrogen adsorption on Plutonium layers[J]. Physica B, 2004, 352:5－17.

[25] HUDA M N, RAY A K. Electronic structures and bonding of Oxygen on Plutonium layers[J]. Eur Phys J B, 2004, 40:337.

[26] 李权，高涛，王红艳，等. CO－H_2系统抗钚表面腐蚀的热力学研究[R]. 中国核科技报告，CNIC－01366，北京:原子能出版社，1999.

[27] 谢安东. 钚化合物的辐射场效应和激发态的势能函数[D]. 成都:四川大学，2006.

[28] 李权. 钚化合物分子及分子离子的势能函数和分子反应动力学[D]. 成都:四川大学，2001.

[29] 蒙大桥. 钚化合物分子结构、势能函数及分子反应动力学[D]. 成都:四川大学，2002.

[30] 蒙大桥，朱正和，罗德礼，等. 钚氢化物的奇异动力学特征[J]. 自然科学进展，2005，15:669－677.

[31] 李跃勋. Pu－N 与 Pu－OH 体系的分子结构和势能函数[D]. 成都:四川大学,2005.

[32] 陈丕恒，白彬，董平. 水在二氧化钚表面吸附行为的研究[C]//中国核学会核材料分会 2007 年度学术交流会，342－347.

[33] 高涛，王红艳，黄整，等. PuO_2体系的分子反应动力学研究[J]. 原子与分子物理学报. 1999，16:162－170.

[34] 傅依备，汪小琳. U 钚金属表面抗腐蚀性研究进展[J]. 中国工程科学. 2000，2:59－65.

[35] 敖冰云，汪小琳. 金属钚中氦与空位相互作用的原子模拟研究[C]//中国核学会核材料分会 2007 年度学术交流会，332－335.

[36] 王同权，于万瑞，冯煜芳. 钚材料的老化[J]. 原子核物理评论，2006，23:343－347.

[37] 王同权，于万瑞，冯煜芳. 钚材料的 α 能谱以及氦气累积的蒙特卡罗计算[J]. 核技术. 2007，30:502－506.

[38] VALONE S M, BASKES M I, STAN M, et al. Simulations of low energy cascades in fcc Pu metal at 300 K and constant volume[J]. J Nucl Mater, 2004, 324:41－51.

[39] JOMARD G, BERLU L, ROSA G, et al. Computer simulation

study of self irradiation in plutonium[J]. J Alloys Compd, 2007, 444-445:310-313.

[40] POCHET P. Modeling of aging in plutonium by molecular dynamics [J]. Nucl Instru Meth Phys Res B, 2003, 202:82-87.

[41] WOLFER W G, KUBOTA A, SÖDERLIND P, et al. Density changes in Ga-stabilized δ-Pu, and what they mean[J]. J Alloys Compd, 2007, 444-445:72-79.

[42] BOEHLERT C J, ZOCCO T G, SCHULZE R K, et al. Electron backscatter diffraction of a plutonium-gallium alloy[J]. J Nucl Mater, 2003, 312:67-75.

[43] RAVAT B, OUDOT B, BACLET N. Study by XRD of the lattice swelling of PuGa alloys induced by self-irradiation[J]. J. Nucl. Mater., 2007, 366:288-296.

[44] MIGLIORI A, MIHUT I, BETTS J B, et al. Temperature and time-dependence of the elastic moduli of Pu and Pu-Ga alloys[J]. J Alloys Compd, 2007, 444-445:133-137.

[45] FLUSS M J, WIRTH B D, WALL M, et al. Temperature-dependent defect properties from ion-irradiation in Pu(Ga)[J]. J Alloys Compd, 2004, 368:62-74.

[46] THIEBAUT C, BACLET N, RAVAT B, et al. Effect of radiation on bulk swelling of plutonium alloys[J]. J Nucl Mater, 2007, 361:184-191.

[47] CONRADSON S D. Where is the Gallium: Searching the plutonium lattice with XAFS[J]. Los Alamos Sci, 2000, 26:356-363.

[48] SCHAEUBLIN R, CATURLA M J, WALL M, et al. Correlating TEM images of damage in irradiated materials to molecular dynamics simulations[J]. J Nucl Mater, 2002, 307-311:988-992.

[49] WIRTH B D, SCHWARTZ A J, FLUSS M J, et al. Fundamental Studies of Plutonium Aging[J]. MRS Bull, 2001, 679-683.

[50] MARTZ J C, SCHWARTZ A J. Plutonium: Aging Mechanisms and Weapon Pit Lifetime Assessment[J]. J O M, 2003, 19-23.

[51] AO B Y, YANG J Y, WANG X L, et al. Atomistic behavior of helium-vacancy clusters in aluminum[J]. J Nucl Mater, 2006, 350:

83 - 88.

[52] WHEELER D W, BAYER P D. Evaluation of the nucleation and growth of helium bubbles in aged plutonium[J]. J Alloys Compd, 2007, 444 - 445:212 - 216.

[53] WILSON W D, BISSON C L, BASKES M I. Self - trapping of helium in metals[J]. Phys Rev B, 1981, 24:5616 - 5625.

[54] SCHWARTZ A J, WALL M A, ZOCCO T G, et al. Characterization and modelling of helium bubbles in self - irradiated plutonium alloy[J]. Phil Mag, 2005, 85:479 - 488.

[55] ROBERT G, PASTUREL A, SIBERCHICOT B. Thermodynamic, alloying and defect properties of plutonium: Density - functional calculations[J]. J Alloys Compd, 2007, 444 - 445:191 - 196.

[56] MOORE K T, SÖDERLIND P, SCHWARTZ A J, et al. Symmetry and stability of δ - Plutonium:The Influence of Electronic Structure [J]. Phys Rev Lett, 2006, 96:206402.

[57] NELSON E J, BLOBAUM K J M, WALL M A, et al. Local structure and vibrational properties of α - Pu martensite in Ga - stabilized δ - Pu[J]. Phys. Rev. B, 2003, 67:224206.

[58] HARBUR D R. The effect of pressure on phase - stability in the Pu - Ga alloy system[J]. J Alloys Compd, 2007, 444 - 445:249 - 256.

[59] MASSALSKI T B, SCHWARTZ A J. Connections between the Pu - Ga phase diagram in the Pu - rich region and the low temperature phase transformations[J]. J Alloys Compd, 2007, 444 - 445: 98 - 103.

[60] HECKER S S. The Magic of Plutonium: 5f Electrons and Phase Instability[J]. Metall Mater Trans A, 2004, 35:2207 - 2222.

[61] HOHENBERG P, KOHN W. Inhomogeneous electron gas[J]. Phys Rev B, 1964, 136:864 - 871.

[62] KOHN W, SHAM L J. Self - consistent equations including exchange and correlation effects[J]. Phys Rev B, 1965, 140:1133 - 1138.

[63] BECKE A D. The role of exact exchange[J]. J Chem Phys. 1993, 98:5648 - 5652.

[64] PERDEW J P, CHEVARY J A, VOSKO S H, et al. Atoms, molecules, solids and surfaces : applications of the generalized gradient approximation for exchange and correlation[J] . Phys Rev B, 1992, 46:6671.

[65] 朱正和，俞华根. 分子结构与分子势能函数[M]. 北京：科学出版社，1997.

[66] MURRELL J N,SORBIE K S. New analytic form for the potential energy curves of stable diatomic states[J]. J Chem Soc Faraday Trans, 1974, 270:1552 - 1556.

[67] 蒙大桥，刘晓亚，张万箱，等. Pu_2分子的结构与势能函数[J]. 原子与分子物理学报，2000, 17:411 - 415.

[68] 夏吉星. He 原子在 Ni, Pd 金属中行为的原子模拟研究[D]. 长沙：湖南大学，2007.

[69] FINNIS M W, SINCLAIR J E. A simple empirical N - body potential for transion metal[J]. Philos Mag A, 1984, 50:45 - 55.

[70] JOHNSON R A. Analytic nearest - neighbor model for fcc metals [J]. Phys Rev B, 1988, 37:3924 - 3931.

[71] JOHNSON R A. Alloy models with the embedded - atom method [J]. Phys Rev B, 1989, 39:12554 - 12559.

[72] JOHNSON R A. Phase stability of fcc alloys with the embedded - atom method[J]. Phys Rev B, 1990, 41:9717 - 9720.

[73] STOTT M J, ZAREMBA E. Quasiatoms: An approach to atoms in nonuniform electronic systems[J]. Phys Rev B, 1980, 22: 1564 - 1583.

[74] NORSKOV J K, LANG N D. Effective - medium theory of chemical binding: Application to chemisorption[J]. Phys Rev B, 1980, 21: 2131 - 2136.

[75] JACOBSEN K W, NORSKOV J K, PUSKA M J. Interatomic interactions in the effective - mediumn theory[J]. Phys Rev B, 1987, 35:7423 - 7442.

[76] FOILES S M. Calculation of the surface segregation of Ni - Cu alloys with the use of the embedded - atom method[J]. Phys Rev B, 1985, 32:7685 - 7693.

[77] BASKES M I. Application of the Embedded - Atom Method to Covalent Materials: A Semiempirical Potential for Silicon[J]. Phys Rev Lett, 1987, 59:2666 - 2669.

[78] BASKES M I, NELSON J, WRIGHT A. Semiempirical modified embedded -atom potential for silicon and germanium[J]. Phys Rev B, 1989, 40:6085 - 6100.

[79] BASKES M I. Modified embedded - atom potentials for cubic materials and impurities[J]. Phys Rev B, 1992, 46:2727 - 2742.

[80] BASKES M I. Atomistic model of plutonium[J]. Phys Rev B, 2000, 62:15532 - 15537.

[81] LEE B J, SHIM J H, BASKES M I. Semiempirical atomic potentials for the fcc metals Cu, Ag, Au, Ni, Pd, Pt, Al, and Pb based on first and second nearest - neighbor modified embedded atom method [J]. Phys Rev B, 2003, 68:14411.

[82] BASKES M I, MURALIDHARAN K, STAN M, et al. Using the modified embedded - atom method to calculate the properties of Pu - Ga alloys[J]. JOM, 2003, 41 - 50.

[83] DAW M S, BASKES M I. Semiemirical, quantum mechanical calculation of Hydrogen embrittlement in metals[J]. Phys Rev Lett, 1983, 50: 1285 - 1288.

[84] DAW M S, BASKES M I. Embedded - atom method: Derivation and application to impurities, surface, and other defects in metals[J]. Phys Rev B, 1984, 29:6443 - 6453.

[85] JELINEK B, HOUZE J, KIM S, et al. Modified embedded - atom method interatomic potentials for the Mg - Al alloy system [J]. Phys Rev B, 2007, 75:054106.

[86] LEE B J, BASKES M I. Second nearest - neighbor modified embedded - atom - method potential[J]. Phys Rev B, 2000, 62:8564 - 8567.

[87] 许淑艳. 蒙特卡罗方法在实验核物理中的应用[M]. 北京:原子能出版社, 1997.

[88] KASSNER M E, PETERSON D E. Bulletin Alloy Phase Diagrams, 1989, 10:459.

[89] KASSNER M E, PETERSON D E. Bulletin Alloy Phase Diagrams,

1990, 2:1843.

[90] SÖDERLIND P. Ambient pressure phase diagram of plutonium: A unified theory for α - Pu and δ - Pu[J]. Europhys Lett, 2001, 55: 525 - 531.

[91] SAVRASOV S Y, KOTLIAR G. Ground - state theory of δ - Pu[J]. Phys Rev Lett, 2000, 84:3670 - 3673.

[92] BOUCHET J, SIBERCHICOT B, JOLLET F, et al. Equilibrium properties of δ - Pu: LDA + U calculations (LDA ≡ local density approximation)[J]. J Phys Condens Matter, 2000, 12:1723 - 1733.

[93] SHICK A B, DRCHAL V, HAVELA L. Coulomb - U and magnetic moment collapse in δ - Pu[J]. Europhys Lett, 2005, 69:588.

[94] SHORIKOV A O, LUKOYANOV A V, KOROTIN M A, et al. Magnetic state and electronic structure of the δ and α phases of metallic Pu and its compounds[J]. Phys Rev B, 2005, 72:024458.

[95] LAWSON A C, ROBERTS J A, MARTINEZ B, et al. Invar effect in Pu - Ga alloys[J]. Phil Mag B, 2002, 82:1837 - 1845.

[96] MOORE K T, LAUGHLINE D E, SÖDERLIND P, et al. Incorporating anisotropic electronic structure in crystallographic determination of complex metals: iron and plutonium[J]. Philos Mag, 2007, 87: 2571 - 2588.

[97] SÖDERLIND P. Theory of the crystal structures of cerium and the light actinides[J]. Adv Phys, 1998, 47:959 - 998.

[98] SÖDERLIND P, LANDA A L, KLEPEIS J E. Elastic properties of Pu metal and Pu - Ga alloys[J]. Phys Rev B, 2010, 81:224110.

[99] SÖDERLIND P. Quantifying the importance of orbital over spin correlations in δ - Pu within density - functional theory[J]. Phys Rev B, 2008, 77:085101.

[100] SÖDERLIND P, LANDA A L, SADIGH B. Density - functional investigation of magnetism in δ - Pu[J]. Phys Rev B, 2002, 66: 205109.

[101] SÖDERLIND P, SADIGH B. Density - Functional Calculations of α, β, γ, δ, δ′, and ε Plutonium[J]. Phys Rev Lett, 2004, 92: 185702.

[102] WONG J, KRISCH M, FARBER D L, et al. Crystal dynamics of δ fcc Pu－Ga alloy by high－resolution inelastic x－ray scattering[J]. Phys Rev B, 2005, 72:064115.

[103] VAN DER LAAN G, TAGUCHI M. Valence fluctuations in thin films and the α and δ phases of Pu metal determined by 4f core－level photoemission calculations[J]. Phys Rev B, 2010, 82:045114.

[104] SAVRASOV S Y, KOTLIAR G, Abrahams E Correlated electrons in δ－plutonium within a dynamical mean－field picture[J]. Nature (London), 2001, 410:793－795.

[105] ERIKSSON O, BECKER D, BALATSKY A, et al. Novel electronic configuration in δ－Pu[J]. J Alloys Compd, 1999, 287:1－5.

[106] LANDA A, SÖDERLIND P, RUBAN A. Monte Carlo simulations of the stability of δ－Pu[J]. J Phys Condens Matter, 2003, 15: L371－376.

[107] WANG Y, SUN Y. First－principles thermodynamic calculations for δ－Pu and ε－Pu[J]. J Phys Condens Matter, 2000, 12: L311－314.

[108] HUDA M N, RAY A K. A density functional study of molecular oxygen adsorption and reaction barrier on Pu (100) surface [J]. Eur Phys J B, 2005, 43:131－141.

[109] WU X, RAY A K. Relaxation of the (111) surface of δ－Pu and effects on atomic adsorption: An ab initio study[J]. Eur Phys J B, 2001, 19, 345－351.

[110] FYNN R A, RAY A K. A first principles study of the adsorption and dissociation of CO_2 on the δ－Pu (111) surface[J]. Eur Phys J B, 2009, 70:171－184.

[111] ROBERT G, COLINET C, SIBERCHICOT B, et al. Phase stability of δ－Pu alloys: a key role of chemical short range order[J]. Modelling Simul Mater Sci Eng, 2004, 12:693－707.

[112] HECKER S S, HARBUR D R, ZOCCO T G. Prog. Mater. Sci., 2004, 49:429－485.

[113] RUDIN S P. Traits of bulk Pu phases in Pb－Pu superlattice phases from first principles[J]. Phys Rev B, 2007, 76:195424.

[114] BJÖRKMAN T, ERIKSSON O, ANDERSSON P. Coupling between the 4f core binding energy and the 5f valence band occupation of elemental Pu and Pu - based compounds[J]. Phys Rev B, 2008, 78:245101.

[115] FYNN R A, RAY A K. Does hybrid density functional theory predict a non - magnetic ground state for δ - Pu[J]. Europhys Lett, 2009, 85:27008.

[116] SRINIVASAN A, HUDA M N, RAY A K. A density functional theoretic study of novel silicon - carbon fullerene - like nanostructures: Si40C20, Si60C20, Si36C24, and Si60C24[J]. Eur Phys J D, 2006, 39:227 - 236.

[117] GONG H R, Ray A K. Quantum size effects in δ - Pu (110) films [J]. Eur Phys J B, 2005, 48:409 - 416.

[118] SVANE A, PETIT L, SZOTEK Z, et al. Self - interaction - corrected local spin density theory of 5f electron localization in actinides[J]. Phys Rev B, 2007, 76:115116.

[119] PETIT L, SVANE A, SZOTEK Z, et al. Simple rules for determining valencies of f - electron systems[J]. J Phys Condens Matter, 2001, 13: 8697 - 8706.

[120] PRODAN I D, SCUSERIA G E, MARTIN R L. Covalency in the actinide dioxides: Systematic study of the electronic properties using screened hybrid density functional theory[J]. Phys Rev B, 2007, 76:033101.

[121] ZHANG P, WANG B T, ZHAO X G. Ground - state properties and high -pressure behavior of plutonium dioxide: Density functional theory calculations[J]. Phys Rev B, 2010, 82:144110.

[122] BOUCHET J, ALBERS R C, JOMARD G. GGA and LDA + U calculations of Pu phases[J]. J Alloys Compd, 2007, 444 - 445: 246 - 248.

[123] ANISIMOV V I, ARYASETIAWAN F, LICHTENSTEIN A I. First - principles calculations of the electronic structure and spectra of strongly correlated systems: The LDA + U method[J]. J Phys Condens Matter, 1997, 9:767 - 808.

[124] SUN B, ZHANG P, ZHAO X G. First - principles local density

approximation+U and generalized gradient approximation+U study of plutonium oxides[J]. J Chem Phys, 2008, 128:084705.

[125] SHICK A, HAVELA L, KOLORENC J, et al. Electronic structure and nonmagnetic character of δ - Pu - Am alloys[J]. Phys Rev B, 2006, 73:104415.

[126] GEORGES A, KOTLIAR G, KRAUTH W, et al. Dynamical mean -field theory of strongly correlated fermion systems and the limit of infinite dimensions[J]. Rev Mod Phys, 1996, 68:13 - 125.

[127] LICHTENSTEIN A I, KATSNELSON M I. Finite - Temperature Magnetism of Transition Metals: An ab initio Dynamical Mean - Field Theory[J]. Phys Rev Lett, 2001, 87:067205.

[128] POUROVSKII L V, KOTLIAR G, KATSNELSON M I, et al. Dynamical mean -field theory investigation of specific heat and electronic structure of α - and δ - plutonium[J]. Phys Rev B, 2007, 75:235107.

[129] MARCO I D, MINÁR J, CHADOV S, et al. Correlation effects in the total energy, the bulk modulus, and the lattice constant of a transition metal: Combined local - density approximation and dynamical mean -field theory applied to Ni and Mn[J]. Phys Rev B, 2009, 79:115111.

[130] SÖDERLIND P, KLEPEIS J E. First - principles elastic properties of α - Pu[J]. Phys Rev. B, 2009, 79:104110.

[131] DAI X, SAVRASOV S Y, KOTLIAR G, et al. Calculated Phonon Spectra of Plutonium at High Temperatures[J]. Science, 2003, 300:953 - 955.

[132] SHIM J H, HAULE K,SAVRASOV S, et al. Screening of Magnetic Moments in PuAm Alloy: Local Density Approximation and Dynamical Mean Field Theory Study[J]. Phys Rev Lett, 2008, 101:126403.

[133] CRICCHIO F, BULTMARK F, NORDSTRÖM L. Exchange energy dominated by large orbital spin - currents in δ - Pu[J]. Phys Rev B, 2008, 78:100404.

[134] JULIEN J P, BOUCHET J. Ab initio Gutzwiller method: First application to plutonium[J]. Theor Chem Phys B, 2006, 15:509 - 534.

[135] JULIEN J P, ZHU J X, ALBERS R C. Coulomb correlation in the presence of spin-orbit coupling: application to plutonium[J]. Phys Rev B, 2008, 77:195123.

[136] HAY P J, WADT W R. Ab initio studies of the electronic structure of UF_6 using relativistic effective core potentials[J]. J Chem Phys, 1979, 71:1767.

[137] HAY P J, MARTIN R L. Theoretical studies of the structures and vibrational frequencies of actinide compounds using relativistic effective core potentials with Hartree-Fock and density functional methods: UF_6 and PuF_6[J]. J Chem Phys, 1998, 109:3875-3881.

[138] BASKES M I, CHEN S P, CHERNE F J. Atomistic model of gallium[J]. Phys Rev B, 2002, 66:104107.

[139] VALONE S M, BASKES M I, MARTIN R L. Atomistic model of helium bubbles in gallium-stabilized plutonium alloys[J]. Phys Rev B, 2006, 73:214209.

[140] 高涛，王红艳，蒋刚，等. PuH 和 PuH_2的分子与分子光谱[J]. 原子核物理评论，2002，19:13-16.

[141] 高涛，王红艳，朱正和，等. PuH 分子的 $X^8\Sigma g^+$ 态的势能函数及热力学函数的第一性原理[J]. 原子与分子物理学报，2000，17:46-52.

[142] 李权，刘晓亚，王红艳，等. PuH^{n+} ($n=1,2,3$)分子离子的势能函数与稳定性[J]. 物理学报，2000，49:2347-2351.

[143] 李赣，孙颖，汪小琳，等. PuC 和 PuC_2的分子结构与势能函数[J]. 物理化学学报，2003，19:356-360.

[144] 陈军，蒙大桥，杜际广，等. Pu 氧化物的分子结构和分子光谱研究[J]. 物理学报，2010，59:1658-1664.

[145] 高涛，王红艳，易有根，等. PuO 分子 $X^5\Sigma^-$态的势能函数及热力学函数的量子力学计算[J]. 物理学报，1999，48:2222-2227.

[146] 高涛，朱正和，李赣，等. PuO 的基态分子结构与相对论有效原子实势[J]. 化学物理学报，2004，17:554-560.

[147] BERLU L, JOMARD G, ROSA G, et al. A plutonium α-decay defects production study through displacement cascade simulations with MEAM potential[J]. J Nucl Mater, 2008, 374:344-353.

[148] SAMARIN S I, DREMOV V V. A hybrid model of primary

radiation damage in crystals[J]. J Nucl Mater, 2009, 385:83 - 87.

[149] WOLFER W G, SÖDERLIND P, LANDA A. Volume changes in δ-plutonium from helium and other decay products[J]. J Nucl Mater, 2006, 355:21 - 29.

[150] GONZE X, BEUKEN J M, CARACAS R, et al. First - principles computation of material properties: the ABINIT software project [J]. Comput Mater Sci, 2002, 25:478 - 492.

[151] GONZE X. A brief introduction to the ABINIT software package [J]. Z Kristallogr, 2005, 220:558 - 562.

[152] TORRENT M, JOLLET F, BOTTIN F, et al. Implementation of the projector augmented - wave method in the ABINIT code: Application to the study of iron under pressure[J]. Comput Mater Sci, 2008, 42:337 - 351.

[153] AMADON B, JOLLET F, TORRENT M. γ and β cerium: LDA+U calculations of ground - state parameters[J]. Phys Rev B, 2008, 77:155104.

[154] SEGALL M D, SHAH R, PICKARD C J, et al. Population analysis of plane - wave electronic structure calculations of bulk materials[J]. Phys Rev B, 1996, 54:16317 - 16320.

[155] ROSE J H, J. SMITH R, GUINEA F, et al. Universal features of the equation of state of metals[J]. Phys Rev B, 1984, 29:2963 - 2969.

[156] CHERNE F J, BASKES M I, DEYMIER P A. Properties of liquid nickel: A critical comparison of EAM and MEAM calculations[J]. Phys Rev B, 2001, 65:024209.

[157] KIM Y M, LEE B J, BASKES M I. Modified embedded - atom method interatomic potentials for Ti and Zr[J]. Phys Rev B, 2006, 74:014101.

[158] FISHER E S, MCSKIMIN H J. Low - Temperature Phase Transition in Alpha Uranium[J]. Phys Rev, 1961, 124:67 - 70.

[159] JONES M D, ALBERS R C. Spin - orbit coupling in an f - electron tight -binding model: Electronic properties of Th, U, and Pu[J]. Phys Rev B, 2009, 79:045107.

[160] MOORE K T, VAN DER LAAN G, HAIRE R G, et al. Oxidation and aging in U and Pu probed by spin - orbit sum rule analysis: Indications for covalent metal - oxide bond[J]. Phys Rev B, 2006, 73:033109.

[161] SÖDERLIND P, LANDA A L, SADIGH B. Density - functional investigation of magnetism in δ - Pu[J]. Phys Rev B, 2002, 66: 205109.

[162] KOLLAR J, VITOS L, SKRIVER H L. Anomalous atomic volume of α - Pu[J]. Phys Rev B, 1997, 55:15353 - 15355.

[163] SADIGH B, WOLFER W G. Gallium stabilization of δ - Pu: Density - functional calculations[J]. Phys Rev B, 2005, 72:205122.

[164] SHORIKOV A O, LUKOYANOV A V, KOROTIN M A, et al. Magnetic state of plutonium ion in metallic Pu and its compounds [J]. Phys Rev B, 2005, 72:024458.

[165] NIKLASSON A. M N, WILLS J M, KATSNELSON M I, et al. Modeling the actinides with disordered local moments[J]. Phys Rev B, 2003, 67:235105.

[166] ZHU J X, MCMAHAN A K, JONES M D, et al. Spectral properties of δ - plutonium: Sensitivity to 5f occupancy [J]. Phys Rev B, 2007, 76:245118.

[167] POUROVSKII L V, KATSNELSON M I, LICHTENSTEIN A I, et al. Nature of non - magnetic strongly - correlated state in δ - plutonium[J]. Europhys Lett, 2006, 74:479.

[168] ARKO A J, JOYCE J J, MORALES L, et al. Electronic structure of α - and δ - Pu from photoelectron spectroscopy [J]. Phys Rev B, 2000, 62:1773 - 1779.

[169] ANISIMOV V I, POTERYAEV A I, KOROTIN M A, et al. First - principles calculations of the electronic structure and spectra of strongly correlated systems: dynamical mean - field theory[J]. J Phys Condens Matter, 1997, 9:7359 - 7367.

[170] UBERUAGA B P, VALONE S M. Simulations of vacancy cluster behavior in δ - Pu[J]. J Nucl Mater, 2008, 375:144 - 150.

[171] UBERUAGA B P, VALONE S M, BASKES M I. Accelerated

dynamics study of vacancy mobility in δ - plutonium[J]. J Alloys Compd, 2007, 444 - 445:314 - 319.

[172] BACON D J, GAO F, OSETSKY Yu N. The primary damage state in fcc, bcc and hcp metals as seen in molecular dynamics simulations [J]. J Nucl Mater, 2000, 276:1 - 12.

[173] BECQUART C S, DOMAIN C. Modeling Microstructure and Irradiation Effects[J]. Metall Mater Trans A, 42:852 - 870.

[174] ARSENLIS A, WOLFER W G, SCHWARTZ A J. Change in flow stress and ductility of δ - phase Pu - Ga alloys due to self - irradiation damage[J]. J Nucl Mater, 2005, 336:31 - 39.

[175] BERLU L, JOMARD G, ROSA G, et al. Computer simulation of point defects in plutonium using MEAM potentials[J]. J Nucl Mater, 2008, 372:171 - 176.

[176] MITCHELL J N, GIBBS F E, ZOCCO T G, et al. Modeling of structural and compositional homogenization of plutonium - 1 weight percent gallium alloys[J]. Metall Trans A, 2001, 32:649 - 659.

[177] ZOCCO T G, SHELDON R I, RIZZO H F. Twinning in monoclinic beta - phase plutonium[J]. J Nucl Mater, 1991, 183:80 - 88.

[178] TIMOFEEVA L F. Phase transformations and some laws obeyed by nonvariant reactions in binary Plutonium systems[J]. Metal Sci Heat Treat, 2004, 46:490 - 496.

[179] TURCHI P E A, KAUFMAN L, ZHOU S, et al. Thermostatics and kinetics of transformations in Pu - based alloys [J]. J Alloys Compd, 2007, 444 - 445:28 - 35.

[180] ELLINGER F H, LAND C C, STRUEBING V O. J. Nucl. Mater. , 1964, 12:226.

[181] SCHWARTZ A J, CYNN H, BLOBAUM K J M, et al. Atomic structure and phase transformations in Pu alloys[J]. Prog Mater Sci, 2009, 54:909 - 943.

[182] ZOCCO T G, STEVENS M F, ADLER P H, et al. Crystallography of the δ→α phase transformation in a Pu - Ga alloy[J]. Acta Metall Mater, 1990, 38:2275 - 2282.

[183] PEREYRA R A. Delta to alpha prime transformation of plutonium

during microhardness testing [J]. Mater Charact, 2008, 59:1675 - 1681.

[184] JEFFRIES J R, BLOBAUM K J M, WALL M A, et al. Evidence for nascent equilibrium nuclei as progenitors of anomalous transformation kinetics in a Pu - Ga alloy[J]. Phys Rev B, 2009, 80:094107.

[185] OUDOT B, BLOBAUM K J M, WALL M A, et al. Supporting evidence for double - C curve kinetics in the isothermal $\delta \rightarrow \alpha'$ phase transformation in a Pu - Ga alloy[J]. J Alloys Compd, 2007, 444 - 445:230 - 235.

[186] DELOFFRE P, TRUFFIER J L, FALANGA A. Phase transformation in Pu - Ga alloys at low temperature and under pressure:limit stability of the δ phase[J]. J Alloys Compd, 1998, 271 - 273:370 - 373.

[187] KUBOTA A, WOLFER W G, VALONE S M, et al. Collision cascades in pure δ - plutonium [J]. J Comput. Aided Mater Des, 2007, 14:367 -378.

[188] WOLFER W G, OUDOT B, BACLET N. Reversible expansion of gallium - stabilized δ - plutonium[J]. J Nucl Mater, 2006, 359: 185 - 191.

[189] BECKER J D, COOPER B R,WILLS J M, et al. Calculated lattice relaxation in Pu - Ga[J]. Phys Rev B, 1998, 58:5143 - 5145.

[190] WEBER W J, WALD J W, MATZKE H. Effects of self - radiation damage in Cm - doped Gd2Ti2O7 and CaZrTi2O7[J]. J Nucl Mater, 1986, 138:196 - 209.

[191] WEBER W J, EWING R C. Plutonium Immobilization and radiation effects[J]. Science, 2000, 289:2051 - 2052.

[192] CATURLA M J,DIAZ DE LA RUBIA T, FLUSS M. Modeling microstructure evolution of f. c. c. metals under irradiation in the presence of He[J]. J Nucl Mater, 2003, 323:163 - 168.

[193] UBERUAGA B P, HOAGLAND R G, VOTER A F, et al. Direct Transformation of Vacancy Voids to Stacking Fault Tetrahedra[J]. Phys Rev Lett, 2007, 99:135501.

[194] BARASHEV A V, GOLUBOV S I. Unlimited damage accumulation in

metallic materials under cascade - damage conditions[J]. Philos Mag Lett, 2009, 89:2833 - 2860.

[195] LARSON D T, HASCHKE J M. XPS - AES characterization of plutonium oxides and oxide carbide[J]. Inorg Chem, 1981, 20: 1945 - 1950.

[196] HASCHKE J M, ALLEN T H, MORALES L A. Reactions of plutonium dioxide with water and hydrogen - oxygen mixtures: Mechanisms for corrosion of uranium and plutonium[J]. J Alloys Compd, 2001, 314:78 - 91.

[197] 魏洪源,罗顺忠,刘国平,等. H 原子在 δ - Pu (100)面吸附行为的周期性密度泛函理论研 [J]. 原子与分子物理学报, 2008, 25:63 - 68.

[198] GOUDER T, HAVELA L, SHICK A B, et al. Electronic structure of Pu carbides: Photoelectron spectroscopy[J]. Physica B, 2008, 403:852 - 853.

[199] PETIT L, SVANE A, TEMMERMAN W M, et al. Electronic structure of Pu monochalcogenides and monopnictides[J]. Eur Phys J B, 2002, 25, 139 - 146.

[200] SEDMIDUBSKY D, KONINGS R J M, NOVÁK P. Calculation of enthalpies of formation of actinide nitrides[J]. J Nucl Mater, 2005, 344:40 - 44.

[201] PETIT L, SVANE A, SZOTEK Z, et al. Ground - state electronic structure of actinide monocarbides and mononitrides[J]. Phys Rev B, 2009, 80:045124.

[202] PRODAN I D, SCUSERIA G E, MARTIN R L. Assessment of metageneralized gradient approximation and screened Coulomb hybrid density functionals on bulk actinide oxides[J]. Phys Rev B, 2006, 73:045104.

[203] JOLLET F, JOMARD G, AMADON B, et al. Hybrid functional for correlated electrons in the projector augmented - wave formalism: Study of multiple minima for actinide oxides[J]. Phys Rev B, 2009, 80:235109.

[204] WU X Y, RAY A K. A hybrid - density functional cluster study of the bulk and surface electronic structures of PuO_2[J]. Physica B,

2001, 301:359-369.

[205] BURNS C J. Bridging a Gap in Actinide Chemistry[J]. Science, 2005, 309:1823-1824.

[206] GUÉNEAU C, CHATILLON C, SUNDMAN B. Thermodynamic modelling of the plutonium - oxygen system[J]. J Nucl Mater, 2008, 378:257-272.

[207] VANDERMEER R A, OGLE J C, NORTHCUTT W G J. A Phenomenological study of the shape memory effect in polycrystalline uranium-niobium alloys[J]. Metall Trans A, 1981, 12:733-741.

[208] VANDERMEER R A, OGLE J C, NORTHCUTT W G J. A Phenomenological study of the shape memory effect in polycrystalline uranium-niobium alloys[J]. Metall Trans A, 1981, 12:733-741.